中国矿业大学安全及消防工程特色专业系列教材

火灾动力学

季经纬　程远平　编著

中国矿业大学出版社
·徐州·

内容提要

本书介绍火灾的物理化学基础、室内火灾发展的一般过程、重要参数及特殊现象，气体、液体、固体的着火理论和燃烧特点，火灾中的羽流、顶棚射流及开口流动，火灾模型及数值模拟等内容。本书以介绍基础知识和理论为重点，适当兼顾实验方法和工程应用。

本书可作为消防工程专业、安全工程专业等高年级本科生、研究生教材或教学参考书，也可以作为消防工程、安全工程、建筑设计与防火、消防安全管理等相关领域的科研、管理和工程技术人员的参考书。

图书在版编目(CIP)数据

火灾动力学/季经纬，程远平编著. —徐州：中国矿业大学出版社，2018.8

ISBN 978-7-5646-0889-7

Ⅰ.①火… Ⅱ.①季…②程… Ⅲ.①火灾—动力学 Ⅳ.①TU998.1

中国版本图书馆 CIP 数据核字(2010)第 238614 号

书　　名 火灾动力学
编　　著 季经纬　程远平
责任编辑 章　毅
出版发行 中国矿业大学出版社有限责任公司
（江苏省徐州市解放南路　邮编 221008）
营销热线 (0516)83884103　83885105
出版服务 (0516)83995789　83884920
网　　址 http://www.cumtp.com　**E-mail**:cumtpvip@cumtp.com
印　　刷 江苏淮阴新华印务有限公司
开　　本 787 mm×1092 mm　1/16　**印张** 14.25　**字数** 365 千字
版次印次 2018 年 8 月第 1 版　2018 年 8 月第 1 次印刷
定　　价 35.60 元

前　言

火灾是失去控制的燃烧，是发生在人们身边最频繁的灾害，造成了巨大的损失。日益增长的火灾损失和防火灭火的难度，促使人们不再单纯地依靠加强探测和装备更多的扑救技术装备来控制火灾，而是要深入地研究火灾的机理和规律，把火灾防治建立在对火灾科学认识的基础上。火灾动力学是火灾科学和火灾安全工程学的重要基础，是物理、化学、燃烧等学科领域的交叉学科，研究内容主要包括：火灾中可燃物的着火、蔓延、燃烧速度、热量释放、火灾发展过程中通风的影响、烟气流动以及火灾中的特殊现象（如轰燃、回燃）等。

研究和学习火灾动力学的目的就是要增强对火灾的科学认识，掌握火灾的基本理论后才能更好地从事火灾防治技术的开发与应用、进行科学的火灾风险评估、火灾安全工程设计、火灾系统管理等。随着国内火灾科学研究的深入，消防工程越来越受到重视，出版了不少有关火灾科学的重要论著，但作为本科教育使用的启蒙式教材尚不多见，本书编写的初衷就是满足高年级本科生教学的需要，兼顾研究生教学，同时为相关领域的科研、技术、管理人员提供参考。通过本课程的学习，除应掌握火灾动力学的基本知识、基本思路和解决问题的方法外，还应在学习中多思考，重在理解分析问题的思路，加强实际运用基本知识和方法的能力。本书既有一般的经典理论，也有一些近年来的研究成果，学习时也要注意对这些成果的不足之处进行思考和分析。

本书在编写过程中得到中国矿业大学国家特色专业建设项目资金的资助。由于作者水平有限，书中存在的谬误、不妥之处恳请读者批评指正。

作　者

2018年6月

目　录

第1章 绪 论

1.1 火与人类

人类用火的历史到底有多久？至今许多考古学家还在探索这个问题。1927～1957年，在北京周口店猿人文化遗址掘得了大量的木炭、灰烬和燃烧过的土块、石块、骨头和朴树籽，以及在比“北京猿人”稍早的周口店第13地点发现的灰层和烧骨后，贾兰坡、吴汝康先生研究这些资料时指出：“人类用火并非自‘北京人’时代开始。”在那时，“北京猿人”已经有了长期的用火经验。这样一来，就把人类用火的历史推到了55万年以前。

火的使用是人类走向文明的重要标志，没有火就没有人类社会的进步。从原始人到现代人智慧产生的每一步都离不开火，可以说认识和掌握自然火，这是火对人类智慧启迪的第一步；而人类在火光中得到光明，在寒冷中取得温暖，利用火抵御野兽侵袭，这是火对人类智慧启迪的第二步；继而人类掌握了用火烧烤食物，摆脱了茹毛饮血的时代，使人类大脑在吃熟食过程中更加发达，这是火对人类智慧启迪的第三步，人类从此揭开了认识自然改变自然的新篇章。由此，也可以说，是火将人类带进文明时代。

但是，失去控制的火，就会给人类造成灾难。人们将失去控制的燃烧称为火灾，凡是具备燃烧条件的地方，如果用火不当，或者由于某种事故或其他因素，造成火焰不受限制地向外扩张，就可能形成火灾。火灾对人类和社会造成的破坏非常巨大。其造成的损失大大超过其直接财产损失。直接、间接财产损失，人员伤亡损失，扑救消防费用，保险管理费用以及火灾防护工程费用统称为火灾代价。根据统计，发达国家每年火灾损失占国民经济总产值的0.2%左右，而整个火灾代价约占国民经济总产值的1%。图1-1和图1-2分别是我国2001～2007年火灾造成的直接财产损失和死亡人数的统计情况。

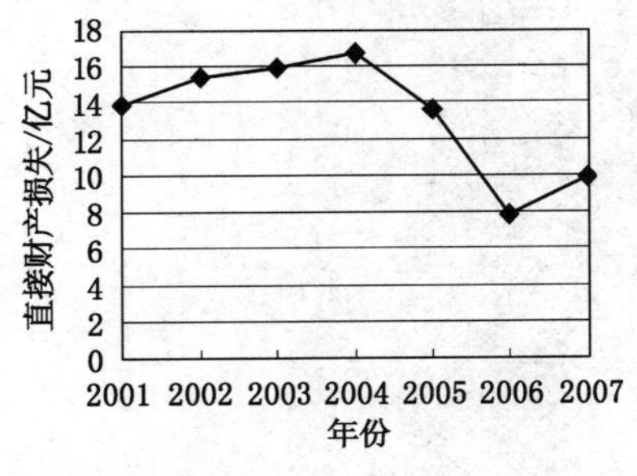

图1-1 火灾造成的直接财产损失

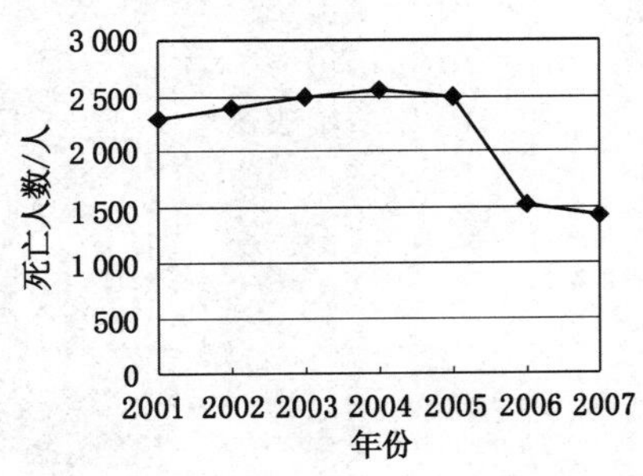

图1-2 火灾死亡人数

火灾除造成巨大的经济损失和人员伤亡外，燃烧产生的大量烟雾、二氧化碳、一氧化碳、碳氢化合物、氮氧化合物等有害气体，还会对环境和生态系统造成不同程度的破坏。图1-3为美国《国家地理》杂志发布的洛杉矶附近森林大火的卫星图片，大火产生的烟气覆盖了整个洛杉矶并飘散到附近的海域上空。

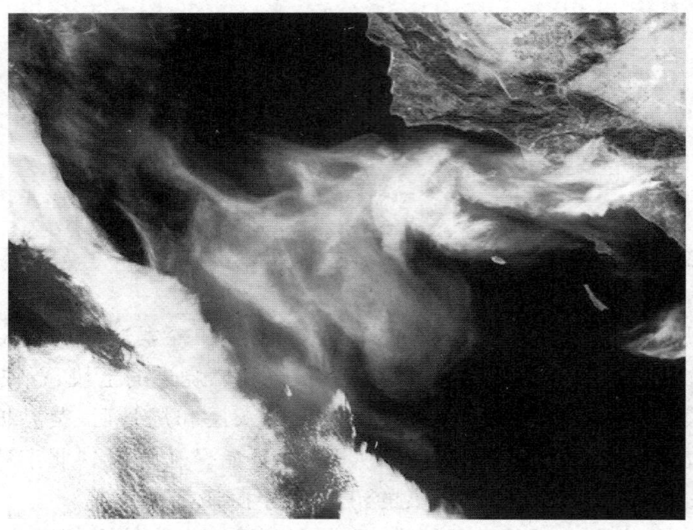

图 1-3　美国森林大火卫星图片

因此人类使用火的历史与同火灾做斗争的历史是相伴相生的，正如荷兰皇家科学院约翰·古德斯布洛姆教授通过对生态及历史的考证，在《火与文明》一书中指出，火作为文明的要素——用于煮食、化学、取暖、照明，而且实际上引发了工业革命；燃烧的火——作为恐惧、惩罚、毁灭、战争、疾病的来源以及导致的死亡。图 1-4 为美国“9·11”恐怖袭击事件。

图 1-4　美国“9·11”恐怖袭击事件

1.2 火灾基础理论的近现代研究

尽管火是人类最早使用的自然力之一，直到约70年前，人们才逐渐能够用数学的表达方法来描述它。这是由于火自身的复杂性，人们必须首先搞清楚什么是火，以及如何来定义它。

以前将火定义为“空气中的一种放热发光的化学反应”实际上是不严格的。这是因为，在某些燃烧反应中，火焰是透明的，很难被观察到，比如氢气燃烧时的火焰。有些火焰可以是绝热的，从而没有热量放出，比如在较大规模燃烧中的温度相同的烟气区域。

数学、物理、化学等多门学科的发展，推动了对火灾的研究。表1-1列出了自1600年至1960年以来，以牛顿为代表的科学家(图1-5)对火灾研究所做出的直接或间接的重大学术贡献。

表1-1　火灾科学发展的重大学术事件

时间	事件	人物
1600～1650年	牛顿第二定律(动量守恒)	Isaac Newton
1737～1750年	流体中压力和流速之间的关系 热力学第一定律(能量守恒)	Daniel Bernoulli Joule
1807年	导热方程(傅里叶定律)	Joseph Fourier
1827年	流体的N-S方程	Navier、Stokes
1845～1850年	皇家科学协会有关蜡烛燃烧的化学问题的讲座	Michael Faraday
1855年	质量的扩散方程(Fick定律)	A. Fick
1884～1900年	化学反应速度和温度间的关系 热量的辐射传递	S. Arrhenius Max Planck
1928年	管道中扩散火焰的求解	Burke、Schumann
1930～1950年	燃烧的动力学方程 对流燃烧的求解	Frank-Kamenetskii、Semenov H. Emmons、D. B. Spalding
1960年	火灾现象的求解	P. H. Thomas

(a)

(b)

(c)

图1-5　做出重要学术贡献的科学家

(a) 傅里叶；(b) 阿伦尼乌斯；(c) 谢苗诺夫

但是，尽管相关学科有了重要的发展，长期以来人们仍然一直把火灾视为偶然的、孤立的突发事件，因而采取哪里着火哪里扑救的办法，对策主要着重于研究和制造灭火装备，以及制定各种消防规范。对火灾的研究也仅局限于用统计的方式研究火灾规律，即通过总结和分析大量火灾原始资料归纳出火灾发生的统计规律。

然而，日益增长的火灾损失和防火灭火的难度，促使人们进一步思考，为了有效地控制火灾是单纯依靠加强探测和增加扑救的技术装备，还是深入研究火灾的机理和规律，把火灾防治建立在对火灾科学认识的基础上。

自 20 世纪 70 年代以来，火灾研究从单纯着眼于扑救到探讨火灾机理的转变，英、美、日等许多国家，都在原有的基础上建立了多层次的火灾应用基础研究的机构。美国于 1972 年建立了国家火灾研究中心，在建筑火灾领域内进行了广泛的火灾模化理论和实验研究，包括建筑物火灾模型、火灾危险性分析、高聚物燃烧和烟气动力学等项研究。

美国哈佛大学的埃蒙斯(Emmons)教授被称为"火灾科学之父"，其杰出的贡献在于把质量守恒、动量守恒和能量守恒以及化学反应的原理巧妙地应用于建筑火灾的研究。他首先提出了区域模化理论，即把研究的空间分成少数几个区域，然后根据各分过程的理论和实验数据，确定这些过程对上述各区域中火灾典型参数的影响，以求得它们在建筑物内部随时间的变化。这种理论可以较好地反映出火灾发展的整体特性，至今仍在火灾研究领域起着重要作用。

1985 年，在美国召开了首届火灾科学会议，充分反映了火灾科学在推动防灭火技术和火灾防护工程方面的显著进步，同时成立了火灾科学学会，标志着一个新的学科——"火灾科学"正在世界范围内形成和发展。在这次会议上确立了火灾科学研究和应用的主要内容，包括：火灾物理、火灾化学、烟的毒性、统计和火险分析系统、人和火灾的相互作用、火灾探测、火灾对结构的破坏、火灾的特殊问题和扑救技术以及火灾研究的工程应用。图 1-6 为第 6 届火灾科学大会会场。

图 1-6　第 6 届火灾科学大会会场

近年来，我国的火灾基础理论研究集中在基本火灾燃烧系统的不稳定性、凝固相火蔓延和烟气运动的动力学演化、特殊火行为的非线性动力学、大空间公用建筑火灾特性等方面。

1.3 火灾动力学的研究方法与意义

动力学是物理学中力学的分支，研究物体运动的各物理因素如力、质量、动量和能量之间的关系。火灾动力学的主要研究内容包括：火灾中可燃物的着火、蔓延、燃烧速度、热量释放、火灾发展过程中通风的影响，烟气流动以及火灾中的特殊现象（如轰燃、回燃）等。这些过程或现象往往具有动态的特征，包含了复杂的物理、化学因素和过程。因此，火灾动力学具有多学科交叉性，其研究内容涉及许多学科领域，如描述火灾过程需要用到燃烧学、流体力学以及微分方程等的理论，求解这些方程一般需要采用数值方法；描述材料的着火需要用到化学动力学、热化学等的理论和知识。

火灾动力学的研究方法主要有实验研究和计算机模拟研究。

1.3.1 实验研究

实验研究是通过部分或完整地合理再现和演化火灾现象过程，测定火灾典型可燃物性能和火灾典型参数，揭示火灾具体过程的机理和规律，为理论研究提供实验数据和经验公式。

目前实验研究被确定为三种类型：基本现象的实验研究、特殊现象和关键现象的实验研究以及实验方法本身的研究。

1.3.1.1 基本现象的实验研究

火灾的基本现象是指在各类火灾现象中普遍存在的现象，如火灾过程中的起火、蔓延和烟气流动等现象。研究的方法一般采取分现象实验研究，从而对火灾过程中各个组成部分建立足够的定量了解，然后进行综合，达到认识整个火灾过程的目的。

（1）起火条件和规律研究

着重研究阴燃及其向明火的转变、热辐射引燃、热自燃、轰燃、回燃的发生等，探索确定上述转变临界条件的物理机制。

（2）火蔓延机理和规律的研究

着重研究典型可燃物在不同条件下火蔓延速率和热释放速率，建立相应的数据库和物理数学模型。

（3）烟气流动规律的研究

着重分析烟气特性，研究烟气在时空上的流动规律、温度和浓度变化规律。

1.3.1.2 特殊现象的实验研究

火灾特殊现象的定义是：只有在火灾系统中才会发生的特殊燃烧现象（如阴燃、轰燃、回燃、火旋风、飞火等）。对于这类现象，着重研究的是火灾燃烧与周围环境如何相互耦合并产生相互影响。

1.3.1.3 关键现象的实验研究

火灾关键现象的定义是：人为改变火灾系统中的理化条件后所导致的火灾行为的变化。对于这类现象的研究，将会产生指导火灾防治工作的基本理论和方法。

1.3.1.4 实验方法本身的研究

火灾科学实验的方法学研究，在火灾科学实验研究中占有相当重要的地位。这是因为科学家们对火灾现象及其机理和规律的研究，大多是在实验室条件下进行的。于是，在实验室中怎样设计和开展实验，获得的实验数据又怎样去解释实际现象，就成为从事火灾科学研究的人们必须要面对的问题。目前，科学家们已经明确，就火灾全过程而言，无任何相似尺度；但当研究火灾分现象时，相似理论可以得到较为成功的应用。

根据实验的规模，大致上可分为小尺寸、中等尺寸和全尺寸的实验模拟。

1.3.2 计算机模拟研究

火灾现象是极为复杂的，但它也一定遵循自然界中普遍存在的规律，并且可以抽象为关联火场或实验数据的经验公式或描述火灾过程的控制方程。因此，建立了火灾过程的计算机数值模拟研究手段。其基本研究思路是对基本方程、理论模型、数值方法和计算机程序等方面进行研究。根据物理和化学的基本定律以及一些合理的假设，构建描述火灾现象和过程的数学模型，通过数值计算的方法定量算出火灾发生及发展过程。

计算机模拟研究分为三个层次。第一个层次是经验模拟层次，以大量的实际及模拟火场数据为基础，用计算机技术进行处理，借助计算机的数据库、图形和图像等功能，方便而形象地认识火灾分过程乃至整个火灾过程。具体表现为计算机专家库系统。

例如，网络模型把整个建筑物作为一个系统，而其中的每个房间为一个控制体(或称网络节点)，各个网络节点之间通过各种空气流通路径相连，利用质量、能量等守恒方程对整个建筑物内的空气流动、压力分布和烟气传播情况进行研究。这种模型充分考虑不同建筑特点、室内外温差引起的烟囱效应、风力、通风空调系统、电梯的活塞效应等因素对烟气传播造成的影响，可实现对建筑楼梯间加压防烟、局部区域排烟及二者联合使用的建筑防排烟系统进行研究分析，评价烟控系统效果及与人员有关的火灾安全分析。

典型的火灾网络模型输入数据是气象参数(空气温度、风速)、建筑特点(高度、渗透面积、开口条件)、送风量、火焰参数和室内空气温度。网络模型对火灾烟气的处理手法十分粗糙，适用于远离火区的建筑各区域之间的烟气流动分析。

美国、英国、加拿大、日本、荷兰等国家对火灾网络模型的研究和开发起步较早，且已发展到较为成熟的阶段，一些主要的经验模拟软件见表 1-2。

表 1-2　　一些主要的经验模拟软件

序号	软件名称	来源
1	ASCOS	美国标准技术局建筑火灾研究实验室(NIST-BFRL)
2	CONTAM	美国标准技术局建筑火灾研究实验室(NIST-BFRL)
3	SMACS	美国标准技术局建筑火灾研究实验室(NIST-BFRL)
4	SMOKESIM	美国采暖、制冷和空调工程师协会(ASHRAE)
5	IRC	加拿大国家建筑研究院
6	BRE	英国建筑研究部
7	TNO	荷兰应用物理学院

第二个层次是半物理模拟层次，是一种半经验半理论的模拟，以人们已经掌握的自然规律为依据，辅之以实验数据和经验公式，完成对火灾现象的描述。比较常见的是火灾区域模拟。这种方法把所研究的受限空间划分为上层(热层)和下层(冷层)两个控制容积，引入质量守恒和能量守恒等基本原理，补充适当的经验关系和实验数据，计算受限空间火灾中的烟

气流动、气体组分和温度的数据。区域模型计算代价低,同时在多数场合下其结果也能满足工程需要,因而在建筑火灾评估及分析上得到了较为广泛的重视与应用。目前世界各国的科学家研究编制了许多室内火灾区域模拟的软件,见表1-3。这些软件繁简不一、适用范围各不相同,可根据不同的具体情况选择使用。

表1-3　　室内火灾区域模拟软件

序号	软件名称	来源	编程语言	说明
1	ASET	美国	FORTRAN	单室
2	BRI-2	日本	—	多室
3	CCFM-VENTS	美国	FORTRAN77	多室
4	CFAST	美国	FORTRAN/C	多室
5	CFIRE-X	德国/挪威	FORTRAN77	单室
6	COMPBRN-Ⅲ	美国	FORTRAN77	单室
7	COMPF2	美国	FORTRAN66	轰燃后火灾过程
8	DSLAYV	瑞典	Pascal	单室
9	FIRST	美国	FORTRAN77	单室
10	Harvard Mark-Ⅵ	美国	FORTRAN77	多室

第三个层次是物理模拟层次,它完全以自然界的普遍规律为依据,并借助火灾中一些基本现象的数学模型,完成对火灾现象的描述,有的也称之为场模拟。场模拟的理论依据是自然界普遍成立的质量守恒(连续性方程)、动量守恒(Navier-Stokes方程)、能量守恒(能量方程)以及化学反应的定律等。火灾过程中状态参数的变化也遵循着这些规律。场模型将空间划分为大量的、互相关联的小单元,在每个单元中要解质量方程、动量方程和能量方程,包括浮力、热辐射等。通常所使用的场模拟方法有:有限差分法、有限元法、边界元法等。这种模型的计算量很大,当用三维不定常方式计算多室火灾时,需要占用很长的时间,一般只需要了解某些参数的详细分布时才使用这种模型。

表1-4列出了10种模拟室内火灾过程的场模拟软件。其中CFX-4/5、PHOENICS、STAR-CD采用了通用流体计算程序作为软件的核心,这类软件提供丰富的计算方法处理湍流流动,具有强大的前后处理功能,但在选择湍流模型、方程的离散格式、设置源项、边界条件及确定各方程的松弛因子时需要反复尝试,才有可能获得蔓延的计算结果,而其他场模拟软件均针对火灾过程编写。所有场模拟软件均需要性能强大的计算机来支持。

表1-4　　主要场模拟软件

序号	软件名称	来源	编程语言	说明
1	CFX-4/5	英国	协议形式提供程序接口	模拟火焰蔓延、烟气运动过程,分析建筑构件耐火性能,评价消防系统
2	FDS	美国	FORTRAN	低马赫数流体动力学模型,LES及DNS求解技术,预测火、风及通风系统引起的烟及空气运动
3	JASMINE	英国	FORTRAN	采用PHOENICS预测火灾过程,用于评价通风空调系统、喷淋系统及消防系统的性能

续表 1-4

序号	软件名称	来源	编程语言	说明
4	FireEx99	挪威	—	求解受限/开放空间中温度场、浓度场及辐射场的分布;处理固体壁面的热力学响应;模拟喷淋水雾对烟、火的抑制作用
5	KOBRA-3D	德国	C++	模拟复杂几何空间中的烟气扩散及热量传递过程
6	PHOENICS	英国	FORTRAN/C++	求解流动、传质传热及燃烧问题,采用有限容积法,应用范围广
7	SOFIE	澳大利亚	FORTRAN/C++	模拟管道中流体流动、热交换及烟气扩散
8	SMARTFIR	英国	C++	基于SIMPLE算法的火焰数值模拟软件,模型及六通量辐射模型,可模拟多室火灾过程
9	STAR-CD	英国	FORTRAN	求解流动、传热、燃烧的大型通用软件,对于复杂几何区域处理较好,包含模拟工业厂房内烟、火运动的标准模型
10	SIMTEC	瑞典	C/C++	模拟火焰蔓延、烟气运动过程

火灾动力学的基础研究除了体现人类对火灾现象和火灾行为的理解和掌握,同时还可为社会服务,这是基础科学研究的始终目标。经过科学家和工程师的共同努力,火灾科学的应用也已经成为火灾科学体系的一个重要领域,包括火灾防治技术和火灾安全工程学两个方面的内容。

火灾防治技术是研究如何将火灾科学包括火灾动力学的基础理论与现代科学技术完美结合,达到防治火灾的目的。

火灾安全工程学是研究如何将火灾科学包括火灾动力学的基础理论及火灾防治技术与社会经济有机结合,以期达到火灾防治的科学性、有效性和经济性的完美统一。它包括:火灾安全工程设计、火灾系统科学管理和火灾防治方案决策等。

学习火灾动力学的目的就是增强对火灾的科学认识,主要内容包括可燃物的着火、蔓延、燃烧速度和热量释放,火灾的发生、发展及其特殊现象,烟气的流动和火灾的模拟。只有在掌握了火灾的基本理论后才能更好地从事火灾防治技术的开发与应用,进行科学的火灾风险评估、火灾安全工程设计、火灾系统管理等。

第 2 章　火灾的物理化学基础

火灾是失去人为控制的燃烧过程，其发生、发展和熄灭是随时间变化的综合的物理化学过程。火灾也遵从基本的物理化学规律，包括化学反应过程、热量的释放、热量和燃烧产物在空间中的传播等。在火灾的发展过程中，这些子过程是相互影响、相互关联的。研究和掌握这些基本的物理化学过程，是分析火灾的基础。本章主要介绍化学热力学、化学动力学以及物质传输的基本内容，而传热和流动问题在本书后续有关章节中介绍。

火灾的燃烧反应有两种形式：有焰燃烧和阴燃。有焰燃烧是呈气态的燃料和氧化剂发生反应，阴燃是一缓慢、低温、无火焰的燃烧形式。氧气直接与冷凝相燃料的表面接触，由阴燃自身放出的热量维持阴燃的进行。

根据燃烧气体的流动状态可分为层流燃烧和湍流燃烧。而根据燃烧时燃料与还原剂的混合情况，燃烧可分为预混燃烧和扩散燃烧。预混燃烧是指燃料和氧化剂在燃烧前已经预先混合好。如果燃烧过程的进展主要是由燃料与空气的扩散混合过程来决定，则此种燃烧过程称为扩散燃烧。扩散燃烧是人类最早使用火的一种燃烧方式。直到今天，扩散火焰仍是我们最常见的一种火焰。野营中使用的篝火、火把、家庭中使用的蜡烛和煤油灯等的火焰、煤炉中的燃烧以及各种发动机和工业窑炉中的液滴燃烧等都属于扩散火焰。威胁和破坏人类文明和生命财产的各种毁灭性火灾大多是扩散燃烧造成的。但是，居民家中煤气发生爆炸燃烧或某些液体发生的燃烧却具有预混燃烧的特征。

化学热力学是物理化学的一个分支，它研究的内容是当发生化学变化（反应）的时候，吸收或释放的能量值。由于火灾基本表现为一种特殊的化学反应，即燃烧。化学热力学提供了一种方法，通过该方法，基于科学技术文献中的有效数据，可以计算出火灾过程中所释放的能量。

2.1　化学热力学

2.1.1　热力学第一定律

假设理想气体状态式为：

$$pV = nRT \tag{2-1}$$

其中，p 和 V 分别为温度 T（单位 K）下 n mol 气体的压力与体积，R 为摩尔气体常数，在标准状态下为 8.314 510 J/(mol·K)。

热力学第一定律解释了功和热的相互关系。若有一密闭系统，它与外界没有任何物质交换。当系统得到或失去热量，或者对系统做功或系统对外界做功时，系统的温度将会升高或降低。定义一个表示系统内能的函数 E，则系统内能变化 ΔE 由下式可得：

$$\Delta E = Q - W \tag{2-2}$$

其中，Q 是传递到系统的热量，W 是系统做的功。此式用微分形式表示为：

$$dE = dQ - dW \tag{2-3}$$

作为一个状态函数，E 随着温度和压力变化，即 $E=E(T,p)$。

而功是力 F 与位移的内积，因此：

$$dW = F \cdot dx \tag{2-4}$$

密闭系统中气体膨胀所做的功为：

$$dW = p \cdot A \cdot dx = p \cdot dV \tag{2-5}$$

其中，p 为气体压力，A 为活塞面积，dx 为活塞移动的距离，体积增量为 $dV=A \cdot dx$。从初态到末态进行积分，可得总功：

$$W = \int_{\text{initial}}^{\text{final}} p \cdot dV \tag{2-6}$$

由式(2-3)和式(2-5)可得内能的变化为：

$$dE = dQ - p \cdot dV \tag{2-7}$$

该式表明当体积为一常量时，即 $p \cdot dV=0$，那么 $dE=dQ$，积分后可得：

$$\Delta E = Q_V \tag{2-8}$$

其中，Q_V 为定容系统的热交换；就是说，在一个定容系统中，内能的变化等于其吸收或释放的热量。

2.1.2　焓

除了密闭容器内的爆炸外，火灾一般可简化为发生在定压的情况下。因此，火灾系统所做的功是火灾气体膨胀的结果。在常压情况下，对式(2-5)进行积分可得：

$$W = p(V_2 - V_1) \tag{2-9}$$

其中，V_1 和 V_2 分别为初态和末态的体积。式(2-2)变为：

$$\Delta E = E_2 - E_1 = Q_p + pV_1 - pV_2 \tag{2-10}$$

重新整理可得：

$$Q_p = (E_2 + pV_2) - (E_1 + pV_1) = H_2 - H_1 \tag{2-11}$$

其中，Q_p 为常压下的热交换，H 为焓($H=E+pV$)。焓的变化是因为常压情况下热的吸收或损失造成的，有关火灾的问题中必须考虑焓的变化。

2.1.3　热容

热容是指在没有相变化和化学变化的条件下，一定量的物质温度每升高 1 K 所需要的热量。如果该物质的量为单位摩尔，则此时的热容称为摩尔热容，单位为 J/(mol・K)。如果该物质的量为 1 g，则此时的热容称为比热容，单位为 J/(g・K)。

由于热是途径变量，与途径有关，同量的物质在恒压过程和恒容过程中每升高 1 K 温度所需要的热量是不相同的，因此，比定压热容和比定容热容是不同的。这里仅仅重点介绍比定压热容。

在恒压条件下，一定量的物质温度每升高 1 K 所需的热量称为比定压热容，用 c_p 表示。假定 n mol 的物质在恒压下由温度 T_1 升高到温度 T_2 所需要的热量为 Q_p，则：

$$Q_p = n\int_{T_1}^{T_2} c_p dT \tag{2-12}$$

物质在不同温度下每升高 1 K 所需要的热量是不同的。因此，热容是温度的函数。

一定量的物质从温度 T_1 升高到 T_2 时平均每升高 1 K 所需的热量称为比定压平均热容，

用热容与温度间的具体函数关系计算 Q_p 虽然比较精确，但是计算过程比较复杂。实际计算中常采用平均比定压热容。二者之间的关系为：

$$\overline{c_p}=\frac{\int_{T_1}^{T_2}c_p\mathrm{d}T}{T_2-T_1}$$

因此，

$$Q_p=N\overline{c_p}(T_2-T_1) \tag{2-13}$$

在恒容条件下，一定量的物质温度每升高 1 K 所需的热量称为比定容热容，用 c_V 表示。

在恒压条件下，物质升温时，体积要膨胀，结果使物质对环境做功，内能也相应地多增加一些。因此，一定量的物质在同样温度下，升高 1 K 时，恒压过程比恒容过程需要多吸收热量，即 c_p 大于 c_V。

对理想气体：$c_p-c_V=R$；对固体和液体，因为升温时体积膨胀不大，所以 $c_p=c_V$。气体的比定压热容与比定容热容之比称为热容比，用 K 表示，即$\frac{c_p}{c_V}=K$，不同物质的热容比 K 值是不同的，空气的热容比为 1.4。

在比定容条件下，一定量的物质从温度 T_1 升高到 T_2 时平均每升高 1 K 所需要的热量，称为比定容平均热容，用$\overline{c_V}$表示。

2.1.4　化学当量比

化学当量比描述化学反应过程中反应物与生成物（产物）之间的数量关系，化学当量比反应是指在产物中不含有过量反应物的反应。使用当量比的目的是精确地确定一种燃料完全氧化成二氧化碳、水、氮和二氧化硫等产物需要多少空气，一般用 1 mol 单位作为基准。如 1 mol 含任意比例的碳、氢、氧、氮、硫的燃料在空气中按照化学当量比燃烧反应关系式为：

$$\begin{aligned}&C_uH_vO_wN_xS_y+\left(u+\frac{v}{4}-\frac{w}{2}+y\right)\left(O_2+\frac{X_{N_2}^*}{X_{O_2}^*}N_2\right)\longrightarrow\\&uCO_2+\frac{v}{2}H_2O+ySO_2+\left[\frac{X_{N_2}^*}{X_{O_2}^*}\left(u+\frac{v}{4}-\frac{w}{2}+y\right)+\frac{x}{2}\right]N_2\end{aligned} \tag{2-14}$$

其中，在标准大气条件并忽略其他气体的情况下，氧气在空气中的摩尔比为 $X_{O_2}^*=0.21$，氮气在空气中的摩尔比为 $X_{N_2}^*=0.79$。此时，氮气和氧气的摩尔比约为 3.76∶1。

根据式(2-14)，1 mol 燃料完全反应需要的氧气量为：

$$\left(\frac{n_{O_2}}{n_f}\right)_{\text{当量比}}=u+\frac{v}{4}-\frac{w}{2}+y \tag{2-15}$$

当量比也可以用一个基本的质量单位表示，德赖斯代尔(Drysdale)提出如下的以基本质量单位来表示的当量比反应式：

$$1\ \text{kg 燃料}+r\ \text{kg 空气}\longrightarrow(1+r)\text{kg 产物} \tag{2-16}$$

其中，r 表示空气的当量比比率，即 1 单位质量的燃料完全燃烧时所需要的空气质量。氧气在空气中的比例已知，故由空气的当量比比率可推知氧气的当量比比率，通常情况下为 $X_{O_2,\infty}^*=0.233$。

$$r_{O_2}=\left(\frac{m_{O_2}}{m_f}\right)_{\text{当量比}}=\frac{n_{O_2}\cdot M_{W_{O_2}}}{n_f\cdot M_{W_f}}$$

$$=\frac{\left(u+\frac{v}{4}-\frac{w}{2}+y\right)\cdot M_{W_{O_2}}}{1\cdot(u\cdot M_{W_C}+v\cdot M_{W_H}+w\cdot M_{W_O}+x\cdot M_{W_N}+y\cdot M_{W_S})} \quad (2\text{-}17)$$

其中，M_W 表示摩尔质量，下标代表元素，分子中的代表氧气的摩尔质量为 $M_{W_{O_2}}$，其余为某种元素的摩尔质量。表 2-1 提供了一些燃料的氧气当量比比率。

表 2-1　部分燃料在 25 ℃时的氧气当量比及氧燃烧热

燃料	化学式	氧气当量比(r_{O_2})/(g O_2/g 燃料)	净燃烧热/(kJ/mol 燃料)	净燃烧热/(kJ/g 燃料)	氧燃烧热/(kJ/g O_2)
烷烃	C_nH_{2n+2}				
甲烷	CH_4	4.000	802.48	50.03	12.51
乙烷	C_2H_6	3.725	1 428.02	47.49	12.75
丙烷	C_3H_8	3.629	2 044.01	46.36	12.78
丁烷	C_4H_{10}	3.579	2 657.25	45.72	12.77
戊烷	C_5H_{12}	3.548	3 245.31	44.98	12.68
己烷	C_6H_{14}	3.528	3 855.25	44.74	12.68
庚烷	C_7H_{16}	3.513	4 464.91	44.56	12.68
辛烷	C_8H_{18}	3.502	5 075.94	44.44	12.69
壬烷	C_9H_{20}	3.493	5 685.32	44.33	12.69
癸烷	$C_{10}H_{22}$	3.486	6 294.47	44.24	12.69
烯烃	C_nH_{2n}				
乙烯	C_2H_4	3.422	1 323.12	47.17	13.78
丙烯	C_3H_6	3.422	1 926.84	45.79	13.38
丁烯	C_4H_8	3.422	2 541.89	45.31	13.24
戊烯	C_5H_{10}	3.422	3 130.60	44.64	13.04
己烯	C_6H_{12}	3.422	3 740.07	44.44	12.99
庚烯	C_7H_{14}	3.422	4 350.36	44.31	12.95
辛烯	C_8H_{16}	3.422	4 659.68	44.20	12.92
炔烃	C_nH_{2n-2}				
乙炔	C_2H_2	3.072	1 255.65	48.22	15.70
丙炔	C_3H_4	3.195	1 849.57	46.17	14.45
醇	$C_nH_{2n+1}OH$				
甲醇	CH_3OH	1.500	638.88	19.94	13.29
乙醇	C_2H_5OH	2.084	1 235.14	26.81	12.87
丙醇	C_3H_7OH	2.396	1 843.56	30.68	12.81
其他					
丙酮	C_3H_6O	2.204	1 658.76	28.56	12.96
一氧化碳	CO	0.517	282.90	10.10	17.69
纤维素	$C_6H_{10}O$	1.184	2 613.70	16.12	13.61
甲乙醇	C_4H_8O	2.441	2 268.27	31.46	12.89
异丁烯酸甲酯	$C_5H_8O_2$	2.078	2 563.82	25.61	12.33
苯乙烯	C_8H_8	3.073	4 219.75	40.52	13.19
甲苯	C_7H_8	3.126	3 733.11	40.52	12.97
氯乙烯	C_2H_3Cl	1.408	1 053.75	16.68	11.97
二甲苯	C_8H_{10}	3.165	4 333.45	40.82	12.90

由式(2-17)计算出氧气的当量比比率后，根据式(2-18)可以计算出空气的当量比比率。在

一般情况下，空气的当量比比率是氧气当量比比率的 4.292 倍。

$$r_{O_2} = X^*_{O_2,\infty} \cdot r_{空气} \tag{2-18}$$

【例 2-1】 确定丙烷燃烧的氧气和空气的当量比比率。

解：第一步，写出丙烷的当量比反应式：

$$C_3H_8 + 5(O_2 + 3.76N_2) \longrightarrow 3CO_2 + 4H_2O + 18.8N_2$$

第二步，计算氧气的当量比比率：

$$r_{O_2} = \left(\frac{n_{O_2} \cdot M_{W_{O_2}}}{n_f \cdot M_{W_f}}\right) = \frac{5 \times 32}{1 \times (3 \times 12.01 + 8 \times 1.01)} = \frac{160}{44.11} \approx 3.63\ g\ O_2/g\ 燃料$$

最后，由氧气的当量比比率计算空气的当量比比率：

$$r_{空气} = \frac{r_{O_2}}{X^*_{O_2,\infty}} = \frac{3.63\ g\ O_2/g\ 燃料}{0.233\ g\ O_2/g\ 空气} \approx 15.58\ g\ 空气/g\ 燃料$$

该计算结果表明 1 g 丙烷完全燃烧将消耗 3.63 g 的氧气，即通常状态下 15.58 g 空气中的氧气。

按化学当量计算得出或按理想状态下得出的燃烧产物生成量可以按物质的量(mol)计量，也可按质量计量，类似于确定氧气的当量比比率的方式。如式(2-14)所示的一个单位燃料，其理想的燃烧产物生成量在表 2-2 中可找到。通过简单地用摩尔比乘以该种生成物的摩尔分子量与燃料的摩尔分子量之比可以得到生成物的质量：

$$y_i = x_i \cdot \frac{M_{W_i}}{M_{W_f}} \tag{2-19}$$

表 2-2　当量反应燃烧产物的理想生成量

产物	摩尔比，$x_i(n_i/n_j)$	质量比，$y_j(m_i/m_f)$
CO_2	u	$u \cdot \frac{M_{W_{CO_2}}}{M_{W_f}}$
H_2O	$\frac{v}{2}$	$\frac{v}{2} \cdot \frac{M_{W_{H_2O}}}{M_{W_f}}$
SO_2	y	$y \cdot \frac{M_{W_{SO_2}}}{M_{W_f}}$
N_2	$\left[\frac{X^*_{N_2}}{X^*_{O_2}}\left(u+\frac{v}{4}-\frac{w}{2}+y\right)+\frac{x}{2}\right]$	$\left[\frac{X^*_{N_2}}{X^*_{O_2}}\left(u+\frac{v}{4}-\frac{w}{2}+y\right)+\frac{x}{2}\right] \cdot \frac{M_{W_{N_2}}}{M_{W_f}}$

即使在精确控制的条件下，如在内燃机中，燃料与氧化剂也很少能够精确地按当量比比率混合，何况是失控的火灾。内燃机是典型的要求控制吸入的空气需稍稍过量的燃烧反应，然而火灾时是否完全燃烧将依赖于火灾环境下的供气特性，因为火灾时可能卷吸入过多或过少的空气。除当量比混合物成分外，还有其他成分的混合物，可以用两个无量纲量来表示实际混合物成分与当量比混合物成分的比，分别是等效比（有的文献称其为燃料空气比）和混合比。

用当量比燃料对空气的比率来确定实际燃料与空气的比率，其定义的燃料等效比见式(2-20)：

$$\Phi=\frac{\left(\frac{n_{\mathrm{f}}}{n_{空气}}\right)_{实际}}{\left(\frac{n_{\mathrm{f}}}{n_{空气}}\right)_{当量比}}=\frac{\left(\frac{m_{\mathrm{f}}}{m_{空气}}\right)_{实际}}{\left(\frac{m_{\mathrm{f}}}{m_{空气}}\right)_{当量比}}=r\cdot\left(\frac{m_{\mathrm{f}}}{m_{空气}}\right)_{实际} \tag{2-20}$$

如式(2-20)所示，等效比小于 1 表示有过量的空气，燃料相对偏少；等效比为 1 是处于当量比控制下的；等效比大于 1 表示燃料富余，空气相对偏少。如式(2-16)所示的质量反应式，如不用当量比而用等效比，可改写为：

$$1\ \mathrm{kg}\ 燃料+\frac{r}{\Phi}\mathrm{kg}\ 空气\longrightarrow\left(1+\frac{r}{\Phi}\right)\mathrm{kg}\ 产物 \tag{2-21}$$

对等效比小于 1 的混合物，反应带入的过量空气将存在于燃烧产物中。对等效比大于 1 的混合物，没有足够的空气使燃料完全反应，因此，在反应后会有没燃烧的燃料，并存在于燃烧产物中。作为一种理想情况，可以假定如果没有充足的氧气，将会生成完全燃烧的产物和没有反应的燃料。在这种理想情况下，燃料燃烧的消耗量可表示如下：

$$X_{\mathrm{f}}=\frac{m_{\mathrm{f},燃料的}}{m_{\mathrm{f},有效的}}=\min\left(1,\frac{1}{\Phi}\right) \tag{2-22}$$

在燃料富余的情况下，即等效比大于 1，则将产生与燃料消耗相同比例的燃烧产物，即 $1/\Phi$。基于这种近似的理想情况，在产物中氧气的相对质量为：

$$X_{\mathrm{O_2}}=\frac{m_{\mathrm{O_2},提供的}}{m_{\mathrm{O_2},有效的}}=\max(0,1-\Phi) \tag{2-23}$$

实际上，当混合物的等效比接近或大于 1 时，很容易产生包括一氧化碳、烟灰和没有燃烧的烃类物质。可以采用混合比代替等效比。混合比以混合物中的燃料分数为基础来表示燃烧反应。混合比代表了以燃料为出发点的材料分数，定义如下：

$$Z=\frac{r_{\mathrm{O_2}}Y_{\mathrm{f}}-(Y_{\mathrm{O_2}}-Y_{\mathrm{O_2},\infty})}{r_{\mathrm{O_2}}Y_{\mathrm{f}}^{\mathrm{I}}+Y_{\mathrm{O_2},\infty}} \tag{2-24}$$

式(2-17)中定义了氧气的当量比比率 $r_{\mathrm{O_2}}$。Y_{f} 为燃料质量分数，$Y_{\mathrm{f}}^{\mathrm{I}}$ 为燃料流中的燃料质量分数，$Y_{\mathrm{O_2}}$ 为氧气质量分数，$Y_{\mathrm{O_2},\infty}$ 为大气中的氧气质量浓度，一般取 0.233。混合比 Z 的范围可从表示没有燃料、氧气浓度为大气中值的 $Z=0$ 到表示只有燃料的 $Z=1$。混合比理论在一些火灾模型的燃烧子模型上有应用，但在表示燃烧产量数据方面没有等效比的应用广泛。

2.1.5 燃烧热

在化学反应过程中，系统在反应前后的化学组成发生变化，同时伴随着系统内能量分配的变化，后者表现为反应后生成物所含能量总和与反应物所含能量总和间的差异。此能量差值以热的形式向环境散发或者从环境吸收，这就是反应热。它与反应时的条件有关，在定温定压过程中，反应热等于系统焓的变化。

化学反应中由稳定单质反应生成某化合物时的反应热，称为该化合物的生成热。在 0.101 3 MPa 和指定温度下，由稳定单质生成 1 mol 某物质的恒压反应热，称为该物质的标准生成热。

燃烧反应是可燃物和助燃物作用生成稳定产物的一种化学反应，此反应的反应热称为燃烧热。最常见的助燃物是氧气，在 0.101 3 MPa 和指定温度下，1 mol 某物质完全燃烧时的恒压反应热，称为该物质的标准燃烧热，表 2-3、表 2-4 给出了某些物质的标准生成热和标准燃烧热。

表 2-3　　物质的标准生成热(0.101 3 MPa、25 ℃)

名称	分子式	状态	生成热/(kJ/mol)	名称	分子式	状态	生成热/(kJ/mol)
一氧化碳	CO	气	−110.54	丙烷	C_3H_8	气	−103.85
二氧化碳	CO_2	气	−393.53	正丁烷	C_4H_{10}	气	−124.73
甲烷	CH_4	气	−74.85	异丁烷	C_4H_{10}	气	−131.59
乙炔	C_2H_2	气	226.90	正戊烷	C_5H_{12}	气	−146.44
乙烯	C_2H_4	气	52.55	正己烷	C_6H_{14}	气	−167.19
苯	C_6H_6	气	82.93	正庚烷	C_7H_{16}	气	−187.82
苯	C_6H_6	液	48.04	丙烯	C_3H_6	气	20.42
辛烷	C_8H_{18}	气	−208.45	甲醛	CH_2O	气	−113.80
正辛烷	C_8H_{18}	液	−249.95	乙醛	C_2H_4O	气	−166.36
正辛烷	C_8H_{18}	气	−208.45	甲醇	CH_3OH	液	−238.57
氧化钙	CaO	晶体	−635.13	乙醇	C_2H_5OH	液	−277.65
碳酸钙	$CaCO_3$	晶体	−1 211.27	甲酸	CH_2O_2	液	−409.20
氧	O_2	气	0.00	乙酸	$C_2H_4O_2$	液	−487.02
氮	N_2	气	0.00	乙烷	C_2H_6	气	−84.68
碳(石墨)	C	晶体	0.00	水	H_2O	液	−285.83
碳(钻石)	C	晶体	1.88	水	H_2O	气	−241.83

表 2-4　　某些燃料的燃烧热[0.101 3 MPa、25 ℃,产物为 N_2、H_2O(液)和 CO_2]

名称	分子式	状态	燃烧热/(kJ/mol)	名称	分子式	状态	燃烧热/(kJ/mol)
碳(石墨)	C	固	−392.88	苯	C_6H_6	液	−3 273.14
氢	H_2	气	−285.77	环庚烷	C_7H_{14}	液	−4 549.26
一氧化碳	CO	气	−282.84	环戊烷	C_5H_{10}	液	−3 278.59
甲烷	CH_4	气	−881.99	乙酸	$C_2H_4O_2$	液	−876.13
乙烷	C_2H_6	气	−1 541.39	苯甲酸	$C_7H_6O_2$	固	−3 226.70
丙烷	C_3H_8	气	−2 201.61	丁酸	$C_4H_8O_2$	液	−2 246.39
丁烷	C_4H_{10}	液	−2 870.64	萘	$C_{10}H_8$	固	−5 155.94
戊烷	C_5H_{12}	液	−3 486.95	蔗糖	$C_{12}H_{22}O_{11}$	固	−5 646.73
庚烷	C_7H_{16}	液	−4 811.18	2-茨酮	$C_{10}H_{16}O$	固	−5 903.62
辛烷	C_8H_{18}	液	−5 450.50	甲苯	C_7H_8	液	−3 908.69
十二烷	$C_{12}H_{26}$	液	−8 132.43	二甲苯	C_8H_{10}	液	−4 567.67
十六烷	$C_{16}H_{34}$	固	−1 070.69	氨基甲酸乙酯	$C_3H_7NO_2$	固	−1 661.88
乙烯	C_2H_4	气	−1 411.26	苯乙烯	C_8H_8	液	−4 381.09
乙醇	C_2H_5OH	液	−1 370.94	甲醇	CH_3OH	液	−712.95

在参考温度为 T 时，反应热的数学表达式为：

$$\Delta H_r = \sum_{i生成物} n_i (\Delta H_f^{\ominus})_{T,i} - \sum_{j反应物} n_j (\Delta H_f^{\ominus})_{T,j} \tag{2-25}$$

如温度与标准参考温度不同，可以用下面公式换算单物质的生成热。

$$H(T) = (\Delta H_f^{\ominus})_{T参考} + \int_{T参考}^{T} c_p \mathrm{d}T = (\Delta H_f^{\ominus})_{T参考} + (H_T - H_{T参考}) \tag{2-26}$$

Shomate 方程给出了温度对比定压热容的多项式：

$$c_p^{\ominus} = A + B\left(\frac{T}{1\,000}\right) + C\left(\frac{T}{1\,000}\right)^2 + D\left(\frac{T}{1\,000}\right)^3 + E\bigg/\left(\frac{T}{1\,000}\right)^2 \tag{2-27}$$

或，

$$H_T^{\ominus} - H_{298.15}^{\ominus} = A\left(\frac{T}{1\,000}\right) + B\frac{\left(\frac{T}{1\,000}\right)^2}{2} - C\frac{\left(\frac{T}{1\,000}\right)^3}{3} + D\frac{\left(\frac{T}{1\,000}\right)^4}{4} - E\bigg/\left(\frac{T}{1\,000}\right) + F \tag{2-28}$$

表 2-5 列出一些燃烧反应物的多项式系数 A、B、C、D、E、F 的值。

表 2-5　　Shomate 多项式系数

物质分子式	N_2	O_2	H_2O		CO_2	
温度范围/K	298～6 000	298～6 000	500～1 700	1 700～6 000	298～1 200	1 200～6 000
A	26.092 00	29.659 00	30.092 00	41.964 26	24.997 35	58.166 39
B	8.218 801	6.137 261	6.832 514	8.622 053	55.186 96	2.720 074
C	−1.976 141	−1.186 521	6.793 435	−1.499 780	−33.691 37	−0.492 289
D	0.159 274	0.095 780	−2.534 480	0.098 119	7.948 387	0.038 844
E	0.444 34	−0.219 663	0.082 139	−11.156 4	−0.136 638	−6.447 293
F	−7.989 230	−9.861 391	−250.881 0	−272.179 7	−403.607 5	−425.918 6

在计量燃烧反应条件下，反应热即为燃料的燃烧热。任何含 C、H、O、N、S 物质的燃烧热是燃烧在接近室温下完全氧化时放出的热量，与式(2-14)相一致。在表 2-1 中列出了部分燃料的燃烧热值。为方便起见，所列出的燃烧热为正值，而实际上反应热应为负值，表示燃烧生成物比反应物处于更低的能级和更稳定状态。

燃料有两种燃烧热，一个为总燃烧热，另一个为净燃烧热；或者叫高热值和低热值。其中，高热值是以燃烧生成的水按液态来计算的，低热值是以燃烧生成的水按气态来计算的，因此净燃烧热比总燃烧热要少一个水汽化热的量，水的汽化热为 44 kJ/mol 或 2.44 kJ/g。

【例 2-2】 计算正己烷气在 25 ℃和一个大气压下的高热值和低热值。

解：第一步，写出正己烷在空气中的当量比式：

$$C_6H_{14} + 9.5(O_2 + 3.76N_2) \longrightarrow 6CO_2 + 7H_2O + 35.72N_2$$

第二步，计算标准条件下的生成物与反应物之间的生成热差值作为反应热，用表 2-3 所列出的值，当水为液态时的高热值为：

$$\begin{aligned}\Delta H_r &= [6\times(-393.53) + 7\times(-285.83) + 35.72\times0.00] - \\ &\quad [1\times(167.2) + 9.5\times0.00 + 35.72\times0.00] \\ &= -4\,194.97\ \mathrm{kJ/mol}\end{aligned}$$

又 $\Delta H_r = -4\ 194.97\ \text{kJ/mol} \div 86.18\ \text{g/mol} \approx -48.68\ \text{kJ/g}$

同理计算低热值，只是相差一个水分子的汽化生成热：

$$\begin{aligned}\Delta H_r &= [6\times(-393.53)+7\times(-241.83)+35.72\times0.00]- \\ &\quad [1\times(167.2)+9.5\times0.00+35.72\times0.00] \\ &= -3\ 886.79\ \text{kJ/mol}\end{aligned}$$

又 $\Delta H_r = -3\ 886.79\ \text{kJ/mol} \div 86.18\ \text{g/mol} \approx -45.10\ \text{kJ/g}$

也可通过水的汽化热来计算，由总燃烧热减去汽化热可得到净燃烧热：

$$\Delta H_{c,净} = 4\ 194.79\ \text{kJ/mol} - (7\times44\ \text{kJ/mol}) = 3\ 886.79\ \text{kJ/mol}$$

燃烧热一般与燃料相关。表 2-1 中的数据说明大多数烃类或纤维素燃料燃烧消耗单位质量的氧气所放出的热量接近一个常数，可以用 13.1 kJ/g 作为平均燃烧热值，对大多数燃料来说其偏差在 5%内。

【例 2-3】 前面所述例子中的正己烷的氧燃烧热计算。

解：前面所述例子中，燃料低热值为 45.10 kJ/g。氧气的当量比比率如下：

$$r_{O_2} = 9.5\times32\div86.18\approx3.53$$

由这些值可以计算得到氧燃烧热：

$$\frac{\Delta H_c}{r_{O_2}} = \frac{45.10\ \text{kJ/g 燃料}}{3.53\ \text{g}\ O_2/\text{g 燃料}} \approx 12.78\ \text{kJ/g}\ O_2$$

该值大约比 13.1 kJ/g 低 2.4%。

2.1.6　火焰温度

混合气体燃烧的温度取决于气体组成以及燃烧系统边界所损失的热量。绝热火焰温度是燃烧所能达到的最高温度。所谓“绝热”是指燃烧系统没有通过体系的边界产生热损失。在反应中，所有释放的热量将使焓值增加，同时也提高了产物的温度。

绝热火焰的温度可以通过几种方法计算得到。所有在此讨论的方法均预先假设已知生成物的组成。在有明显的热分解或不完全燃烧情况下，我们往往很难确定生成物的组成情况。如果假设所有反应的动力学参数和速率恒定，用迭代的计算方法能确定绝热火焰产物的成分。总的说来，绝热火焰温度暗含在如下有关焓的方程中：

$$H_{生成物} = H_{反应物} \tag{2-29}$$

式中，$H_{生成物}$ 是生成物的总焓；$H_{反应物}$ 是反应物的焓。

$$\begin{aligned}H_{生成物} &= \sum_{i生成物}\{n_i[(\Delta H_f^{\ominus})_{298.15} + (H_i)_{T_{ad}} - (H_i)_{298.15}]\} \\ &= \sum_{i生成物}\{n_i[(\Delta H_f^{\ominus})_{298.15} + \int_{298.15}^{T_{ad}} c_{pi}\,dT]\}\end{aligned} \tag{2-30}$$

$$\begin{aligned}H_{反应物} &= \sum_{j反应物}\{n_j[(\Delta H_f^{\ominus})_{298.15} + (H_j)_{T_{ad}} - (H_j)_{298.15}]\} \\ &= \sum_{j反应物}\{n_j[(\Delta H_f^{\ominus})_{298.15} + \int_{298.15}^{T_{ad}} c_{pj}\,dT]\}\end{aligned} \tag{2-31}$$

首先，推测一个绝热火焰温度，然后计算出一定温度下的产物的总焓，并与反应物的总焓进行比较。如果产物与反应物的总焓不一致，重新选择新的温度进行计算，直到两个结果收敛一致。

对于大多数火灾的应用，可假设反应物处于 25 ℃，且 $\int_{298.15}^{T_{ad}} c_{pj}\,dT = 0$ 。倘若此时有充足的氧气与燃料反应(即 $\Phi \leqslant 1$),能通过式(2-32)直接计算绝热反应的温度。

$$\begin{aligned} H_{生成物} - H_{反应物} &= \sum_{i生成物}\left\{n_i\left[(\Delta H_f^{\ominus})_{298.15} + \int_{298.15}^{T_{ad}} c_{pi}\,\mathrm{d}T\right]\right\} - \sum_{j反应物}\left[n_j(\Delta H_f^{\ominus})_{298.15}\right] \\ &= \left\{\sum_{i生成物}\left[n_i(\Delta H_f^{\ominus})_{298.15}\right] - \sum_{j反应物}\left[n_j(\Delta H_f^{\ominus})_{298.15}\right]\right\} + \sum_{i生成物}\left[n_i\left(\int_{298.15}^{T_{ad}} c_{pi}\,\mathrm{d}T\right)\right] \\ &= -\Delta H_c + \sum_{i生成物}\left[n_i\left(\int_{298.15}^{T_{ad}} c_{pi}\,\mathrm{d}T\right)\right] = 0 \end{aligned} \tag{2-32}$$

可简化为:

$$\sum_{i生成物}\left[n_i\left(\int_{298.15}^{T_{ad}} c_{pi}\,\mathrm{d}T\right)\right] = \sum_{i生成物}\{n_i[(H_i)T_{ad} - (H_i)_{298.15}]\} = \Delta H_c \tag{2-33}$$

把方程(2-27)替代成由温度决定的比热容的积分,可得关于每个生成物的比热容的方程式(2-28)。由于方程(2-27)和方程(2-28)表述的是非线性的关系,也需要进行大量的迭代计算,不过结果收敛很快。对于简单的闭合形式解,能选出一个合适的平均比热容,因此可从方程中删除比热容项。通过这个近似处理,绝热火焰温度可用式(2-34)计算:

$$T_{ad} = T_0 + \frac{\Delta H_c}{\sum\limits_{i生成物}(n_i \bar{c}_{pi})}(以物质的量为基础) = T_0 + \frac{\Delta H_c}{\sum\limits_{i生成物}(m_i \bar{c}_{pi})}(以质量为基础) \tag{2-34}$$

【例 2-4】 估算当量比的丙烷混合物在空气气氛、25 ℃下的火焰温度。忽略反应中的分解现象。

解:根据前例,丙烷在空气中的当量比反应为:

$$C_3H_8 + 5(O_2 + 3.76N_2) \longrightarrow 3CO_2 + 4H_2O + 18.8N_2$$

在 25 ℃时,总的反应物的焓是它们的生成焓的总和,即:

$$\begin{aligned} H_{反应物} &= \sum_{j反应物}\left[n_j(\Delta H_f^{\ominus})_{298.15}\right] \\ &= [1\times(-104.70)] + (5\times 0.00) + (18.8\times 0.00) = -104.70\ \mathrm{kJ} \end{aligned}$$

在绝热火焰温度时,生成物的总焓为:

$$\begin{aligned} H_{生成物} &= \sum_{i生成物}\left[n_i(\Delta H_f^{\ominus})_{298.15} + (H_i)_{T_{ad}} - (H_i)_{298.15}\right] \\ &= \{3\times[-393.51 + (H_i)_{T_{ad}} - (H_i)_{298.15}]\}_{CO_2} + \\ &\quad 4\times[-241.83 + (H_i)_{T_{ad}} - (H_i)_{298.15}]_{H_2O} + \\ &\quad \{18.8\times[0.00 + (H_i)_{T_{ad}} - (H_i)_{298.15}]\}_{N_2} \end{aligned}$$

取反应物与生成物的总焓相等,则有:

$$\begin{aligned} -104.70 + 1\,180.53 + 967.32 = 2\,043.15 - \{3\times[(H_i)_{T_{ad}} - (H_i)_{298.15}]\}_{CO_2} + \\ \{4\times[(H_i)_{T_{ad}} - (H_i)_{298.15}]\}_{H_2O} + \{18.8\times[(H_i)_{T_{ad}} - (H_i)_{298.15}]\}_{N_2} \end{aligned}$$

首先推测绝热火焰温度为 2 400 K,在这个温度下,三种产物的焓为:

产物	n_i/mol	$(H_i)_{T_{ad}} - (H_i)_{298.15}$/(kJ/mol)	$n_i[(H_i)_{T_{ad}} - (H_i)_{298.15}]$/kJ
CO_2	3	115.8	347.4
H_2O	4	93.74	375.0
N_2	18.8	70.5	1 325.4
总计			2 047.8

计算得生成物的焓为 2 047.8 kJ，非常接近于反应物的焓 2 043.15 kJ。这意味着绝热火焰温度在 2 400 K 之内。如果需要更精确的值，可以进一步迭代计算。

通常接近于当量比的混合物的绝热火焰温度会低于计算值。因为在该温度下，燃烧产物将会部分分解生成大量的原子、分子和自由基。因此，在一些情况中，忽略产物的分解将带来较大的误差。

【例 2-5】 估算初始温度为 25 ℃，等效比为 0.5 的丙烷/空气混合物的绝热火焰温度。

解：对于这种情况，有 2 倍于完全燃烧所需的空气，因此该反应式为：

$$C_3H_8+5(O_2+3.76N_2)\longrightarrow 3CO_2+4H_2O+18.8N_2$$

据以前的计算，丙烷燃烧热为 2 043.15 kJ/mol。

首先假设绝热火焰温度为 1 600 K。对于这个温度，4 个产物的焓为：

产物	n_i/mol	$(H_i)_{T_{ad}}-(H_i)_{298.15}$/(kJ/mol)	$n_i[(H_i)_{T_{ad}}-(H_i)_{298.15}]$/kJ
CO_2	3	67.57	202.71
H_2O	4	52.91	211.64
N_2	37.6	41.81	1 572.06
O_2	5	44.12	220.60
总计			2 207.01

产物的总焓超过了反应物的焓，因为第一个设定的火焰温度值偏高了。因此再次假设火焰温度为 1 500 K。于是有：

产物	n_i/mol	$(H_i)_{T_{ad}}-(H_i)_{298.15}$/(kJ/mol)	$n_i[(H_i)_{T_{ad}}-(H_i)_{298.15}]$/kJ
CO_2	3	61.71	185.13
H_2O	4	48.15	192.60
N_2	37.6	38.34	1 441.58
O_2	5	40.46	202.30
总计			2 021.61

这时总焓稍偏低于正确值，可用线性插值法得出更精确的温度：

$$T_{ad}=1\,500+\frac{2\,043.15-2\,021.61}{2\,207.01-2\,021.61}\times 100\approx 1\,511.6\ \mathrm{K}$$

这次计算得到的温度较上例偏低，是因为在整个反应过程中，有额外的空气被加热。

在实际火灾中有火焰的实际温度比绝热温度低，这是以下几个因素造成的：火焰的辐射热损失，通过辐射损失的热量占燃烧总释放热量的 20%～40%或更多；在封闭体系内，热量通过封闭体系的边界或固体界面产生热传递而造成热损失；夹带过多的空气进入火焰；不完全燃烧。

在火灾中，混合物的等效比值将随时间和位置发生变化，其原因至少有两个：

(1) 火灾的热释放速率随时间发生变化；

(2) 额外的空气被烟气卷吸到火源上方。

2.2 化学动力学

2.2.1 总体反应式和化学反应速度

2.2.1.1 化学反应速度和质量作用定律

设多成分可反应系统共有 N 种成分，每种成分记作 M_i，其化学反应可以记作

$$\sum_{i=1}^{N} v_i' M_i \longrightarrow \sum_{i=1}^{N} v_i'' M_i \tag{2-35}$$

若第 i 种成分的摩尔浓度记作 c_i，那么单位时间、单位体积中 i 成分的摩尔数的变化，即其产生或消耗的速度，定义成

$$\hat{\omega}_i = \frac{\Delta c_i}{\Delta t} \tag{2-36}$$

上式中 $\hat{\omega}_i$ 是 i 成分的化学反应速度，Δt 是测量的间隔时间，Δc_i 是在 Δt 间隔时间内 i 成分的浓度变化。当 $\Delta t \to 0$ 时，则

$$\hat{\omega}_i = \frac{\mathrm{d} c_i}{\mathrm{d} t} \tag{2-37}$$

给定的化学反应中各种成分的产生和消耗速度不同，但是互成比例，称为倍比定律。比例系数为 $v_i'' - v_i'$，因此每种成分的反应速度除以其反应前后化学计量系数的差，可以作为给定化学反应的反应速度，记作 ω，那么

$$\omega = \frac{\hat{\omega}_i}{v_i'' - v_i'} \tag{2-38}$$

或者

$$\hat{\omega}_i = (v_i'' - v_i')\omega \tag{2-39}$$

如果系统内存在两个化学反应，记作

$$\sum_i v_{i,1}' M_i \xrightarrow{\mathrm{I}} \sum_i v_{i,1}'' M_i$$

$$\sum_i v_{i,2}' M_i \xrightarrow{\mathrm{II}} \sum_i v_{i,2}'' M_i$$

那么对于第Ⅰ个反应 i 成分的化学反应速度为 $\hat{\omega}_{i,1} = (v_{i,1}'' - v_{i,1}')\omega_{\mathrm{I}}$，第Ⅱ个反应 i 成分的化学反应速度为 $\hat{\omega}_{i,2} = (v_{i,2}'' - v_{i,2}')\omega_{\mathrm{II}}$，于是系统中 i 成分的总反应速度为

$$\hat{\omega}_i = \hat{\omega}_{i,1} + \hat{\omega}_{i,2} = (v_{i,1}'' - v_{i,1}')\omega_{\mathrm{I}} + (v_{i,2}'' - v_{i,2}')\omega_{\mathrm{II}}$$

如果 K 个化学反应同时进行，那么 i 成分的总反应速度为

$$\hat{\omega}_i = \sum_{k=1}^{K} (v_{i,k}'' - v_{i,k}')\omega_k \tag{2-40}$$

质量作用定律表明化学反应速度与反应物浓度的关系，是大量实验总结出来的经验定律，之后由统计物理给予理论上的解释。给定的一步化学反应，记作

$$\sum_{i=1}^{N} v_i' M_i \longrightarrow \sum_{i}^{N} v_i'' M_i$$

质量作用定律给出反应物各成分的浓度与该化学反应的反应速度之间的代数关系是

$$\omega = K \prod_{i=1}^{N} c_i^{v_i'} \tag{2-41}$$

上式中 K 称为化学反应速度常数，是温度的函数。由给定的系统的温度 T 可以确定化学反应速度常数，根据给定时刻各成分的浓度，计算当时的化学反应速度。

2.2.1.2　总体反应式

火灾过程是综合的物理化学过程，往往物理过程是火灾过程的主导控制因素，包括流体运动，热量的传输和物质扩散。分析火灾过程时通常没有必要过于详细地讨论具体的反应机理，需要一个化学反应过程的简便描述方法。

根据经验，或者分析链式反应中的控制步骤，提出一个能概括整个链式反应的综合反应方程式，综合反应式的系数不是化学计量系数，例如氢和氯的反应，综合反应式可以写成

$$H_2 + Cl_2 \longrightarrow 2HCl$$

上式不表示恰好 1 个氢分子和 1 个氯分子碰撞，经过反应生成 2 个氯化氢分子，仅表示链式反应的起始和终了的概括情况。同理，可以用一个总体反应速度概括链式反应，记作

$$\omega = K\prod_{i}^{N'} c_i^{n_i} \tag{2-42}$$

上式中 c_i 是初始反应物成分，设有 N' 种初始反应物，n_i 不是化学计量系数，而是经验常数，因此它可以是小数或分数。K 依然称为化学反应速度常数。

通常 $\sum_i^{N'} n_i \cdot 1$ 称为一级反应；$\sum_i^{N'} n_i \cdot 2$ 称为二级反应。采用总体反应式分析火灾过程，给数学分析带来极大的方便。

2.2.2　阿伦尼乌斯定律

阿伦尼乌斯指出，一个基元反应，其反应速度常数是温度的函数，可以记作

$$K(T) = A(T)\mathrm{e}^{-\frac{E_\alpha}{R_0 T}} \tag{2-43}$$

其中，E_α 称为该基元反应的活化能，$A(T)$ 是分子间有效碰撞的频率因子，一般存在

$$A(T) = BT^\alpha \tag{2-44}$$

B 是常数，量级为 10^{10}；α 是温度的指数常数，$0 \leqslant \alpha \leqslant 1$，称 $\mathrm{e}^{-\frac{E_\alpha}{R_0 T}}$ 为阿伦尼乌斯因子，当温度变化时，阿伦尼乌斯因子对 $K(T)$ 的影响比 T^α 大得多，故常取 $\alpha = 0$，即频率因子取作常数 B。

对于总体反应速度，其反应速度常数也记作阿伦尼乌斯定律的形式，其 $A(T)$ 和 E_α 由实验测定。如果 $A(T)$ 为常数，则有

$$\log K = \log A - \frac{E_\alpha}{R_0 T}\log \mathrm{e}$$

$$\frac{E_\alpha}{R_0} = -\frac{1}{\log \mathrm{e}}\frac{\mathrm{d}}{\mathrm{d}\left(\frac{1}{T}\right)}(\log K)$$

测定了不同温度下的 K，纵坐标取 $\log K$，横坐标取 $\frac{1}{T}$，则由测定的曲线的斜率可以计算 E_α。

火灾中常见的燃料和空气的反应系统，其总体反应的活化能取值范围是 $E_\alpha = 15 \sim 100$ kcal/mol（1 cal＝4.186 8 J，下同），例如柴油和空气的燃烧反应可取 $E_\alpha = 23 \sim 26$ kcal/mol。$\frac{E_\alpha}{R_0}$ 称为活化温度，$R_0 = 1.987$ cal/(mol·K)，则一般 T^α 的取值范围是 $7.5\times10^3 \sim 2\times10^4$ K。

阿伦尼乌斯因子随温度的变化是 e 的指数曲线，随着温度的升高逐渐加速增大，到达拐点后，随着温度的增加，其增大速度越来越缓慢，拐点的温度为 3 750～25 000 K。而一般火

焰区最高温度约 2 000 K，所以一般的燃烧化学反应发生在拐点前的范围内。这是因为一般碳氢燃料氧化反应的活化能很高。

以单级均相反应系统为例，按质量作用定律，其反应速度与燃烧浓度的一次方成正比，取燃料浓度为 c，其化学反应速度为

$$\frac{\mathrm{d}c}{\mathrm{d}t}=-Bc\mathrm{e}^{-\frac{E_a}{R_0 T}} \tag{2-45}$$

以一定速度给系统加热，系统温度由初始 T_0 逐渐上升，升高到一定温度时出现明显的化学反应，由于化学反应放热，系统的温度急剧上升，化学反应速度也随之迅速加快，但燃料很快耗尽，于是化学反应速度急骤下降，如图 2-1 所示。明显的化学反应仅发生在极短的时间间隔内，如果系统是气体元体积，元体积随流体运动，在很短的时间间隔内，元体积只能经过空间很短的距离。因此在大活化能反应的情况下，燃烧反应往往集中在很小的空间距离内，或者说经历很短的时间历程。有时可以认为火焰区非常薄，在极限的情况下，认为化学反应所经历的时间无限小，也就是认为反应速度非常快，称为大活化能条件下极限反应速度的极限模型。在反应区外是无化学反应区，仅存在传热、传质和流体运动等物理过程。这样的假设可以大大简化火灾过程的数学分析。

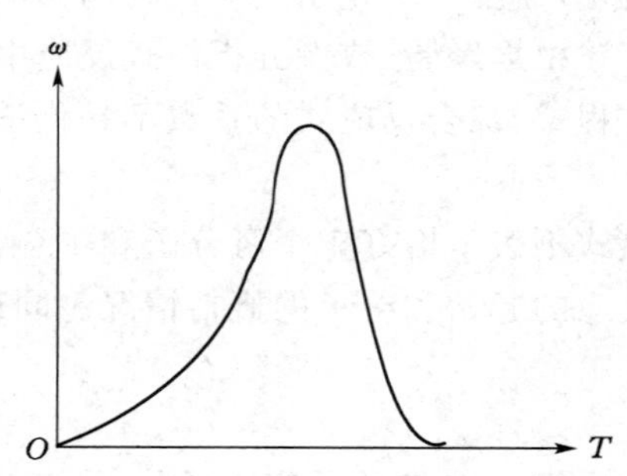

图 2-1　化学反应速度随温度的变化

2.3　物质的传输

燃烧发生时，燃烧产物将不断离开燃烧区，燃料和氧化剂将不断进入燃烧区，否则，燃烧无法继续进行下去。在这里，产物的离开、燃料和氧化剂的进入，都有一个物质传递的问题。物质的传递通过物质的分子扩散、燃料相分界面上的斯蒂芬流、浮力引起的物质流动、由外力引起的强迫流动、湍流运动引起的物质混合等方式来实现。在此，本节仅仅介绍前两种物质传递方式。

2.3.1　物质的扩散

假定有一种静止的等温流体 B，从它的一边渗入另一种流体 A，而在另一边将流体 A 渗出，如图 2-2 所示。

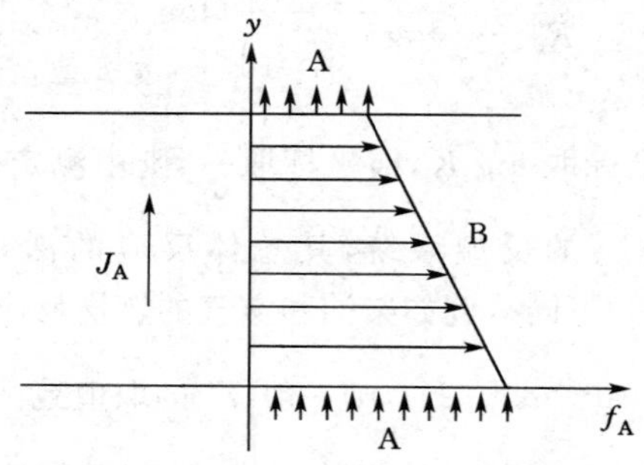

图 2-2　扩散作用示意图

在 B 中不同的地方，A 的浓度不同。由于存在浓度差，A 物质将从浓度高的地方向浓度低的地方扩散。从微观上讲，这种扩散是由于分子不停息的热运动而相互掺和，使得各组分浓度趋于一致，因而引起宏观的扩散现象。实验发现，在单位时间内，单位面积上流体 A 扩散造成的物质流与在 B 中流体 A 的浓度梯度成正比，即

$$J_A = -D_{AB}\frac{\partial \rho_A}{\partial y} \tag{2-46}$$

式中，J_A 代表在单位时间内、单位面积上流体 A 扩散造成的物质流量，D_{AB} 称为组分 A 在组分 B 中的扩散系数。通常扩散系数与组成有关。方程(2-46)中负号说明组分 A 沿着 A 浓度降低的方向进行扩散。

在考虑两种组分以上的多组分混合物的扩散问题时，常常把考虑的 S 组分看成一种组分，而把 S 组分之外的其他组分看作另一组分，这样近似地处理为双组分扩散问题，因此扩散方程可以写为

$$J_S = -D_S\frac{\partial \rho_S}{\partial y} \tag{2-47}$$

这时，扩散系数和各组分的组成及其浓度有关，因而在具体计算时，往往还要做进一步简化。

方程(2-46)和(2-47)均称为费克扩散定律方程。方程(2-46)同样也可用分压梯度或质量分数梯度的形式写出。令 p、M、R、T 和 f 分别为压力、分子量、通用气体常数、温度和质量分数(下标 A 和 B 分别代表组分 A 和 B，没有下标的量代表总的混合物)。假定气体为完全气体，则

$$p_A = \frac{\rho_A}{M_A}RT$$

也就是

$$\rho_A = \frac{p_A}{RT}M_A$$

将上式代入方程(2-46)可得

$$J_A = -\frac{D_{AB}M_A}{RT}\frac{\partial p_A}{\partial y} \tag{2-48}$$

质量分数和分压由 $f_A = \frac{p_A}{pM}M_A$ 联系起来，而且 $\frac{pM_A}{RT} = \frac{\rho M_A}{M}$，因此

$$J_A = -\frac{\rho D_{AB}}{M}\frac{\partial f_A M}{\partial y} \tag{2-49}$$

混合物分子量 M 是质量分数 f_A 和组分 A 与 B 的分子量的函数，因此，在图 2-2 中，M 是随 y 值变化而变化的。但在与燃烧有关的情况下，M 的变化不大，可当作常数，因此，式(2-49)可改写为

$$J_A = -\rho D_{AB}\frac{\partial f_A}{\partial y} \tag{2-50}$$

2.3.2　斯蒂芬流

在燃烧问题中，高温气流和与之相邻的液体或固体物质之间存在着一个相分界面。了解相分界面处物质传递的情况，对于正确地写出边界条件，正确地研究各种边界条件下的燃烧问题是十分重要的。在燃烧问题中，在相分界面处存在着法向的流动，这与单组分流体力

学问题是不同的。通常，单组分黏性流体在流过惰性表面时，如果气压不是很低，则在表面处将形成一层附着层。但是，多组分流体在一定条件下，在表面处将形成一定的浓度梯度，因而可能形成各组分法向的扩散物质流。另外，如果相分界面上有物理或者化学过程存在，那么这种物理或者化学过程也会产生或消耗一定的质量流。于是，在物理或化学过程作用下，表面处又会产生一个与扩散物质流有关的法向总物质流。这个总物质流是由表面本身因素造成的，这一现象是斯蒂芬在研究水面蒸发时首先发现的，因此称为斯蒂芬流。要强调的是，这个斯蒂芬流是由于扩散以及物理化学过程两个作用共同产生的。

下面我们用两个例子来说明斯蒂芬流产生的条件和物理实质。

第一个例子就是斯蒂芬在研究水面蒸发时发现斯蒂芬流的例子。A—B 是水面，水面上方空间是空气。这时，水—空气相分界面处只有水汽和空气两种组分。我们用 f_{H_2O} 表示水汽的相对浓度，用 f_{air} 表示空气的相对浓度，其分布如图 2-3 所示。

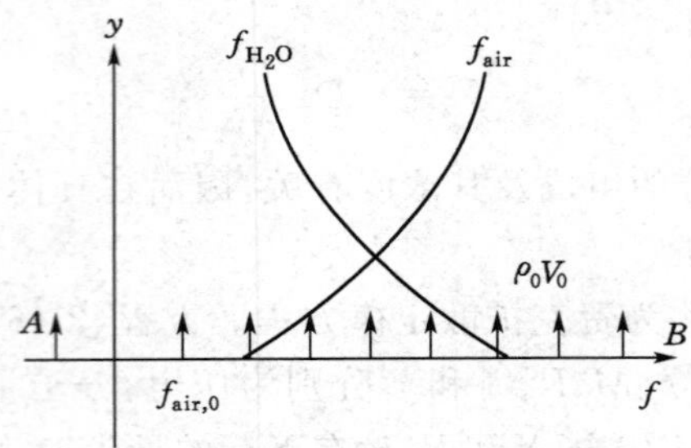

图 2-3　水面蒸发时的斯蒂芬流

且有

$$f_{H_2O}+f_{air}=1 \tag{2-51}$$

这时相分界面处水汽分子扩散流是

$$J_{H_2O,0}=-D_0\rho_0\left(\frac{\partial f_{H_2O}}{\partial y}\right)_0 \tag{2-52}$$

因为 $\left(\frac{\partial f_{H_2O}}{\partial y}\right)_0<0$，所以 $J_{H_2O,0}>0$。

与此同时，分界面处空气浓度梯度也将导致空气分子的扩散流，因此，有

$$J_{air,0}=-D_0\rho_0\left(\frac{\partial f_{air}}{\partial y}\right)_0 \tag{2-53}$$

由式(2-52)得到 $\left(\frac{\partial f_{air}}{\partial y}\right)_0=-\left(\frac{\partial f_{H_2O}}{\partial y}\right)_0$，所以 $\left(\frac{\partial f_{air}}{\partial y}\right)_0>0$，$J_{air,0}<0$。

也就是说有一个流向分界面的空气扩散流，但我们知道空气是不会被水面吸收的，那么这些流向相分界面的空气流到哪里去了呢？这里只有一个解释，即在相分界面处，除了扩散流之外，一定还有一个与空气扩散流相反的空气——水蒸气混合气的整体质量流，使得空气在相分界面上的总物质流为零。假设混合气的总体质量流是以流速 v_0 流动的，这时每一组分的质量流就可以分为两部分：一部分是该组分由于浓度梯度造成的扩散物质流，另一部分是由于混合气的总体质量流所携带的该组分的物质流。因此，可以写出下面的关系式：

$$g_{H_2O,0}=J_{H_2O,0}+f_{H_2O,0}\rho_0 v_0=-D_0\rho_0\left(\frac{\partial f_{H_2O}}{\partial y}\right)_0+f_{H_2O,0}\rho_0 v_0 \tag{2-54}$$

$$g_{air,0}=-D_0\rho_0\left(\frac{\partial f_{air}}{\partial y}\right)_0+f_{air,0}\rho_0 v_0 \tag{2-55}$$

在水面蒸发问题中，$g_0=g_{H_2O,0}+g_{air,0}$，因为 $g_{air}=0$，所以 $g_0=g_{H_2O}$，即

$$-D_0\rho_0\left(\frac{\partial f_{H_2O}}{\partial y}\right)_0+f_{H_2O,0}\rho_0 v_0=\rho_0 v_0$$

所以有：

$$-D_0\rho_0\left(\frac{\partial f_{H_2O}}{\partial y}\right)_0=(1-f_{H_2O,0})\rho_0 v_0 \tag{2-56}$$

由此可以看出，在水面蒸发问题中，斯蒂芬流(即水的蒸发流)并不等于水汽的扩散物质流，而是等于扩散物质流加上混合气总体运动时所携带的水汽物质流两部分所构成。

第二个例子是碳板在纯氧中燃烧的分析，这时，我们假定碳表面只发生如下反应：

$$C+O_2\longrightarrow CO_2$$

这时，碳板的上方空间有氧气和二氧化碳两种气体组分，因此有

$$f_{O_2}+f_{CO_2}=1$$

将上式对 y 微分，并乘以 $-D_0\rho_0$，得

$$-D_0\rho_0\left(\frac{\partial f_{CO_2}}{\partial y}\right)_0=-D_0\rho_0\left(\frac{\partial f_{O_2}}{\partial y}\right)_0$$

即

$$g_{O_2,0}=-g_{CO_2,0} \tag{2-57}$$

但由反应方程得

$$g_{CO_2,0}=-\frac{44}{32}g_{O_2,0} \tag{2-58}$$

比较式(2-57)、式(2-58)可知，单纯依靠扩散将碳表面的 CO_2 输送出去是不可能的，因此必然存在着一个与 CO_2 扩散流方向相同的混气整体质量流，使得 CO_2 的质量流符合式(2-58)的要求，使化学反应产生的 CO_2 能不断地从碳表面排走。这一总体质量流就是斯蒂芬流，即

$$g_0=g_{O_2,0}+g_{CO_2,0}=\rho_0 v_0$$

或

$$g_0=g_{O_2,0}-\frac{44}{32}g_{O_2,0}=-\frac{12}{32}g_{O_2}=g_C \tag{2-59}$$

上式表明，这时的斯蒂芬流就是碳燃烧掉的量，即碳的燃烧速率。

通过上面两个例子，我们看到斯蒂芬流产生的条件是在相分界面处既有扩散现象存在，又有物理或者化学过程存在，这两个条件是缺一不可的。在燃烧问题上，正确运用斯蒂芬流的概念来分析相分界面处的边界条件是非常重要的，在讨论液滴的燃烧问题时，就要用到这一概念。

2.4　火灾中的热释放速率

人们问起火灾危险性的第一个问题通常是“火有多大?”。这个问题过去很长一段时期

得不到定量回答，现在我们知道这个问题实际上就是问“火灾过程中的热释放速率是多大?”。大量的火灾案例证明，尽管火灾中的有毒气体是导致人员伤亡的主要原因，但描述火灾最重要的参数是热释放速率，而不是有毒气体或点燃时间。

火灾过程中火源的热释放速率是评价火灾危险性的重要参数，也是进行火灾模拟研究的基础参数。在过去的30多年时间里，火灾过程中热释放速率的测试方法有较大的发展，出现了基于氧消耗原理的热释放速率测试方法，如小尺寸热释放速率实验的ISO 5660标准、全尺寸墙角实验的ISO 9705标准和欧盟的SBI标准，一些火灾实验室还发展了基于氧消耗原理的大型热释放速率测试方法。此外，基于质量损失速率的热释放速率测试方法可以作为基于氧消耗原理测试方法的补充。

在实验研究的基础上，人们总结出许多描述火灾过程中火源热释放速率的数学模型，比较著名的有 t^2 模型、MRFC模型和FFB模型。此外，还有许多基于大型实验的可燃材料和家具等热释放速率曲线。上述火源热释放速率模型和实验曲线在区域火灾模拟方法中得到了广泛应用。

用于描述火灾增长的模型有两类：一类是火灾模型的温度描述，另一类是火灾模型的热释放速率描述。时间温度曲线主要用于计算构件温度，热释放速率模型主要用于计算烟气温度、构件温度和运用区域模型进行火灾模拟等。在建筑物性能化防火设计中应用的火灾模型主要是随时间变化的热释放速率模型。

2.4.1 热释放速率的数学模型

最简单的热释放速率模型是下面的公式，

$$\dot{q}'' = \Delta h_c \dot{m}'' \tag{2-60}$$

式中，Δh_c 为材料的实际燃烧热，$\dot{m}''$ 是单位面积上的质量损失速率，有关系式

$$\dot{m}'' = \frac{\dot{q}''_{net}}{h_v} \tag{2-61}$$

式中，h_v 为材料的汽化热，$\dot{q}''_{net}$ 为通过暴露的表面传递进来的净热量。通过暴露的表面传递进来的净热量等于外部投射的热流量加上来自火焰的辐射和传导热量减去材料表面的二次辐射热量。在火灾发展模型中可以先计算出传递给材料表面的净热量，再重复利用方程(2-60)和(2-61)计算火灾的热释放速率。

除了上述基本方法外，还有一些常见的火源热释放速率半经验半物理模型。

2.4.1.1 t^2 模型

多数情况下火灾的发展过程可用 t^2 模型来描述，不考虑火灾的初期准备过程时，其模型如下：

$$\dot{Q} = b \cdot t^2 \tag{2-62}$$

式中，$\dot{Q}$ 为火源热释放速率，kW；t 为火灾的发展时间，s；b 为火灾发展系数，$b=\dot{Q}_0/t_0^2$，kW/s^2（t_0 为火源热释放速率 $\dot{Q}_0=1.0$ MW时所需要的时间，s）。

火灾发展系数 b 表征火灾蔓延的快慢，根据NFPA的分类，火灾发展阶段可分为极快、快速、中等和缓慢四种类型，其火灾发展过程如图2-4所示。表2-6给出了火灾发展系数与NFPA标准中示例材料的对应关系。

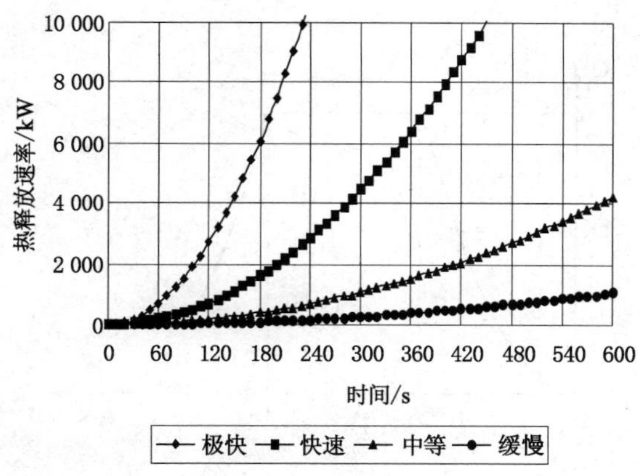

图 2-4　热释放速率的 t^2 模型描述

表 2-6　　火焰水平蔓延速度参数值

可燃材料	火焰蔓延分级	$b/(\mathrm{kW/s^2})$	$\dot{Q}_0=1$ MW 时的时间/s
没有注明	缓慢	0.002 9	584
无棉制品 聚酯床垫	中等	0.011 7	292
塑料泡沫 堆积的木板 装满邮件的邮袋	快速	0.046 9	146
甲醇 快速燃烧的软垫座椅	极快	0.187 6	73

CFAST(Consolidate Fire and Smoke Transport)是美国标准技术研究局(National Institute of Standards and Technology)发展的火灾与烟气在建筑物内蔓延的多室区域模拟软件。该软件在 t^2 模型的基础上,采用预先给定最大热释放速率和火灾衰减阶段的方法构建火灾发展的完整模型(见图 2-5),其数学描述如式(2-63)所示:

$$\begin{cases}\dot{Q}=b\cdot t^2 & 0\leqslant t\leqslant t_1\\ \dot{Q}=\dot{Q}_{\min} & t_1\leqslant t\leqslant t_2\\ \dot{Q}=b'\cdot(t-t_3)^2 & t_2\leqslant t\leqslant t_3\end{cases}\tag{2-63}$$

式中,b'为火灾衰减阶段的系数,$b'=\dot{Q}_{\max}/(t_2-t_3)^2$,W/s^2($\dot{Q}_{\max}$为火源的最大热释放速率,W);$t_1$ 为火源热释放速率达到最大值 $\dot{Q}_{\max}$时所需要的时间,s;t_2 为火源热释放速率开始衰减时所需要的时间,s;t_3 为火源热释放速率衰减至 0 时所需要的时间,s。

2.4.1.2　MRFC 模型

MRFC(Multi-Room-Fire-Code)是奥地利维也纳工业大学建筑材料、建筑物理及火灾防护研究所(Institut fuer Baustofflehre, Baupysik und Brandschutz der Technischen Universitaet Wien)发展的火灾与烟气在建筑物内蔓延的多室区域模拟软件。该软件中运用可燃物火焰蔓延速度及其燃烧特性参数计算热释放速率,其计算公式为:

$$\dot{Q}=\dot{r}_{\mathrm{sp}}\cdot H_{\mathrm{u}}\cdot A_f\cdot\chi\tag{2-64}$$

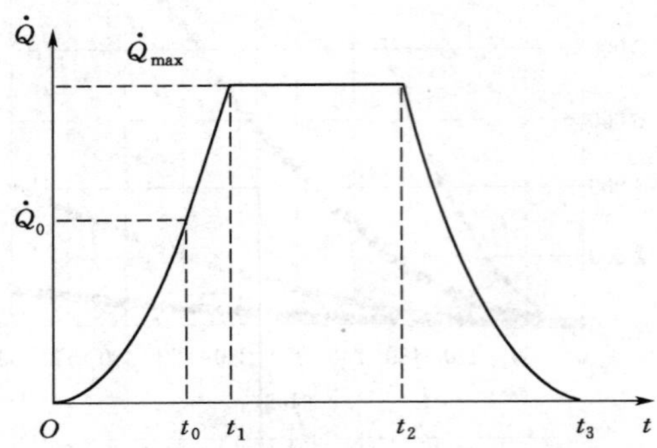

图 2-5　CFAST 应用模型图示

或

$$\dot{Q}=\dot{q}\cdot A_f \tag{2-65}$$

式中，$\dot{r}_{sp}$为单位面积上的质量损失速率，kg/(m^2·s)；H_u为可燃物的平均热值，kJ/kg；χ为可燃物的燃烧效率，%；A_f为火源燃烧面积，m^2；$\dot{q}$为单位面积上的热释放速率，kW/m^2。

根据 ISO/CD 13393 中提供的纸卷、原木、木板材和甲醇的燃烧参数(见表 2-7)，取平均值代入式(2-64)得到火灾发展阶段热释放速率随时间的变化，如图 2-6 所示。式(2-64)中令$A_f=(v\cdot t)^2$，在充分燃烧的条件下取$\chi=100\%$，代入式(2-62)得：

$$v=\left(\frac{b}{r_{sp}\cdot H_u}\right)^{1/2} \tag{2-66}$$

式中，v为火焰的蔓延速度，m/s。

表 2-7　　**可燃物燃烧参数表**

可燃材料	热值/(MJ/kg)	单位面积上的质量损失速率/[kg/(m^2·min)]	蔓延速度/(mm/s)
纸卷	13.68	0.45	4.5
原木	15.48	0.90	8
板材	15.48	0.90	16
甲醇	27.00	0.93	40

根据研究经验，单位面积上的平均热释放速率为 100 kW/m^2、300 kW/m^2 和 800 kW/m^{2}分别对应表 2-6 中火灾蔓延分级的中等、快速和极快三个等级。将上述参数代入式(2-66)得出对应的火焰蔓延速度分别为 10 mm/s、12.5 mm/s 和 15 mm/s。在火焰蔓延极快的条件下，蔓延速度为 15 mm/s 太小，表 2-7 中甲醇火焰的蔓延速度为 40 mm/s。根据德国学者的研究成果，火灾蔓延分级的缓慢、中等、快速和极快四个级别所对应的火焰蔓延速度分别为 5 mm/s、8 mm/s、12～20 mm/s 和 30～50 mm/s。在火灾轰燃阶段，火焰蔓延速度将达到 80～120 mm/s。

2.4.1.3　FFB 模型

FFB(Forschungsstelle Fuer Brandschutztechnik)是德国卡尔斯鲁厄大学火灾研究所。

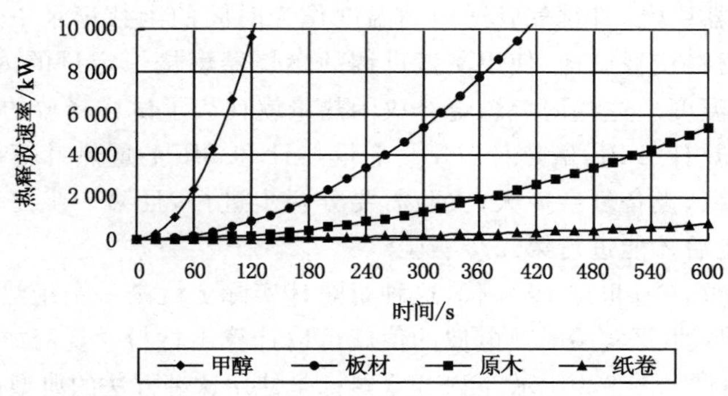

图 2-6　热释放速率的 MRFC 模型描述

该研究所拥有一个 30 m×15 m×12 m 的多功能火灾实验大厅，在该实验大厅内完成了卧室火灾及灭火实验、各种结构的工业货架仓库的火灾及灭火实验、工业轻顶结构的耐火检验、玻璃帷幕结构建筑的火灾及烟气蔓延实验、多层木结构建筑的火灾及烟气蔓延实验、汽车火灾实验，以及各种灭火剂的灭火实验。在大量居室火灾实验的基础上，得出如下热释放速率发展模型。

$$\dot{Q}=\dot{Q}_0 \cdot e^{\alpha t} \tag{2-67}$$

式中，α 为火灾增长阶段的系数，s^{-1}，根据居室火灾实验结果 $\alpha=0.0055\ s^{-1}$；$\dot{Q}_0$ 为初始火源的热释放速率，kW；t 为火灾的发展时间，s。

图 2-7 给出了初始火源热释放速率 $\dot{Q}_0$ 为 2.0 MW、1.0 MW 和 0.5 MW 条件下热释放速率随时间的变化。但该模型没有给出初始火源热释放速率 $\dot{Q}_0$ 与火源蔓延速度之间的分级对应关系。

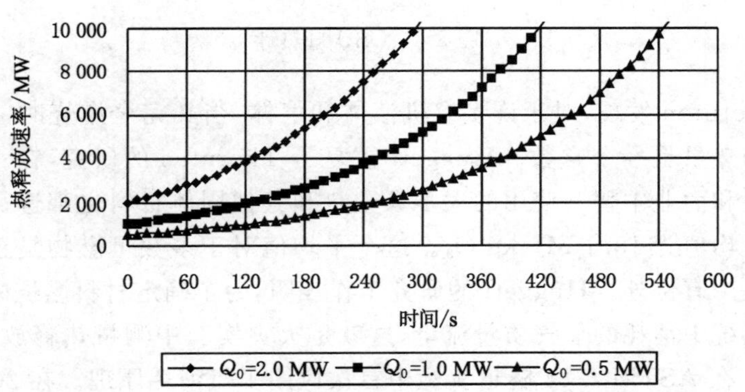

图 2-7　热释放速率的 FFB 模型描述

2.4.2　热释放速率的测试方法

测量材料或物体的热释放速率测试方法主要有两大类：热量换算方法和耗氧量原理。基于热量换算的方法开发出热量换算量热计、改进的绝热箱量热计和基于氧消耗原理的量热计。

最早的实验方法就是基于热量换算的方法。Thompson 和 Cousins 于 1959 年开发出 FM 建材量热计。这是一个中等尺寸的实验设备，试样的尺寸为 1.22 m×1.22 m。实验时由一个燃油的燃烧器引燃,将排气管道内的温度作为时间的函数记录下来。然后做第二步实验,用不可燃的材料代替试样,使用流量可调的燃烧器燃烧一定量的丙烷气体,使管道的温度达到第一步的温度。这些丙烷燃烧释放的热量就代表了试样释放的热量。这类量热计有 FM 建筑材料量热计、FPL 量热计、NBS-Ⅰ量热计和 SR-Ⅰ量热计等。这种实验方法的缺点是实验精确度低,设备复杂庞大,实验需要分两步进行,且第一步完成后必须等设备冷却至室温,重新标定后才能进行第二步实验。

绝热箱方法出现于 20 世纪 70 年代,这种量热计实际上就是一个绝热箱。在其排气道和进气道中安装热电偶,根据实验时热电偶的值就可以计算出材料燃烧释放的热量。俄亥俄州立大学的 OSU 量热计如图 2-8 所示,NBS-Ⅱ量热计是使用这种方法的典型代表,曾经在世界上被广泛使用。这种量热计在设计和实验的精确性上也都有许多不足,现在使用较少。

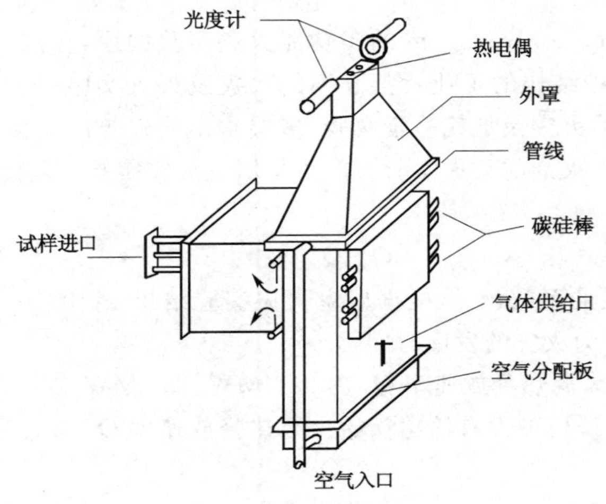

图 2-8 OSU 量热计

1917 年 Thornton 发现,对于许多有机液体和气体,当其完全燃烧时,消耗单位质量的氧气所释放出的热量是一个常数。Huggett 重复了 Thornton 的研究,在 1980 年发表的文章中指出建筑业和商业中普遍使用的大多数塑料和其他固体材料也都遵循这个规律,并得到这个常数的平均值为 13.1 MJ/kg O_2。这个平均值对于多数可燃物是正确的,误差范围在±5%以内,极少有例外。Huggett 的研究工作表明,为了确定材料燃烧的热释放速率,只需测定在燃烧系统中消耗的氧气质量流量,这就是火灾实验中测量热释放速率的氧消耗原理基础。Parker 在 ASTM E-84 隧道实验中首次应用了氧消耗原理。在 20 世纪 70 年代后期和 80 年代早期,氧消耗原理被美国标准技术研究局(NIST)进一步改进,研究出锥形量热计等实验测试设备。氧消耗原理现在被认为是火灾实验中测量热释放速率的最精确、最实用的方法,它广泛用于世界各地,适合于小尺寸和大尺寸的火灾实验。

使用氧消耗原理的基本要求是所有的燃烧产物必须通过一个排气管道收集,并在一定的距离内充分混合,这样就可以测量出烟气的质量流量和组分。采用氧消耗原理量热计的原理如图 2-9 所示。因为在实验时只需测量排气管中烟气的质量流量,没有必要测量空气的流入量,所以采用氧消耗原理量热计是典型的敞开式结构,避免了部分辐射热流量被量热计器壁反射而到达试样的表面,从而保证了加热器辐射热流量的一致性。

图 2-10 给出了 Huggett 规则在燃烧系统中的应用，由此可得到热释放速率的表达式：

$$\dot{Q}=E(\dot{m}_a\gamma_{O_2}^a-\dot{m}_e\gamma_{O_2}^e) \tag{2-68}$$

式中，E 为消耗单位质量氧气所释放的热量，平均为 13.1 kJ/g；$\gamma_{O_2}^a$ 为燃烧空气中氧气的质量分数，在干燥空气中为 0.232 g/g；$\gamma_{O_2}^e$ 为燃烧产物中氧气的质量分数，g/g。

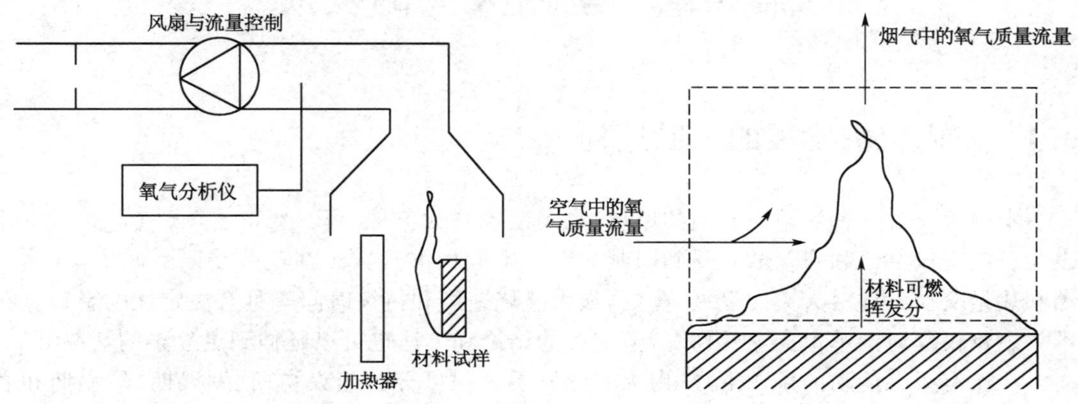

图 2-9　耗氧量量热计原理图　　　　图 2-10　燃烧阶段的氧气消耗

氧消耗方法的实际使用并不那么简单，使用这个方程存在以下三个方面的问题：① 氧气分析器在气体试样中只能测量氧气摩尔分数，不能测量氧气质量分数。可以通过将氧气分子质量和气体试样分子质量的比率与摩尔分数相乘把摩尔分数转化为质量分数。气体试样的分子质量通常接近空气的分子质量（≈29 g/mol）。② 水蒸气要在通过顺磁性分析器之前从试样中除去，以便在干燥的条件下测得摩尔分数。③ 流量表是测量体积流量的而不是测量质量流量。由于燃烧反应而引起的膨胀使得在相同压力和温度下排气管中的体积流速和空气流速有很大的差别。

Parker 和 Janssens 推导出通过氧消耗原理计算热释放速率的方程。其最低的要求是仅测量氧气的摩尔分数，如果通过附加的仪器测量出 CO_2、CO 和 H_2O 的摩尔分数，就可以提高测量精度。

目前，基于氧消耗原理的用来测量材料热释放速率的仪器设备主要有锥形量热计（见图 2-11）、建材制品单体燃烧试验装置（SBI，见图 2-12）、9705 墙角实验装置和家具量热计等。

图 2-11　锥形量热计图

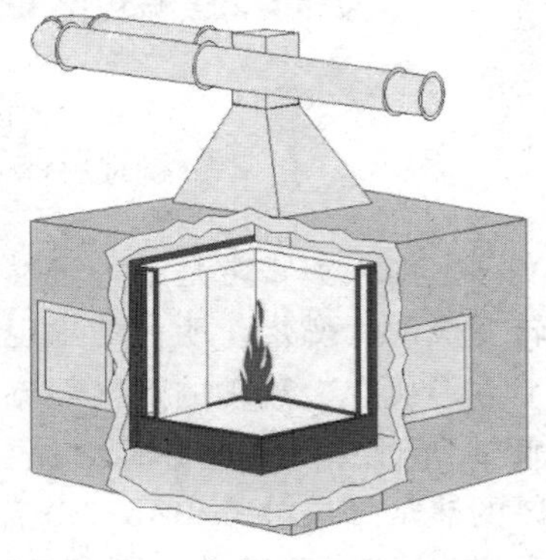

图 2-12　SBI 实验装置图

第3章 室内火灾的发展

3.1 室内火灾发展的一般过程

室内火灾是一种受限空间内的燃烧，也是建筑物火灾的重要形式。其火灾行为可以代表大多数空气供给和热量散失受到限制的有限空间内的火灾。在这些受限空间中，气体流动和热量交换条件对火灾的发展、蔓延，最大燃烧速度和持续时间等具有决定性的影响。在本章中将仅仅讨论单室火灾的情况，但相关的结论和方法也可以延伸到更复杂的情况。

在没有灭火活动的条件下，室内火灾的发展过程可分为起火初期、发展期、最盛期和衰减熄灭四个阶段。有的文献也将起火初期和发展期合并成初期增长阶段。图 3-1 为美国 NIST 进行的一次室内火灾实验，给出了火灾的起火、发展、轰燃和最盛期的图片。

(a) (b) (c) (d)

图 3-1 火灾发展的重要阶段

(a) 起火阶段；(b) 发展阶段；(c) 轰燃发生；(d) 最盛期

实际室内火灾常常是某种可燃物在火源(或热源)的加热下，可燃物先发生阴燃，条件合适就转变成明火燃烧。明火的出现标志着燃烧速率的大大增加，室内温度迅速升高。在可燃物上方形成向上流动的烟气羽流[图 3-1(a)]。当羽流受到天花板的阻挡，会沿天花板扩展开来，形成水平流动的顶篷射流。若再受到竖直壁面的限制，烟气就会在顶篷下方形成逐渐增厚的热烟气层[图 3-1(b)]。当烟气层下降到房间开口处，部分烟气可从室内流出。如果室内温度很高，通风条件好，很快室内可燃物都开始燃烧，火焰好像充满全室，这就发生了轰燃[图 3-1(c)]。轰燃后，房间温度可超过 1 000 ℃，严重损坏室内物品以致建筑物受损坍塌[图 3-1(d)]。

所谓的起火初期是指在某种点火源的作用下，可燃物的局部被引燃。而发展期是指着火区域逐渐扩大，一般指从第一着火物引燃第二着火物到轰燃发生之间的过程。在受限空间内，此时的火灾将出现三种情况：① 初始可燃物全部烧完，没有蔓延到其他可燃物，使得火灾自行熄灭，一般在可燃物较少且相互间的距离较远的情况下发生。② 火灾增大到一定的规模，但是由于通风不足使燃烧规模受到限制，火灾以较小的规模持续燃烧。若将氧气消耗至燃烧条件以下，则明火会自行熄灭。③ 如果可燃物充足且通风良好，火势将继续增大，最终将周围的可燃物引燃，室内具有较高的温度。

在起火初期和火灾发展阶段，可燃物的着火性能是研究的重点。

最盛期指的是当室内温度达到一定值后，所有的可燃物都发生燃烧，即发生了轰燃。轰燃的发生标志着火灾进入最盛期，室内温度可以高达 1 000 ℃以上。火焰和高温烟气从房间的门窗处窜出，致使火灾蔓延到其他区域。在这个阶段，室内的燃烧规模往往受通风量的控制，燃烧状态相对稳定，其持续时间取决于：① 房间的尺寸和形状；② 室内可燃物的性质、数量和分布情况；③ 房间通风口的布置、数量和形式；④ 房间天花板、地板和墙壁的材料。

衰减熄灭期，即随着可燃物的消耗，火灾规模逐渐减小，以致明火最终熄灭。但是，部分剩余的炭化物质仍然可以维持固体表面燃烧，或阴燃。火灾房间内的热量还没有完全散失，室内的温度仍比较高。

火灾初期和发展期主要涉及起火及火蔓延规律，其中可燃物的着火条件是重要的研究内容，另外对火灾探测和灭火系统也具有重要的影响。最盛期涉及结构安全性和受限空间火灾的一些特殊现象，如轰燃、回燃等。

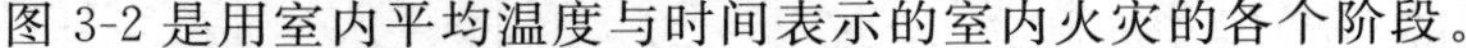

图 3-2 是用室内平均温度与时间表示的室内火灾的各个阶段。

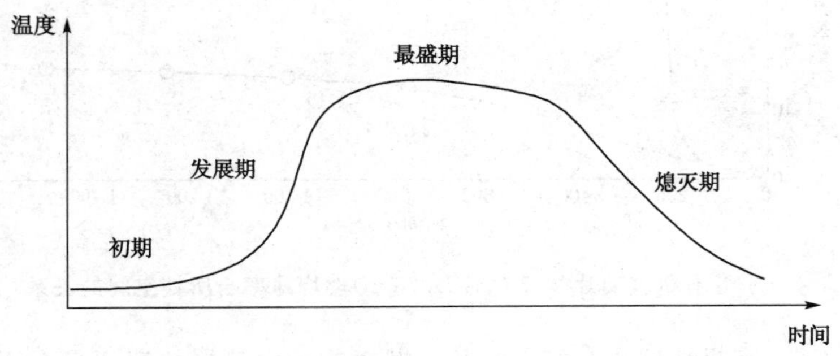

图 3-2　火灾发展过程中平均温度与时间的关系

3.2　室内火灾发展的主要影响因素

室内火灾的发展主要受到可燃物热释放速率、房间尺寸、结构和通风情况的影响。本节主要介绍房间结构和通风对火灾发展的影响。

3.2.1　结构的影响

在露天条件下，对于大多数可燃物，燃烧释放的热量大约有 30%通过热辐射的形式传递给了周围的环境，而其余的热量通过火羽流的对流作用携带，只有较少的一部分反馈给可燃物本身。但是，如果燃烧发生在室内，由于墙壁、天花板的限制作用，热烟气聚集在屋顶下，形成高温的烟气层，屋顶和墙壁也被逐渐加热，虽然热量可通过建筑构件的导热和通风口处的烟气流动损失掉一部分，但随着房间、墙壁温度的升高，反馈给可燃物的辐射热通量也随之增加。而且集聚在顶棚下的热烟气，随着烟气浓度、烟气层的厚度和温度的增大提高了辐射能力，使得可燃物接收到更多的辐射热，从而加快其燃烧速率。更重要的是，周围的可燃物也会由于受热加入燃烧的行列中，使得燃烧的面积不断变大，燃烧速率也就不断变大。

可燃物的燃烧速率 $\dot{m}$ 可以通过可燃物表面接受的热通量来确定，

$$\dot{m}=\frac{\dot{Q}_{\mathrm{F}}-\dot{Q}_{L}}{L_{\mathrm{V}}} \tag{3-1}$$

其中，$\dot{Q}_{\mathrm{F}}$ 为反馈给可燃物表面的热量；$\dot{Q}_{\mathrm{L}}$ 为可燃物表面损失的热量；L_{V} 为可燃物的蒸发潜热。式(3-1)表明可燃物的燃烧速率与反馈给可燃物的净热量成正比。

Friedman 在 1975 年研究了空间结构对有机玻璃片燃烧速率的影响，其结论如图 3-3 所示。有机玻璃片上方的罩子(可看作为顶篷和墙体的上部)使得火焰发生了偏转，从而增加了火焰对可燃物表面的辐射热反馈。

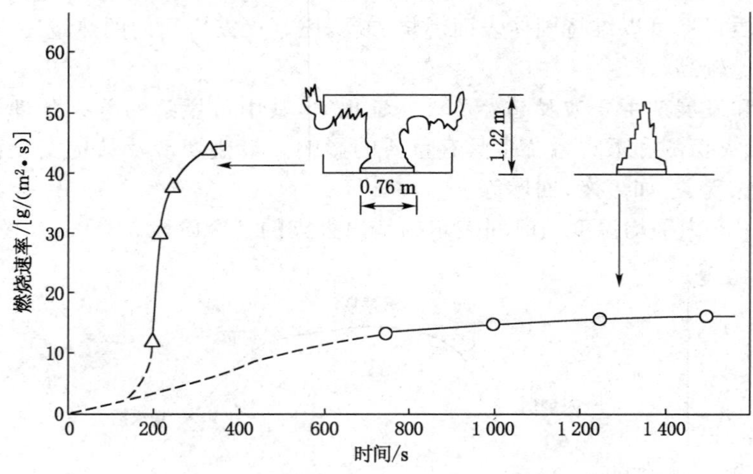

图 3-3 有机玻璃片(0.76 m×0.76 m)燃烧速率与所处空间的关系

实验结果表明，有机玻璃片在受限空间中燃烧的最大热释放速率是在不受限空间中燃烧的三倍多，而且达到最大热释放速率的时间只是不受限条件下的三分之一。类似的实验(Thomas 和 Bullen，1979；Takeda 和 Akita，1981)也验证了这个结果，例如，在较小房间内燃烧的酒精，其燃烧速率可达到非受限条件下的 8 倍。

3.2.2 通风的影响

室内火灾过程与火灾开口状况密切相关，当没有开口时，其特点为：① 初期与开口关系不大；② 发展期因为火势的增大，氧气消耗量增大，没有开口则表现为供氧不足，限制了火灾的发展，是灭火的最好时机，在此期间因火势的薄弱处破裂形成开口(如玻璃破碎)，或人为原因开口，都将导致火势的迅猛发展，发生轰燃，如果完全没有开口，因供氧不足火势将减弱，最后转变为阴燃燃烧，此时一定要注意阴燃向明火的转变，防止发生回燃；③ 最盛期对于完全没有开口的火势是不存在的，对于有开口的火势又有两种情况：开口较小时，为通风控制的燃烧，开口足够大时，为可燃物表面面积控制的燃烧；④ 终期为自然熄灭(可燃物全部烧完)。

对室内火灾在充分发展阶段时的燃烧特性做出第一次系统研究的是于 20 世纪 40 年代在日本进行的。川越帮雄(Kawagoe)和他的同事于 1958 年对堆放于具有不同大小通风口的房间内的木垛燃料床的燃烧速率进行了测定(见图 3-4)。分别进行了全尺寸和小尺寸的实验，最小房间的尺寸小于 1 m。

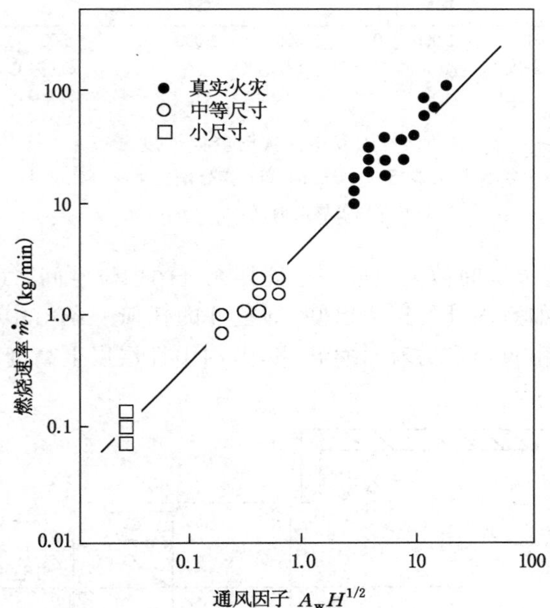

图 3-4　室内木棒垛的燃烧速率随通风因子的变化

结果发现质量燃烧速率($\dot{m}$)与通风口的范围和尺寸有非常密切的关系：

$$\dot{m}=5.5A_w H^{1/2}\ \text{kg/min}=0.09A_w H^{1/2}\ \text{kg/s} \tag{3-2}$$

式中，A_w 为通风口面积，m^2；H 为通风口的高度，m。二者分别表示在图 3-4 中。

比较传统的解释就是：在通风因子的这个范围之内，可燃物的燃烧速率是由室内的空气流量决定的，这种燃烧被称作“通风控制燃烧”。然而，假如通风口的面积扩大到一定值后，那么燃烧速率将不再依赖于通风口面积的大小，而主要由燃料的特性和其表面积来决定。

通风因子 $A_w\sqrt{H}$ 是由川越帮雄按半经验的方法归纳导出的，我们也可以根据气体流入流出燃烧空间的情况，经过理论分析得出。为了进行分析，做以下的假设：

① 室内气体充分混合，其性质在室内整个空间内是均匀的，发生轰燃后，除了地板附近的狭窄区域，其他部分的温度梯度事实上已经很小(见图 3-5)；

② 室内不存在由于浮力而产生的净向上的流动；

③ 热气流从中性层的上面流出室外，冷气流从中性层的下面流进室内；

④ 气流从着火房间流进流出是由浮力驱使的；

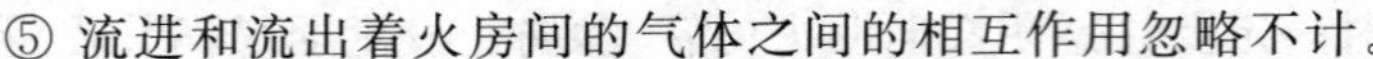
⑤ 流进和流出着火房间的气体之间的相互作用忽略不计。

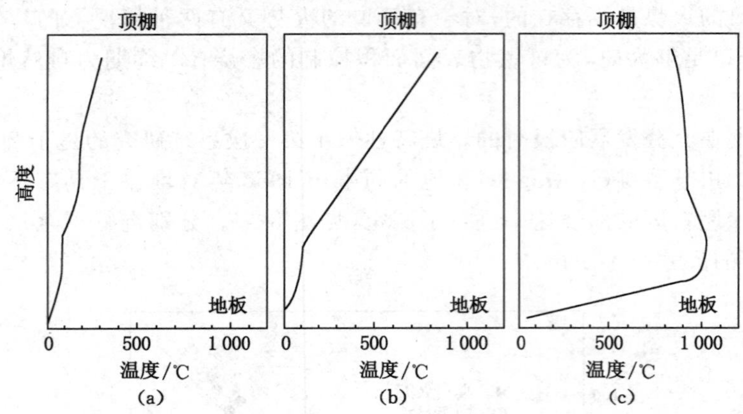

图 3-5　室内发生火灾时竖向温度分布

(a) 轰燃前(着火后 5.67 min);(b) 轰燃刚发生(6.11 min);

(c) 发现轰燃的时间(7.05 min)

根据以上的假设,着火房间被模拟成一个搅拌充分的燃烧空间,气体流动是由于室内外压力不同而造成的。假如室内外的压力已知,则室外的任何一条沿中性层以上的流线上的水平气流的流量都可以由贝努利方程计算出来,室内中性层以上高度为 y 处的压力(图 3-6 中的点 1)为:

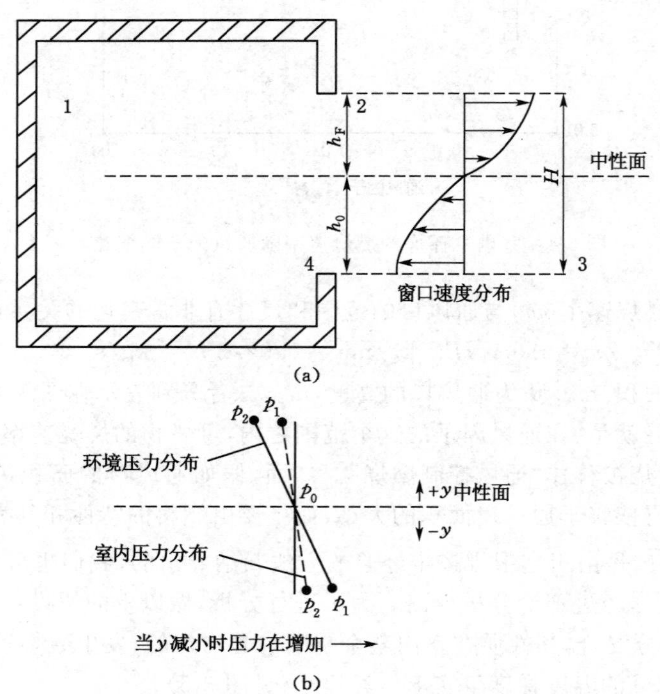

图 3-6　火灾充分发展阶段时流经通风口的浮力流驱动

(a) 窗口的气流在竖向上的分布;(b) 室外压力分布(实线),室内压力分布(虚线)

$$p_1 = p_0 - \rho_1 g y \tag{3-3a}$$

式中，p_0 为中性层的大气压力（$y=0$ 处的压力）。在刚刚离开通风口处（即图 3-6 中的点 2），流出射流的压力等于同水平上的大气压力，即：

$$p_2 = p_0 - \rho_0 g y \tag{3-3b}$$

用贝努利方程把点 1 和点 2 处的表达式联列起来（注：在中性层上，$p_1 = p_0 = p_2$，没有气流的流动），于是有：

$$\frac{p_1}{\rho_1} + \frac{v_1^2}{2} = \frac{p_2}{\rho_2} + \frac{v_2^2}{2} \tag{3-4}$$

式中，v_1 和 v_2 分别是 1、2 两点的水平流速。$v_1 = 0$，方程(3-4)可以写成：

$$\frac{p_0 - \rho_1 g y}{\rho_1} = \frac{p_0 - \rho_0 g y}{\rho_1} + \frac{v_2^2}{2} \tag{3-5}$$

在这个式子中假设了点 2 入射气流和点 1 处的气体具有相等的温度（也就是密度 ρ_1 和 ρ_2 相等）。整理上式可得：

$$v_2 = \left(\frac{2(\rho_0 - \rho_1) g y}{\rho_1}\right)^{1/2} \tag{3-6}$$

对流入的气流也可以有一个相似的分析，即：

$$p_3 = p_0 - \rho_0 g y \tag{3-7a}$$

和

$$p_4 = p_0 - \rho_4 g y \tag{3-7b}$$

中性层以下 y 是负值。使用下标“F”表示室内气体，使用下标“0”表示环境空气。然后我们可以得到两个方程：

$$v_{\mathrm{F}} = \left(\frac{2(\rho_0 - \rho_{\mathrm{F}}) g y}{\rho_{\mathrm{F}}}\right)^{1/2} \tag{3-8}$$

和

$$v_0 = \left(\frac{2(\rho_0 - \rho_{\mathrm{F}}) g y}{\rho_0}\right)^{1/2} \tag{3-9}$$

式子中用到的距中性层以上或以下 y 处的水平气流是相互独立的。它们的速度相当低，大约在 5～10 m/s 之内。

由方程(3-8)和(3-9)可以计算出气体的质量流率：

流入：
$$\dot{m}_{\mathrm{air}} = C_{\mathrm{d}} B \rho_0 \int_{-h_0}^{0} v_0 \, \mathrm{d}y \tag{3-10}$$

流出：
$$\dot{m}_{\mathrm{F}} = C_{\mathrm{d}} B \rho_{\mathrm{F}} \int_{0}^{h_{\mathrm{F}}} v_{\mathrm{F}} \, \mathrm{d}y \tag{3-11}$$

式中，C_{d} 为通风系数，B 为窗口的宽度(m)，$\dot{m}$ 为气体的质量流率(kg/s)，并且 $h_{\mathrm{F}} + h_0 = H$（在图 3-6 中可以看出）。可以推导出：

$$\dot{m}_{\mathrm{air}} = \frac{2}{3} C_{\mathrm{d}} B (h_0)^{3/2} \rho_0 \left(2g \frac{(\rho_0 - \rho_{\mathrm{F}})}{\rho_0}\right)^{1/2} \tag{3-12}$$

和

$$\dot{m}_{\mathrm{F}} = \frac{2}{3} C_{\mathrm{d}} B (h_{\mathrm{F}})^{3/2} \rho_{\mathrm{F}} \left(2g \frac{(\rho_0 - \rho_{\mathrm{F}})}{\rho_0}\right)^{1/2} \tag{3-13}$$

假如发生在室内的全面的化学反应可以表示成：

$$1\ \text{kg 燃料} + r\ \text{kg 空气} \longrightarrow (1+r)\ \text{kg 燃烧产物}$$

或者更一般地，假如燃烧不是化学当量比燃烧：

$$1\ \text{kg 燃料} + r\ \text{kg 空气} \longrightarrow \left(1+\frac{r}{\phi}\right)\ \text{kg 燃烧产物}$$

式中的 ϕ 是空气修正系数。于是：

$$\frac{\dot{m}_{\mathrm{F}}}{\dot{m}_{\mathrm{air}}}=\frac{1+r/\phi}{r/\phi}=1+\frac{\phi}{r} \tag{3-14}$$

中性层的高度(h_0)可以表示成通风口总高度(H)的函数，把式(3-12)和式(3-13)算出的 $\dot{m}_{\mathrm{air}}$ 和 $\dot{m}_{\mathrm{F}}$ 带进式(3-14)，并且把 h_{F} 写成：$h_{\mathrm{F}}=H-h_0$，然后整理得：

$$\frac{h_0}{H}=\frac{1}{1+[(1+\phi/r)^2\cdot\rho_0/\rho_{\mathrm{F}}]^{1/3}} \tag{3-15}$$

使用 ϕ、r 和 ρ_{F} 的常用值，那么就能算出比率 h_0/H 的值约为 0.3～0.5。如果做一个近似假设：$\dot{m}_{\mathrm{F}}=\dot{m}_{\mathrm{air}}$(即：$\phi/r=0$)，然后用式(3-15)中的 h_0 替代式(3-12)中的 h_0。于是得：

$$\dot{m}_{\mathrm{air}}\approx\frac{2}{3}A_{\mathrm{w}}H^{1/2}C_{\mathrm{d}}\rho_0(2g)^{1/2}\left(\frac{(\rho_0-\rho_{\mathrm{F}})/\rho_0}{[1+(\rho_0/\rho_{\mathrm{F}})^{1/3}]^3}\right)^{1/2} \tag{3-16}$$

对于轰燃后的室内火灾，比率 ρ_0/ρ_F 的值通常在 1.8～5 之间，上式中密度项的平方根大约为 0.21。然后，令 $\rho_0=1.2\ \mathrm{kg/m^3}$，$C_{\mathrm{d}}=0.7$ 和 $g=9.81\ \mathrm{m/s^2}$，流入的空气质量速率大约为：

$$\dot{m}_{\mathrm{air}}\approx 0.52A_{\mathrm{w}}H^{1/2} \tag{3-17}$$

假如室内发生的是化学当量比燃烧[即：式(3-14)中 $\phi=1$]，那么木材的燃烧速率就可写为：

$$\dot{m}_{\mathrm{b}}\approx\frac{0.52}{5.7}A_{\mathrm{w}}H^{1/2}=0.09A_{\mathrm{w}}H^{1/2}\ \mathrm{kg/s}=5.5A_{\mathrm{w}}H^{1/2}\ \mathrm{kg/min} \tag{3-18}$$

因此，1 kg 木材燃烧需要的当量空气大约为 5.7 kg。

作了如此多的假设之后，关于质量速率的理论分析结果竟与川越帮雄最初的经验公式(3-2)非常的一致，因此通风因子 $A_{\mathrm{w}}H^{1/2}$ 的出现具有非常重要的意义。

木质可燃物的燃烧可以用下面的式子来区别通风控制燃烧和燃料控制燃烧。

通风控制：
$$\frac{\rho\cdot g^{1/2}A_{\mathrm{w}}H^{1/2}}{A_{\mathrm{f}}}<0.235 \tag{3-19a}$$

燃料控制：
$$\frac{\rho\cdot g^{1/2}A_{\mathrm{w}}H^{1/2}}{A_{\mathrm{f}}}>0.290 \tag{3-19b}$$

其中，A_{f} 为燃料的燃烧表面积。通风因子比较小时，火灾室内与室外的通风不好，对燃烧来讲表现为供氧不足，因此燃烧方式为通风控制。当通风因子足够大时，火灾室内与室外通风自由，室内燃烧与开放空间的燃烧已无本质上的差别，此时的燃烧方式为燃料表面积控制。

进一步的研究表明，燃烧控制方式不但与通风因子有关，而且与通风口的位置高度(h)有关。通风口的位置高度(h)定义为通风口自身高度(H)的中心线到底面的距离。该实验是以乙醇为燃料，使用固定表面积的燃烧盘，在小尺寸的箱体内测得的，见图 3-7。

图 3-8 表示了通风因子与通风口位置高度对燃烧状态的影响。可以看出，随着通风因子的增大，室内燃烧依次出现四个区域，但是开口高度会影响到具体的区域界限。

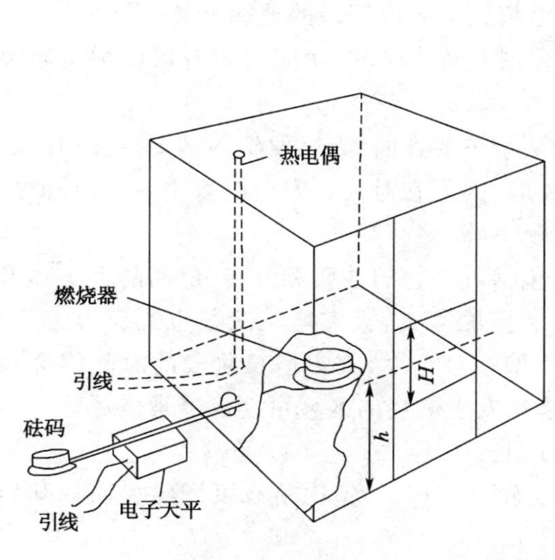

图 3-7　通风口位置高度对燃烧影响的实验装置

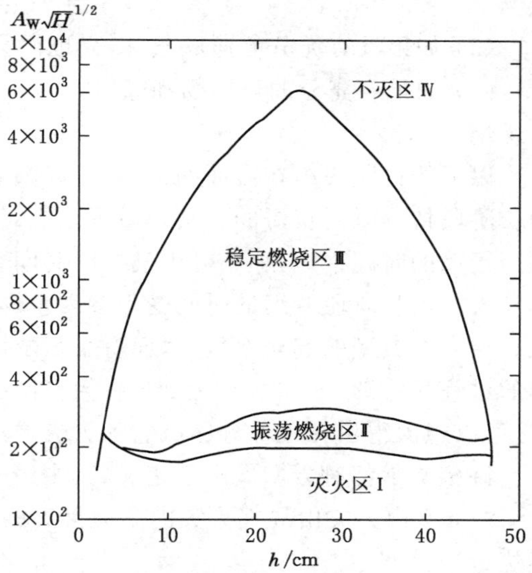

图 3-8　通风因子与通风口位置高度对燃烧状态的影响

Ⅰ区是不稳定燃烧区或灭火区，在通风因子很小的情况下出现。点火后先可出现较大的火焰，但随着氧气的消耗，且供氧不足，火焰逐渐缩小直至自动熄灭。

Ⅱ区是通风因子稍有增大时出现的一个较窄的稳定燃烧区域。这时燃烧比较微弱，火焰往往占不满整个燃烧盘，小火苗缓慢地在燃烧表面来回游荡，火焰忽大忽小，也可能出现振荡熄火。

Ⅲ区是通风因子超过一定值后出现的稳定燃烧区。在开始阶段，火焰仍然存在振荡现象，但已不存在火焰振荡熄灭的问题。

Ⅳ区为表面积控制燃烧区，此时的燃烧受可燃物量的限制。

3.3　轰燃

研究轰燃对保证人员的生命有重要关系。因为一旦发生轰燃，人员是极难安全撤离出来的，Marchant(1976)给出了保证人员安全疏散的条件：

$$t_p + t_a + t_{rs} \leqslant t_u \tag{3-20}$$

式中，t_p 为起火到察觉出火灾发生所经历的时间；t_a 为从觉察火灾发生到疏散活动开始之间所延误的时间；t_{rs} 为疏散进入安全地带所需的时间；t_u 为起火到人无法忍受的时间。安装火灾探测系统可减小 t_p，而能否安全疏散将主要取决于火灾发展的快慢，即 t_u 的长短。因此，在一个特定的房间内，轰燃发生的时间是火灾危险性的重要因素。这个时间持续得越长，对火灾探测、自动灭火或人工灭火和人员安全逃生越有利。

3.3.1　轰燃的定义

当可燃物着火之后，下列三种情形也许有一种可能发生：

(1) 火自发燃烧而不涉及其他可燃物质，特别是在一个孤立的房间内第一次点燃可燃物。

(2) 如果没有充分的通风条件,火也许会自己熄灭或者以很慢的速率继续燃烧。

(3) 如果有充分的可燃物和通风条件,火会发展到整个房间,房间内所有可燃物表面都在燃烧。

以下的论述集中在后面的情形,可以归纳为两个主要方面:轰燃发生的必要条件和决定增长阶段持续时间长短的因素。后者是极其重要的,因为它对人身安全起着主导作用,如果到达轰燃的时间很短,那么可供逃生的时间可能就不够。

火灾增长阶段持续的时间受很多因素影响,包括可燃物的性质和分布、房间的大小和形状。在一个典型的起居室里,里面有聚氨酯泡沫装潢的家具,火灾增长阶段也许会很短,轰燃的过程只持续 15～30 s。然而,在大空间中,比如一个仓库,火灾增长阶段的时间将会很长,可以想象得出在大部分区域卷入火灾之前,最初发生燃烧的区域可能已经被烧尽。

许多文献都对轰燃做出了定义,其中最普遍的是:

(1) 室内火灾由局部火灾向全面火灾的转变,转变完成后,室内所有可燃物表面都开始燃烧;

(2) 室内燃烧方式由燃料控制向通风控制转变;

(3) 在室内顶棚下方积聚的未燃气体或蒸气突然着火而造成火焰迅速扩展。

Martin 和 Wiersma(1979)分析了这些定义后指出,定义(2)实际上是定义(1)的结果,而且不是最基本的定义。定义(3)是根据发生轰燃时经常出现的火焰外窜现象定义的,它只表明发生了预混燃烧。因此定义(3)是不正确的,但当某种机械装置推动着火灾向全面发展阶段转变时,烟气层的燃烧起着重要的作用是可能的。

在本书中使用第一种描述作为轰燃的定义,其实它就是国际标准化组织(ISO)给轰燃下的定义。但它也有一定的适用范围,比如不适用于非常长的房间,因为在这些特殊的空间内,让所有的可燃物同时被点燃在物理上是几乎不可能的。随着对轰燃研究的进一步深入,有可能提出更准确的有关轰燃的定义。

3.3.2 轰燃发生的判据

3.3.2.1 温度判据

另外 Hugglund 等人根据实验提出以顶篷温度接近 600 ℃作为轰燃的判据。需要指出的是,这些实验房间的高度大概在 2.7 m 左右。Heselden 等人在 1 m 高的小尺寸实验箱内做实验发现,发生轰燃时的顶篷温度约为 450 ℃。以温度作为判据忽视了其他热源的辐射,这在实际火灾中不尽合理。

3.3.2.2 热流判据

Waterman 在长、宽、高为 3.64 m、3.64 m、2.43 m 的房间内进行一系列的家具燃烧实验,并以放在地板上的纸质物体被引燃作为火灾得到充分发展的开始。其结论是,要使室内发生轰燃,地板平面处至少要接收到 20 kW/m^2 的热通量。而这个值足以使得纸屑发生自燃,但对于较厚一点的木片和其他固体可燃物,20 kW/m^2 的热通量不能够将其点燃。不过这样大的热通量能够促进其被点燃,并助长火焰在可燃物表面上的蔓延。Waterman 认为这些热通量大部分来自房间上部的热表面和热烟气层,而不是直接来自可燃物上方的火焰,他观察到轰燃只有当可燃物的失重速率达到 40 g/s 时才会发生。

表 3-1 是有关轰燃判据研究的实验结果。由表中的数据可以发现,有关轰燃发生时,烟

气层的温度和地板面接收的热通量的实测数据具有较大的离散性。根据地面引燃的标识物不同，轰燃发生需要的热通量明显不同，因此若要比较准确地判断轰燃的发生，需要对可燃物辐射引燃的判据进行研究。

表 3-1　有关轰燃发生时烟气温度和地板热通量的实验结果

实验者	烟气层温度/℃	地板热通量/(kW/m²)	标识物
Fang	450～650	17～25/21～33	报纸/杉木
Budnick	673～771	15	地板处的报纸
Lee&Breese	706±92	17～30	地板处的纸片
Quintiere	600	17.7～25	过滤纸

火灾中，可燃物接收到的辐射热通量主要有以下几种来源：

(1) 房间上部所有的热表面；

(2) 火焰，包括垂直上升的火羽流和沿顶棚扩展的火焰；

(3) 积聚在屋顶下的高温燃烧产物。

这些热辐射源的相对重要性随着火灾的发展而变化，轰燃的出现由哪一个因素控制取决于可燃物的性质及通风状况。如果可燃物是甲醇，反馈到可燃物表面的热通量主要来自室内上部热的壁面，因为甲醇火焰及其燃烧产物的发射率很低。但在实际的火灾中，一般会产生大量的具有较强辐射能力的高温烟气。

火灾中先着火的物体能否把邻近的可燃物引燃是一个很实际也很重要的问题，它与有关物体之间的距离关系极大。如果可燃物之间靠得很近或方位合适，火焰就有可能直接接触到其他可燃物的表面并将其点燃。如果距离较远，火只能依靠热辐射的方式向四周可燃物传递热量，使周围可燃物着火，这种方式也是火灾发展阶段火蔓延的主要形式。

不少学者对这一问题进行过实验研究。Theobald 指出，沙发椅着火可将 0.15 m 内的棉布引燃，而大衣柜着火可把 1.2 m 以内的相同棉布引燃。Babrauskas 等人实际测定了多种家具燃烧时其附近的辐射热通量分布，结果发现辐射热通量可表示为燃烧速率的函数。通过与目标材料的被引燃性能比较，就可以得到在规定时间内引燃该物体所需要的辐射热通量。Babrauskas 指出，距燃烧的沙发 1 m 以外处，室内常见的材料是不大可能被引燃的，尽管不同材料的引燃性能差别很大。即使是燃烧速率很快的家具着火，在其 0.88 m 外的地方没有测得过 20 kW/m^2 以上的热通量。如果引用 Waterman 的轰燃判据，这个房间很难出现轰燃。

对于由火焰直接引燃可燃物，这里仅简单介绍几种重要的情形。如果较长的竖直表面着火，或者物体间的方位形式有利于热量保存在燃烧表面附近(这时存在交叉辐射)，则火焰蔓延得特别快。例如床底下着火、位于墙角的物体着火、床与衣橱之类的家具之间着火等。有时某些材料也对火区扩展起重要的作用，如热塑料受热后能够熔化并流动，容易使火区迅速扩展，并很快将其他物体点燃。

3.3.3 轰燃发生的条件

还有许多有关轰燃的实验都发现了一条普遍的原则，即可燃物燃烧时的失重速率必须超过某一极限值并且维持一段时间，房间内才会发生轰燃。由此可以得出，如果某种家具燃烧时的失重速率足够高，单独一件家具也可以导致轰燃，例如 Babrauskas 观察到在一个 2.8 m高的房间里，一把表面为人造革内含聚氨酯泡沫的椅子在燃烧到 280 s 时发生了轰燃（以地面接收的热辐射达到 20 kW/m^2 作为轰燃标准）。实验中的最大失重速率高达 150 g/s。皮革质地的椅子同样可以达到很快的燃烧速率，最大值为 112 g/s，但却不能使房间地板面接收到的热辐射达到发生轰燃的标准。

McCaffrey 等分析了大量实验数据，提出房间气体温度升高所需的火源热释放速率为：

$$\dot{Q}_c=\left[g^{\frac{1}{2}}\cdot c_p\rho_0\cdot T_0^2\left(\frac{\Delta T}{480}\right)^3\right]^{\frac{1}{2}}(h_k A_T A\sqrt{H})^{\frac{1}{2}} \tag{3-21}$$

其中，$\dot{Q}_c$ 表示进入烟气层的全部能量，T_0 为环境温度，ΔT 为气体的温升。若令气体温度上升 500 K 作为轰燃开始的判据，并将相应的系数代入，则可估算出发生轰燃所需的火源热释放速率为：

$$\dot{Q}_F=610(h_k A_T A\sqrt{H})^{\frac{1}{2}} \tag{3-22}$$

式中，h_k 为有效传热系数，A_T 是房间内部的当量面积。若 h_k、A_T 或 A 中的任意一个参数值增大了 100%，火源的热释放速率必须增加 40%才能达到预定的轰燃判据。

公式(3-21)有几个适用条件。该公式是由边长 2.4±0.3 m 的接近正方体的房间的实验数据得到的，本身不包含房间高度，因此不适用于与它几何尺寸相差太大的房间。实验时，火源位于房间中央，故也不适用于火源靠近墙壁或位于墙角的情况。对于通风严重受限的情况，也是不适用的。

需要注意的是，为了能够按公式(3-21)估计室内轰燃的可能性，事先要了解室内物品的实际热释放速率。

3.3.4 Thomas 准稳态轰燃模型

Thomas 等人(1980)把轰燃与谢苗诺夫的着火热模型类比后指出，轰燃是室内一种热力不稳定的状态。他们假设可燃物的燃烧速率是温度的函数，同时又受到空气供应速度的限制，提出了一种轰燃发生的准稳态模型(见图 3-9)。

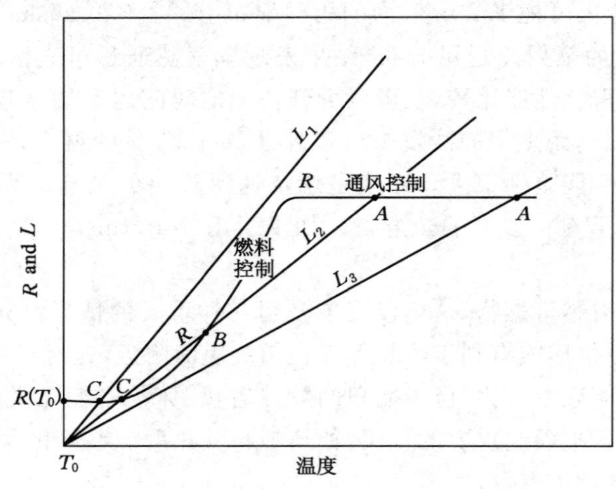

图 3-9 轰燃的准稳态模型

（标有 R 的曲线代表室内热释放速率与温度的关系，

标有 L 的直线代表热损失速率与温度的关系）

把热释放速率和热损失速率表示为温度的函数，进而对它们做比较，这样

$$\dot{Q}_c(T,t)=\dot{L}(T,t)$$

$$R=L \tag{3-23}$$

式中，$\dot{Q}_c(T,t)=R$ 是火灾时的热释放速率——也就是烟气层获得能量的速率，而 $\dot{L}(T,t)=L$ 是图 3-8 中的热量损失速率。需要注意的是，这里分析时做了一些简化假设。

$$\dot{L}(T,t)=h_k A_T(T-T_0)+(\dot{m}_a+\dot{m}_f)c_p(T-T_0) \tag{3-24}$$

式中，h_k 是有效传热系数；A_T 是房间内部对流传热表面积；$\dot{m}_a$、$\dot{m}_f$ 分别为空气的质量流量和可燃物的质量损失速率。

对于最简单的例子(燃料床面积不变)，热释放速率随温度升高而升高，当达到受空气供应速率限制时便认为它不再变化了。图 3-9 中的热释放速率曲线 R 与三种情况下的热损失速率曲线有不同类型的交点即 A、B 和 C。A 点相当于稳定状态下的通风控制燃烧；C 点表示室内存在小局部范围的燃烧，这时由房间上部反馈回来的热量对其燃烧状况影响不大；B 点是不稳定点，对于火灾的增长初期来说，R 和 L 都在慢慢增大。如果房间大小合适，B、C 两点将靠得很近，这样室内最终达到一种临界状态，即燃烧释热速率的微小增加将会造成温度和燃烧释热速率的急剧增大而跳到 A 点。Thomas 等人指出，出现这种跳跃即意味着房间内发生了轰燃。

3.3.5　影响轰燃发生的因素

由于火灾轰燃前的时间直接关系到人身安全，因此了解影响轰燃发生时间的因素显得相当重要，然而有许多因素都能够对轰燃的发生产生影响，确定哪些是最重要的参数是很困难的，对所有因素进行系统的分析研究需要大量的实验，为此国际合作研究机构(CIB)火灾分委员会(W14)在 20 世纪 60 年代后期开始了这个项目，全世界有 9 个实验室[日本、荷兰、澳大利亚、美国(FMRC 和 NBS)、英国、德国、加拿大和瑞典]共同参与研究。他们选择在小房间内用木垛作为燃料床，测定表 3-2 中所列的 8 个变量的变化产生的影响。每个变量都进行两组实验，一共有 256 个独立的实验，随机地在这 9 个实验室里进行。

表 3-2　　CIB 组织的轰燃实验研究

变量	一组	二组
房间形状(长×宽×高)	1 m×2 m×1 m	2 m×1 m×1 m
点火源位置	后部墙角	中央
燃料床高度	160 mm	320 mm
通风口	全宽度	1/4 宽度
燃料堆放密度(用棒距表示)	20 mm	60 mm
燃料连续性	单个大垛	21 个小垛
墙与顶篷的衬里材料	无	硬板
点火源面积	16 cm^2	144 cm^2

通过对多次实验结果进行回归分析后得出以下一些结论：

(1) 现有进行实验的房间形状对室内轰燃发生的时间没有明显影响。

(2) 通风口的大小和燃料的连续性对室内发生轰燃的时间影响也不大。

(3) 室内发生轰燃的时间受点火源的位置、燃料床的高度、燃料的堆放密度及房间内壁材料的性质的影响比较大。但与前几项相比，房间内壁材料性质的影响相对小一些。

这里仅讨论一下结论(3)中各项的影响。

① 点火源：当点火源从可燃物中部点燃时室内发生轰燃的时间较短，因为此时火在可燃物上的蔓延相对容易些，火灾初期增长的速度较快。同理，点火源的面积大时发生轰燃的时间也比较短，这是因为，在火灾的一开始就有较大的面积发生燃烧，热释放速率较大。

② 燃料床高度：燃料床较高时，火焰会很快地到达顶棚，加大了对可燃物的热反馈，促使火焰快速地在可燃物表面上蔓延。

③ 堆放密度：可燃物的堆放密度较小时可以加速火焰的蔓延，此时火区燃烧面积增大较快，热释放速率大，可以比较快地达到轰燃。这也相当于实际火灾中火焰在热容量较低的相邻物体间蔓延。

④ 房间内壁材料：如果内壁材料是可燃的，那么房间达到轰燃的时间较短，但这个影响不是最重要的。实验发现，只有当火焰达到顶棚后，墙体内壁材料才会影响达到轰燃的时间。

另外，房间墙壁建筑材料的热惯性($k\rho c$)也是影响轰燃发生的又一重要因素。若所用材料的隔热性能好，将会大大减少壁面传向外界的热量，从而明显地缩短轰燃发生的时间。英国消防研究所在 4.5 m×4.5 m×2.7 m 的全尺寸房间测定了木质家具在不同的墙壁建筑材料下达到轰燃的时间，见表 3-3。Waterman 也从小尺寸房间火灾实验中得出了类似的结果。Thomas 和 Bullen(1979)对此进行理论分析后指出，对于快速发展的室内火灾，可以认为轰燃时间与墙壁材料的热惯性的平方根成正比。

表 3-3　木质家具轰燃时间随墙壁材料的变化

墙壁材料性质	密度/(kg/m^3)	达到轰燃的时间/min
砖	1 600	23.5
轻质水泥 A	1 360	23.0
轻质水泥 B	800	17.0
喷雾石棉	320	8.0
绝缘纤维板	约 300	6.75

在分析轰燃发生时间时，还需要注意这些因素间的相互作用。其中主要的是点火源与房间内壁材料之间的作用。如果内壁材料是可燃的，靠近墙壁或墙角的火源就可直接将其点燃，从而使达到轰燃的时间大大缩短。燃料床高度和堆放密度之间也存在类似的作用。这些结论虽然是在小尺寸实验中得出的，但适用实际火灾场合。

一些研究结果还表明，轰燃实验中从点火开始到热释放速率发展到 50 kW 这个阶段是不能够被重复的，只有当火灾释放速率从 50 kW 到 400 kW 这一过程的重复性较好。这就是意味着一旦火灾增大到一定的规模后(如 50 kW)，便能够克服一些微小因素的作用。这个现象对轰燃实验研究具有一定的指导意义。

现有的这些实验并没有对其他一些重要的影响因素进行验证，如顶棚的高度，可燃物的潮湿程度、空气相对湿度和空气的流动条件等。

3.4　回燃

在低氧条件下，火灾发展的形式有如下 4 种：熄灭、烟气在直接接触氧气后自动燃烧、回燃或烟气爆炸。其中回燃现象对消防救援的影响最大。回燃是室内火灾的一种特殊现象，它会由于氧气进入一个低氧燃烧的空间中突然发生，具有较强的破坏力。

美国的国家消防协会(National Fire Protection Association)给出了回燃的定义：空气进入一个由于燃烧而已经耗尽氧气的通风不良的建筑，引起其内部高温烟气的爆炸或快速燃烧现象。Fleishmann 等人建议上述有关回燃的定义中用“未燃的热解产物”代替“高温烟气”更合适。

可以通过一个实例来说明回燃的发生过程：在一个房间中布置有家具等可燃物，房间中的某个部位起火、蔓延，房间的温度上升并充满烟气。如果房间的密闭性较好，燃烧将由于氧气的消耗而逐渐熄灭。但是，即使明火熄灭了，房间内的温度依然很高，能够保证可燃物继续进行热解，释放出可燃成分，使房间内积累了大量的可燃气体。此时，如果房间的开口被人为打开或由于玻璃破碎形成开口，新鲜空气将涌入房间并与可燃气发生混合，形成可燃区。若在这个区域中存在点火源并将可燃气点燃，房间内的温度和压力急剧上升，这会将未燃的气体推出室外。这些未燃气体一旦冲出室外，并接触到氧气，将发生猛烈的燃烧，形成一个明显的大火球。

图 3-10 是中国科学技术大学火灾实验室研究回燃时的一次实验录像截图，清楚地反映了回燃发生的过程。

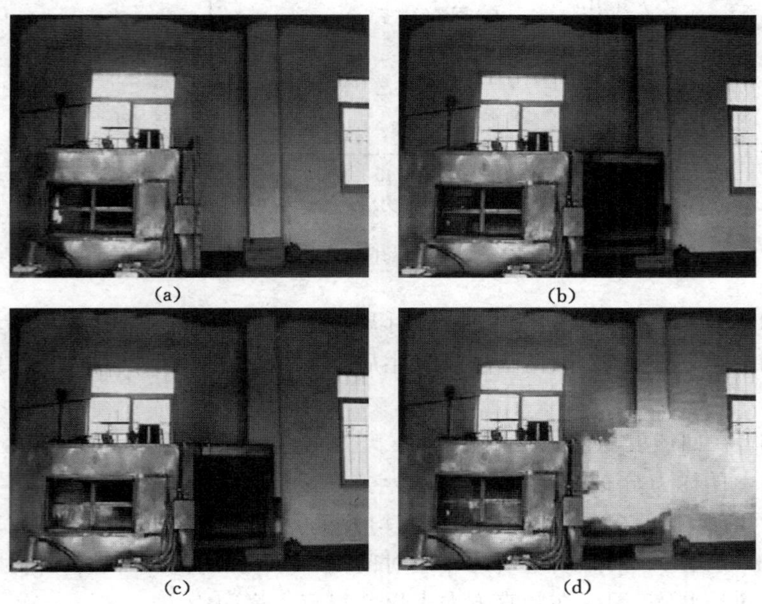

图 3-10　回燃发生的过程

(a) 室内存在明火燃烧；(b) 明火熄灭通风口打开；

(c) 室内局部区域被点燃；(d) 通风口喷出的火球

图 3-11 和图 3-12 是瑞典隆德大学研究回燃时，测得的温度和开口处的压力变化情况。从图中可以很容易地判断回燃发生的阶段。

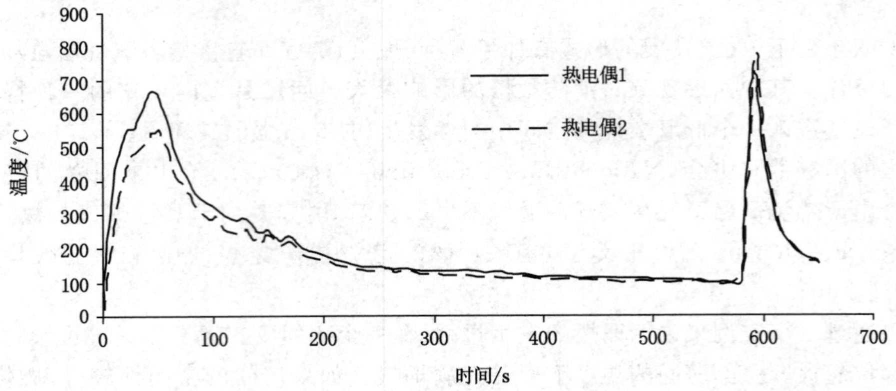

图 3-11　房间内温度的变化

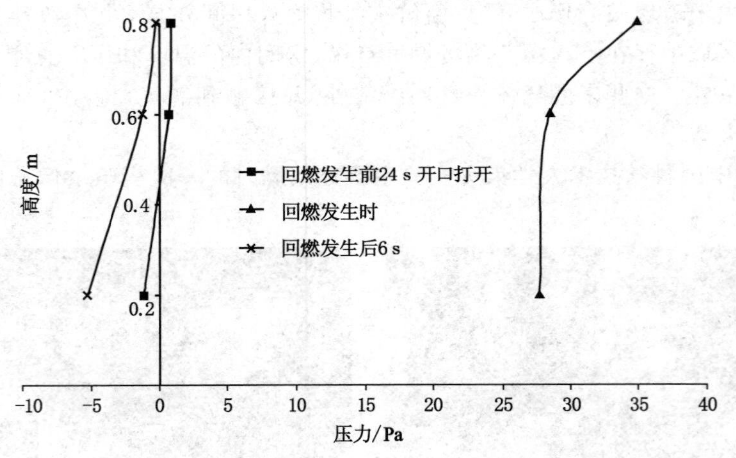

图 3-12　回燃时开口处的压力变化

从图 3-11 中可以发现，回燃发生时，房间温度在极短的时间内从 100 ℃上升至 800 ℃。由于实验采用的是气体燃料，因此在回燃发生后，房间的温度由于没有进一步的燃烧而逐渐降低。

图 3-12 中，在回燃发生前，开口的下部压力为负，上部的压力为正，这是正常燃烧时，房间在竖直方向上的压力分布情况。此时新鲜空气从房间的下部流入，高温烟气由房间上部流出。回燃发生时，在整个竖直方向上，压力均为正值，此时，房间内的气体以较快的速度喷出，在开口处形成火球。回燃发生后的较短时间内，由于房间内气体在回燃时刻大量涌出，整个房间处于负压状态，因此在竖直方向上以空气流入房间为主。

Fleishmann 研究后指出，要使回燃发生，房间内的碳氢化合物浓度需要大于 10%。如果浓度低于 10%，火焰传播速度慢，房间内的超压也非常低。随着碳氢化合物浓度的提高，房间内的超压越高，回燃也变得更剧烈。当碳氢化合物的浓度大于 15%时，可以在开口附近观察到巨大的火球，并产生很高的压力。

为了防止回燃的发生，控制新鲜空气的后期流入具有重要的作用。当发现起火建筑物内已生成大量黑红色的浓烟时，若未做好灭火准备，不能轻易打开门窗，避免新鲜的空气流入。在房间顶棚或墙壁上部打开排烟口将可燃气和热量排到室外，有利于减少烟气与空气在室内的混合，降低火场温度。

3.5　烟气温度的估算方法

本节主要介绍一些工程上常用的估算房间内烟气温度的计算方法。由于这些方法均采用一些假设和限定条件，因此在使用前，需要特别了解这些内容。

3.5.1　MQH 方法

这个方法是 McCaffrey，Quintiere 和 Harkleroad 基于 100 多组有关开口房间的火灾实验的基础上提出的。

热烟气相对于环境的温升 ΔT_g 可用下式计算：

$$\Delta T_g = 6.85\left[\frac{\dot{Q}^2}{(A_v\sqrt{h_v})(A_T h_k)}\right]^{\frac{1}{3}} \tag{3-25}$$

其中，$\dot{Q}$ 为火源的热释放速率，kW；A_v 为所有通风口的面积，m^2；h_v 为通风口的高度，m；h_k 为热传递系数，$kW/(m^2 \cdot K)$；A_T 为不包括通风口在内的房间总表面积，m^2。如果火源靠近墙壁或位于墙角，系数 6.85 将不适用。

对于具有多个通风口的情况，只需将上式中分母部分对所有通风口进行求和，即

$$\sum_{i=1}^{n}(A_v\sqrt{h_v})_i$$

式中，n 为通风口的个数。

房间内部面积可根据下式计算：

$$A_T = [2(w_c \cdot l_c) + 2(h_c \cdot w_c) + 2(h_c \cdot l_c)] - A_v \tag{3-26}$$

式中，l_c、w_c 和 h_c 分别为房间的长度、宽度和高度。

对于很薄的固体或固体导热过程已经持续很长时间的情况，导热过程可以认为是稳态的，此时热传递系数 h_k 为：

$$h_k = \frac{k}{\delta} \tag{3-27}$$

其中，k 为墙壁材料的导热系数，$kW/(m \cdot K)$；δ 为墙壁厚度，m。

这个方程适用于稳态导热的情况，即火灾持续的时间要长于热量穿透墙壁并在背面损失的时间。热穿透时间 t_p 可用下式计算：

$$t_p = \left(\frac{\rho c_p}{k}\right)\left(\frac{\delta}{2}\right)^2 \tag{3-28}$$

其中，ρ 为墙壁材料的密度，kg/m^3；c_p 为墙壁材料的比热容，$kJ/(kg \cdot K)$。

如果燃烧的时间短于热穿透时间，热量将被保存在墙壁内，此时热传递系数 h_k 为：

$$h_k = \sqrt{\frac{k\rho c}{t}} \tag{3-29}$$

其中，$k\rho c$ 为墙壁材料的热惯性，$[kW/(m^2 \cdot K)]^2 \cdot s$；$t$ 为着火后的时间。对大多数材料来

讲，比热容 c 的变化不大，导热系数 k 很大程度上是材料密度的函数，因此，密度是最重要的一个参数。密度较低的材料是热的不良导体，因此这类材料的表面温度上升很快，如果是可燃的，则很容易被点燃。

3.5.2 Beyler 方法

Beyler 基于密闭房间的非稳定能量平衡关系提出了一种计算温度的方法。他假设房间有足够多的缝隙以阻止压力的升高。对于恒定的热释放速率，热烟气层温升可以用下式计算：

$$\Delta T_g = T_g - T_a = \frac{2K^2}{K_1^2}\left(K_1\sqrt{t} - 1 + e^{-K_1\sqrt{t}}\right) \tag{3-30}$$

其中，$K_1 = \frac{0.8\sqrt{k\rho c}}{mc_{air}}$，$K_2 = \frac{\dot{Q}}{mc_{air}}$。公式中，$T_a$ 为环境温度，K；$k\rho c$ 为墙壁材料的热惯性，$[kW/(m^2 \cdot K)]^2 \cdot s$；$m$ 为房间内气体的质量；c_{air} 为空气的比热容，kJ/(kg·K)；t 为着火后的时间。

3.5.3 FPA 方法

以上两种方法适用于自然通风的情况，对于强迫通风（机械通风）的情况，Foote、Pagni 和 Alvares 在 MQH 方法的基础上引入强迫通风的内容提出了一种计算方法。烟气层的温度是热释放速率、通风流量、气体的比热容、房间表面积和有效热传递系数的函数：

$$\frac{\Delta T_g}{T_a} = 0.63\left(\frac{\dot{Q}}{\dot{m}c_{air}T_a}\right)^{0.72}\left(\frac{h_k A_T}{\dot{m}c_{air}}\right)^{-0.36} \tag{3-31}$$

式中，$\dot{m}$ 为房间通风的质量流量，kg/s；c_{air} 为空气的比热容，kJ/(kg·K)。如果火源靠近墙壁或位于墙角，系数 0.63 将不适用。

3.5.4 Deal 和 Beyler 方法

Deal 和 Beyler 提出了一种简化的方法计算强迫通风房间内的温度。但这个方法只能计算 2 000 s 以内的房间温度。

$$\Delta T_g = T_g - T_a = \frac{\dot{Q}}{\dot{m}c_{air} + h_k A_T} \tag{3-32}$$

其中，$h_k = 0.4\max\left(\sqrt{\frac{k\rho c}{t}}, \frac{k}{\delta}\right)$。

以上给出的各种计算公式，最好应用于常规尺寸的矩形房间，对于大空间需要谨慎。这些公式既可以用于稳态火灾也可用于瞬态火灾，但得到的温度值是平均温度。

第 4 章　火灾中的热传递

导热、对流换热和辐射换热，这三种传热方式同时存在于整个火灾过程中，图 4-1 简要地表示出某一个建筑物发生火灾后，存在的热传递形式。火源燃烧形成发光火焰并产生温度较高的热烟气，高温的火焰和热烟气对周围的可燃物、地板及墙壁进行辐射传热和对流传热，可燃物、地板及墙壁的表面温度升高后又将热量向内部温度较低的部分进行热传导，房间中的热量又通过对流和辐射的方式向外界环境及相邻建筑传递。然而在火灾的某个特定阶段，或者某个区域中，却可能只有一种方式起着决定性的作用。比如，热传导将在以下一些情况中起主要作用：在着火的初期，固体表面着火及其在可燃物表面的蔓延过程中；在分析墙壁热损失和结构的耐火极限时等。对流换热在火灾中的烟气流动，热烟气与所接触物体的传热过程中起主要作用。而热辐射在火灾发展到比较充分时将成为主要的换热方式，实验证明当燃料床的直径大于 0.3 m 时，热辐射将决定着火灾的蔓延和发展。

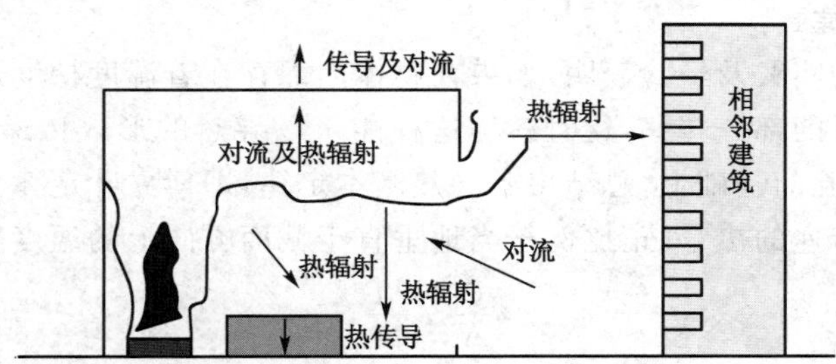

图 4-1　火灾中存在的热传递形式

总的来说，热传导主要分析热流在物体内部传递的规律，对流换热过程主要分析流动的气体、液体与固体之间的热量交换，热辐射既包括物体表面的能量交换，如墙壁、天花板、地板、家具等，也包括许多不同气体以及烟粒子的发射或吸收。本书将结合火灾过程中传热的特点，分别简要地对这三种传热方式进行介绍，若需要了解更深入的理论，读者可以参考有关的传热学书籍。

4.1　导热

导热的基本定义是，把物体各部分之间不发生相对位移时，依靠分子、原子及自由电子等微观粒子的热运动而产生的热量传递称为导热（或称热传导）。对于气体、液体、导电固体和非导电固体的导热机理是不同的。气体中，导热是气体分子不规则运动时相互碰撞的结果，气体温度越高，其分子的运动动能越大。不同能量水平的分子相互碰撞的结果，便使热量从高温处传递到低温处。导热固体中有相当多的自由电子，它们在晶格之间像气体分子那样运动，把热量从温度较高的部分带到温度较低的部分。在非导电固体中，导热是通过晶格结构的振动，即原子、分子在其平衡位置附近的振动来实现的。晶格结构振动的传递也常称为“弹性波”。至于液体中的导热机理，存在着两种不同的观点，一种观点认为定性上类似于气体，只是液体分子间的距离比较近，分子间的作用力对碰撞过程的影响远比气体大。另一种观点则认为液体的导热机理类似于非导电固体，主要靠液体分子在其平衡位置附近的振动来实现的。

实验证明在导热过程中传递的热量与物体的温度变化率有关，一般地讲，物体的温度分布是坐标和时间的函数，即 $T=f(x,y,z,t)$，式中：x,y,z 为空间坐标；t 为时间坐标。物体中某一时刻各点温度分布称为物体的温度场，根据物体温度分布随时间变化的不同，可以将温度场分为两大类。一类是物体各点的温度不随时间变化，称为稳态温度场，其表达式可简化为 $t=f(x,y,z)$，稳态温度场内的导热过程称为稳态导热；另一类是物体各点的温度随时间变化，称为非稳态温度场，类似的，非稳态温度场内的导热过程称为非稳态导热。在某些特殊情况下，物体的温度分布可能只在一个、两个或三个坐标方向上有变化，则分别称为一维、二维和三维温度场。通常为了表示物体中的温度场，将温度场中同一瞬间同温度各点连成很多个面，称为等温面，等温面在任何一个二维的截面上表现为等温线。根据等温线的定义，可以理解，物体中的任一条等温线要么形成一个封闭的曲线，要么终止在物体表面上，它不会与另一条等温线相交。

4.1.1 导热基本定律

人们长期以来的实践及经验表明，如果在物体内部存在着温度梯度，能量就会从温度较高的部分向温度较低的部分转移，这时就称这种能量以导热的形式传递。为了计算这种能量的大小，在大量实验的基础上，总结出了导热基本定律，即傅立叶定律。实践表明，单位时间通过单位面积所传递的热量，正比例于当地垂直于截面方向上的温度变化率，即

$$\frac{\dot{\Phi}}{A}\sim\frac{\partial T}{\partial x} \tag{4-1}$$

式中，$\dot{\Phi}$ 是单位时间内通过面积 A 的热量，称为热流量，单位为 W；x 是垂直于面积 A 的坐标轴；T 为面积 A 处的温度，单位为 K。通常把单位时间内通过单位面积的热流量 $\dot{\Phi}/A$ 称为热流密度（或面积热流量），使用符号 $\dot{q}$ 表示，单位为 W/m^2。在引入了比例常数后，式(4-1)可表示为

$$\dot{\Phi}=-kA\frac{\partial T}{\partial x} \tag{4-2}$$

这就是一维非稳态导热基本定律（又称傅立叶定律）的数学表达式。式中的负号表示热量传递的方向指向温度降低的方向，这是满足热力学第二定律所必需的。用文字叙述傅立叶定律为：在导热现象中单位时间内通过给定截面的热量，正比例于垂直于该截面方向上的温度变化率和截面面积，而热量传递的方向则与温度升高的方向相反。傅立叶定律用热流密度 $\dot{q}$ 表示则为

$$\dot{q}=-k\frac{\partial T}{\partial x} \tag{4-3}$$

当物体的温度是三个坐标的函数时，三个坐标方向上的单位矢量与该方向上热流密度分量乘积合成一个热流密度矢量，记为 $\boldsymbol{q}$。这时傅立叶定律则表示为

$$\boldsymbol{q}=-k\frac{\partial T}{\partial n}\boldsymbol{n} \tag{4-4}$$

式中的比例常数 k 称为导热系数，单位为 W/(m·K)，导热系数是表征材料导热性能优劣的参数，不同材料的导热系数不同，有时即使是同一材料，导热系数还会随温度的不同而有变化。金属的导热系数最高，如常温条件下纯铜的导热系数为 387 W/(m·K)；钢为 45.8 W/(m·K)。气体的导热系数最小，如常温下干空气的导热系数为 0.025 9 W/(m·K)。液体的数值介于金属和气体之间，如常温下水的导热系数为 0.599 W/(m·K)。非金属固体的导热系数在很大范围内变化，数值高的同液体相近，如普通耐火砖常温下的导热系数为 0.71～0.85 W/(m·K)，数值低的则接近甚至低于空气导热系数的数量级。习惯上把导热系数小的材料称为保温材料或隔热材料。表 4-1 中列出了一些常见材料的导热系数和其他一些有关的热物性参数。

表 4-1　　几种典型材料的热物性参数

材料	k /[W/(m·K)]	c_p /[J/(kg·K)]	ρ /(kg/m³)	α /(m²/s)	$k\rho c_p$ /[W²·s/(m⁴·K²)]
铜	387	380	8 940	1.14×10^{-4}	1.3×10^{9}
钢	45.8	460	7 850	1.26×10^{-5}	1.6×10^{8}
砖	0.69	840	1 600	5.2×10^{-7}	9.3×10^{5}
混凝土	0.8～1.4	880	1 900～2 300	5.7×10^{-7}	2×10^{6}
玻璃	0.76	840	2 700	3.3×10^{-7}	1.7×10^{6}
石膏	0.48	840	1 440	4.1×10^{-7}	5.8×10^{5}
PMMA	0.19	1 420	1 190	1.1×10^{-7}	3.2×10^{5}
橡木	0.17	2 380	800	8.9×10^{-8}	3.2×10^{5}
黄松	0.14	2 850	640	8.3×10^{-8}	2.5×10^{5}
石棉	0.15	1 050	577	2.5×10^{-7}	9.1×10^{4}
纤维隔热板	0.041	2 090	229	8.6×10^{-8}	2.0×10^{4}
聚氨酯泡沫塑料	0.034	1 400	20	1.2×10^{-6}	9.5×10^{2}

4.1.2　稳态导热

如果在一个导热过程中，相互接触的物体或物体内部各点的温度不随时间变化，就称这种导热过程为稳态导热，最简单的情况即是一维稳态导热。与火灾有关的导热问题一般都是非稳态的，但在某些特定的条件下可以简化为稳态问题加以分析，我们以一个无限大平壁(例如房间的墙壁)的导热过程为例。如图 4-2 所示，考虑一个无限大、由不同材料组成的墙壁，各层厚度分别为 L_1、L_2、L_3，导热系数分别为 k_1、k_2、k_3。内外表面温度分别为 T_i、T_1～T_4、T_0($T_i > T_0$)，假定已知内、外壁面的对流换热系数 h_i、h_0，则由傅立叶定律和牛顿定律(对流换热基本定律)可得通过平壁的热流密度为

$$\dot{q}=(T_i-T_0)\bigg/\left(\frac{1}{h_i}+\frac{L_1}{k_1}+\frac{L_2}{k_2}+\frac{L_3}{k_3}+\frac{1}{h_0}\right) \tag{4-5}$$

感兴趣的读者可以自行推导出式(4-5)。

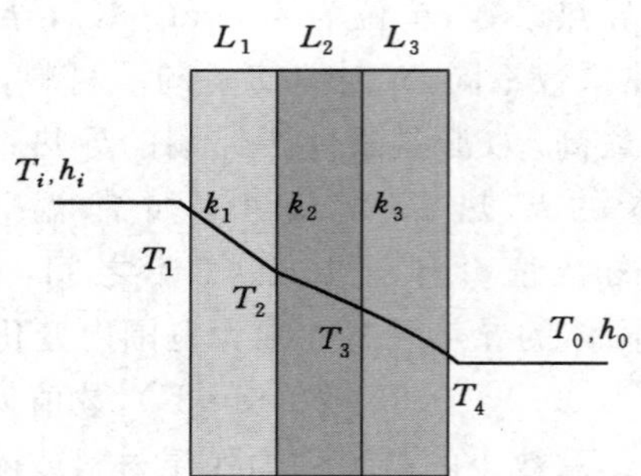

图 4-2　无限大平壁的导热

根据式(4-5)，我们可以从另一角度来理解傅立叶定律。温差 $T_i - T_0$ 可看作驱动热量流动的位势函数，$1/h_j$、L_i/k_i 可看作对热流的阻力(对流热阻和导热热阻)，则傅立叶导热定律可表示为热流量＝热势差/热阻。这种关系与电路理论中的欧姆定律相似。应用电路模拟的方法可以解决包括串联热阻和并联热阻的更为复杂的问题。

上面介绍的是最简单的一维稳态导热问题的解法，对于多维稳态导热，必须在获得温度场的数学表达式后，即查明了式中的函数 $T=f(x,y,z)$后，才能由傅立叶定律算出空间各点的热流密度矢量。为了查明物体温度场的数学表达式，就必须根据能量守恒定律与傅立叶定律，来建立导热物体中的温度场应当满足的数学关系式，这个数学关系式称为导热微分方程。我们给出两组稳态导热的微分方程，具体推导过程大家可以参考传热学教材，在这里不再作详细的推导。

对于常物性，有内热源的三维稳态导热，其微分方程也称为泊松(Poisson)方程：

$$\frac{\partial^2 T}{\partial x^2}+\frac{\partial^2 T}{\partial y^2}+\frac{\partial^2 T}{\partial z^2}+\frac{\dot{\Phi}}{\lambda}=0 \tag{4-6}$$

而对于常物性，无内热源的三维稳态导热微分方程也称为拉普拉斯(Laplace)方程：

$$\frac{\partial^2 T}{\partial x^2}+\frac{\partial^2 T}{\partial y^2}+\frac{\partial^2 T}{\partial z^2}=0 \tag{4-7}$$

导热微分方程是描写导热过程共性的数学表达式。求解导热问题，实质上归结为对导热微分方程式的求解。为了获得满足某一具体导热问题的温度分布，还必须给出用以表征该特定问题的一些附加条件。这些使微分方程获得适合某一特定问题的解的附加条件，称为定解条件。对于稳态导热问题，因为各个物体的温度不随时间变化，因此只需要给出导热物体边界上温度或换热情况的边界条件。常见的边界条件可归纳为三类：

(1) 第一类边界条件，规定了边界上的温度值。对于稳态导热来说，边界温度保持常数，即 T_w＝常量。

(2) 第二类边界条件，规定了边界上的热流密度值。对于稳态导热来说，边界上的热流密度值保持定值，即 $\dot{q}_w$＝常量。

(3) 第三类边界条件，规定了边界上物体与周围物体间的表面传热系数 h 及周围液体的温度 T_f。对于稳态导热来说，可表示为

$$-k\left(\frac{\partial T}{\partial n}\right)_w=h(T_w-T_f) \tag{4-8}$$

4.1.3　非稳态导热

物体的温度随时间而变化的导热过程称为非稳态导热或瞬态导热。火灾过程本身是一种瞬变的过程，不仅对于火灾的各个分过程，如引燃、蔓延等，而且对于火灾的总体发展过程来说，比如建筑物对正在发展和充分发展火灾的响应等，都可以看作是非稳态的传热过程，这时必须用非稳态的导热微分方程来描述这种导热过程。为了分析火灾过程中非稳态导热过程的特点，我们先来看一个简单的例子。假设在一个房间内发生了火灾，房间内有一面墙壁，其初始温度为 T_0，令其内侧表面温度突然上升到 T_1 并保持不变，而外侧仍与温度为 T_0 的空气相接触。在这种情况下，首先，墙体紧挨高温表面部分的温度很快上升，而其余部分仍保持原来的温度 T_0，随着时间的推移，温度变化波及的范围也不断扩大，以至在一定时间以后，外侧表面的温度也逐渐升高，最终达到稳态时，温度分布保持恒定。在上面这个例子的非稳态导热过程中，存在着外侧面不参与换热和参与换热的两个不同阶段。在外侧面不参与换热的阶段里，温度分布呈现出部分为非稳态导热规律控制区和部分为初始温度控制区的混合分布，在这一阶段物体中的温度分布受初始温度分布的影响很大，称为非正规状况阶段。当外侧面参与换热以后，物体的初始温度分布的影响逐渐消失，物体中不同时刻的温度分布主要取决于边界条件及物性，此时非稳态导热过程进入了正规状况阶段。对于非稳态导热过程来说，由于在热量传递的路径中，物体各处本身温度的变化要积聚或消耗热量，所以即使对于穿过墙壁的导热来说，非稳态导热过程中在与热流方向相垂直的不同截面上热流量也是处处不等的，这是非稳态导热区别于稳态导热的一个特点。

为了建立非稳态导热过程的导热微分方程，我们从导热物体中取出一个任意的微元平行六面体，与空间任一点的热流密度矢量可以分解为三个坐标方向的分量一样，任一方向的热流量也可以分解成 x、y、z 坐标轴方向的分热流量，即 Φ_x、Φ_y、Φ_z。通过 $x=x+\mathrm{d}x$、$y=y+\mathrm{d}y$、$z=z+\mathrm{d}z$ 三个微元表面而导入微元体的热流量可根据傅立叶定律写出为：

$$\left.\begin{aligned}\Phi_x&=-k\frac{\partial T}{\partial x}\mathrm{d}y\mathrm{d}z\\\Phi_y&=-k\frac{\partial T}{\partial y}\mathrm{d}x\mathrm{d}z\\\Phi_z&=-k\frac{\partial T}{\partial z}\mathrm{d}x\mathrm{d}y\end{aligned}\right\}\tag{4-9}$$

通过 $x=x+\mathrm{d}x$、$y=y+\mathrm{d}y$、$z=z+\mathrm{d}z$ 三个微元表面导出微元体的热流量也可按傅立叶定律写为：

$$\left.\begin{aligned}\Phi_{x+\mathrm{d}x}&=\Phi_x+\frac{\partial\Phi}{\partial x}\mathrm{d}x=\Phi_x+\frac{\partial}{\partial x}\left(-k\frac{\partial T}{\partial x}\mathrm{d}y\mathrm{d}z\right)\mathrm{d}x\\\Phi_{y+\mathrm{d}y}&=\Phi_y+\frac{\partial\Phi}{\partial y}\mathrm{d}y=\Phi_y+\frac{\partial}{\partial y}\left(-k\frac{\partial T}{\partial y}\mathrm{d}x\mathrm{d}z\right)\mathrm{d}y\\\Phi_{z+\mathrm{d}z}&=\Phi_z+\frac{\partial\Phi}{\partial z}\mathrm{d}z=\Phi_z+\frac{\partial}{\partial z}\left(-k\frac{\partial T}{\partial z}\mathrm{d}x\mathrm{d}y\right)\mathrm{d}z\end{aligned}\right\}\tag{4-10}$$

对于微元体，按照能量守恒定律，在任一时间间隔内有：

导入微元体的总热流量＋微元体内热源的生成热＝导出微元体的总热流量＋微元体内能的增量

其中：

$$微元体内能的增量=\rho c\frac{\partial T}{\partial t}\mathrm{d}x\mathrm{d}y\mathrm{d}z$$

$$微元体内热源的生成热=\Phi\mathrm{d}x\mathrm{d}y\mathrm{d}z$$

式中，ρ、c、Φ 及 t 各为微元体的密度、比热容、单位时间内单位体积中内热源的生成热及时间。

将以上各式整理得：

$$\rho c\frac{\partial T}{\partial t}=\frac{\partial}{\partial x}\left(k\frac{\partial T}{\partial x}\right)+\frac{\partial}{\partial y}\left(k\frac{\partial T}{\partial y}\right)+\frac{\partial}{\partial z}\left(k\frac{\partial T}{\partial z}\right)+\dot{\Phi}\tag{4-11}$$

公式(4-11)就是笛卡儿坐标系中三维非稳态导热微分方程的一般形式。实际应用时往往针对具体情况采用如下简化的形式。

(1) 导热系数为常数：

$$\frac{\partial T}{\partial t}=\alpha\left(\frac{\partial^2 T}{\partial x^2}+\frac{\partial^2 T}{\partial y^2}+\frac{\partial^2 T}{\partial z^2}\right)+\frac{\dot{\Phi}}{\rho c}\tag{4-12}$$

式中，$\alpha=k/(\rho c)$，称为热扩散率。

(2) 物体无内热源，导热系数为常数：

$$\frac{\partial T}{\partial t}=\alpha\left(\frac{\partial^2 T}{\partial x^2}+\frac{\partial^2 T}{\partial y^2}+\frac{\partial^2 T}{\partial z^2}\right)\tag{4-13}$$

公式(4-13)是常物性、无内热源的三维非稳态导热微分方程。

对于非稳态导热微分方程的求解，除了需要像稳态导热问题那样给出边界条件，还需要给出初始时刻温度分布的初始条件。导热微分方程连同初始条件及边界条件一起，才能完整地描述一个特定的非稳态导热过程。初始条件的一般形式是 $T=(x,y,z,0)=f(x,y,z)$，实际上经常用到初始温度均匀的初始条件，即 $T(x,y,z,0)=T_0$。边界条件的表示与稳态导热的边界条件类似，也分为三类边界条件。在火灾过程的非稳态导热计算中，经常用到的是第三类边界条件，即规定了边界上物体与周围液（气）体间的表面传热系数及周围液（气）体的温度。

4.1.4　热薄性材料

假设有一块厚度为 $2L$ 的金属平板（见图 4-3），初始温度为 T_0，突然将它置于温度为 T_c 的液体中进行冷却，表面传热系数为 h，平板的导热系数为 k。由于平板内部导热热阻 δ/k 与表面对流换热热阻 $1/h$ 的相对大小的不同，平板中温度场的变化会出现以下三种情况：

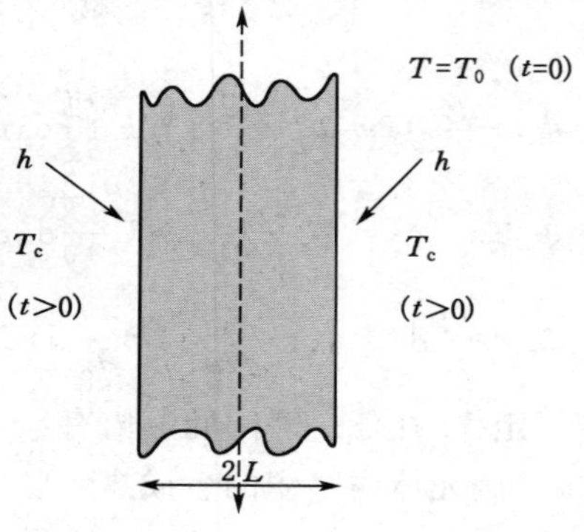

图 4-3　金属平板的冷却

(1) $1/h \ll \delta/k$

这时，表面对流换热热阻 $1/h$ 几乎可以忽略，因而过程一开始平板的表面温度就被冷却到 T_c，随着时间的推移，平板内部各点的温度逐渐而趋近于 T_c。

(2) $\delta/k \ll 1/h$

这时，平板内部导热热阻 δ/k 几乎可以忽略，因而任一时刻平板中各点的温度接近均匀，并随着时间的推移，整体地下降，逐渐趋近于 T_c。

(3) $1/h$ 与 δ/k 的数值比较接近

这时，平板中不同时刻的温度分布介于上述两种极端情况之间。

由此可见，上述两个热阻的相对大小对于物体中非稳态导热的温度场的变化具有重要影响，我们引入表征这两个热阻比值的无量纲数：

$$B_i = \frac{\delta/k}{1/h} = \frac{\delta h}{k} \tag{4-14}$$

B_i 称为毕奥数。出现在毕奥数定义式中的几何尺寸称为特征长度，在这里以平板的半厚度作为特征长度，即取 $\delta = L$。

对于上面这个例子来说，令 $\theta = T - T_c$，则其导热微分方程可化为：

$$\frac{\partial^2 \theta}{\partial x^2} = \frac{1}{\alpha}\frac{\partial \theta}{\partial t}$$

初始条件和边界条件分别为：

$$\left.\begin{aligned} &\theta = \theta_0 = T_0 - T_c && (t=0) \\ &\frac{\partial \theta}{\partial x} = 0 && (x=0) \\ &\frac{\partial \theta}{\partial x} = \frac{h\theta}{k} && (x=\pm L) \end{aligned}\right\}$$

其解为：

$$\frac{\theta}{\theta_0} = 2\sum_{n=1}^{\infty} \frac{\sin \lambda_n l}{\lambda_n l + (\sin \lambda_n l) \cdot \cos(\lambda_n l)} \exp(-\lambda_n^2 \alpha t)\cos(\lambda_n x) \tag{4-15}$$

式中，λ_n 为方程 $\cos \lambda_n = \lambda_n l / B_i$ 的解。在这里我们引入一个无量纲数 $F_0 = \alpha t / L^2$，称为傅立叶数，它表示在给定时间 t 内，温度波近似穿透深度与物体特征尺寸之比。为了方便起见，通常将方程理论解的计算结果表示为曲线图，分别做出不同 x/L 情况下 θ/θ_0 随 F_0 和 B_i 的变化曲线，由此构成一系列的计算图，可在有关的传热学书籍中查到。

对于 B_i 很小的情况，例如导热系数很大而又很薄的金属板来说，与表面对流换热热阻相比，内部的导热热阻小到可以忽略不计，这就意味着固体内部温度近似趋于一致，一般在 $B_i < 0.1$ 时，固体内部温度梯度可以忽略，可以认为整个固体在同一瞬间均处于同一温度下。这时要求解的温度仅是时间 t 的一元函数而与坐标无关，好像该固体原来连续分布的质量与热容量汇总到一点上，而只有一个温度值那样，这种忽略物体内部导热热阻的简化分析方法称为集总参数法。常见的情况是物体的导热系数相当大，或者几何尺寸很小，或表面换热系数极低。对于上面的例子，可以使用集总参数法近似地分析其导热过程。由时间内的能量平衡关系：

$$\dot{q} = Ah(T_\infty - T)\mathrm{d}t = V\rho c\,\mathrm{d}T$$

可得：

$$\frac{T_\infty - T}{T_\infty - T_0} = \exp\left(-\frac{2ht}{\rho c L}\right) \tag{4-16}$$

式中的 $L=2V/A$ 表示平板厚度(平板两面都有对流换热),A 为对流表面积,V 为与其相对应的体积。使用集总参数法可以近似地分析一侧辐射加热和两侧对流冷却的薄燃料层(如纸、纤维等)的着火问题和火灾蔓延过程。

4.1.5 热厚性材料

对于厚板两边对称加热的问题,可以使用上述计算曲线图进行求解。然而在大多数实际的火灾过程中,着火或火灾蔓延的情况是仅有一面被加热、而两面都有热损失。例如在房间着火以后,墙体内侧受房间内部火源和热烟气的加热,而在墙体外侧与空气相接触,墙体在被加热以后,一方面墙体内侧向房间内的冷空气层进行辐射传热,另一方面墙体外侧也向周围空气辐射热量。均匀热流量的半无限大固体导热可以被认为是这种情形的极限情况。所谓的半无限大物体,其特点是从 $x=0$ 的界面开始可以向 x 坐标的下方向及其他两个坐标(y,z)方向无限延伸,假如有一块几何上为有限厚度的平板,起初具有均匀的温度,然后其一侧的表面突然受到热扰动,或者壁面温度突然升高到一定值并保持不变,或者突然受到恒定的热流加热,或者受到温度恒定的液体的加热或冷却,当扰动的影响还局限在表面附近而尚未深入到平板内部中时,就可有条件地把该平板视为半无限大固体考虑。在背面热损失不是很大的早期加热阶段,"厚板"的导热过程可以近似地用这种方法进行分析。

假设一个半无限大固体,其初始温度为 T_0,固体表面温度突然升高,且保持温度 T_∞,令 $\theta=T-T_0$,固体为常物性,此问题的初始条件和边界条件分别为:

$$\left.\begin{aligned} &\theta(x,0)=0 \\ &\theta(0,t)=\theta_\infty \quad t>0 \end{aligned}\right\}$$

其解为:

$$\frac{\theta}{\theta_\infty} = 1-\mathrm{erf}\left(\frac{x}{2\sqrt{\alpha t}}\right) \tag{4-17}$$

式(4-17)中的定义式 $\mathrm{erf}(\xi) = \frac{2}{\sqrt{\pi}}\int_0^\xi \mathrm{e}^{-\eta^2}\mathrm{d}\eta$,称为高斯误差函数,其值可从有关表中查得。

方程(4-17)表示厚度为 L 的板在一侧($x=0$)被加热,直至其背面($x=L$)温度大大高于初始温度 T_0 的情况下,整个固体的温度分布情况。若假设$\frac{\theta_L}{\theta_\infty}=0.5\%$,即 $1-\mathrm{erf}\,\frac{L}{2\sqrt{\alpha t}}=5\times 10^{-3}$,则得到$\frac{L}{2\sqrt{\alpha t}}=2$,从此可以看出将厚度为 L 的墙或"板"作为半无限大固体考虑,而所产生误差很小的前提是 $L>4\sqrt{\alpha t}$。而在许多与瞬态加热有关的火灾工程问题中,一般都在 $L>2\sqrt{\alpha t}$ 的条件下采用半无限大固体导热的假设,对应于$\frac{\theta_L}{\theta_\infty}\approx 15.7\%$。因此$\sqrt{\alpha t}$值在某些情况下可用于估算被加热层的厚度(即温度波的穿透深度)。

上面的问题可以进一步引申成为包括对流换热的问题,因为在很多实际火灾中的非稳态导热,其固体表面具有对流边界条件,即温度为 T_∞ 的热气流(如着火房间的高温烟气)将热量传向初始温度为 T_0 的半无限大固体表面,这种情况的边界条件为

$$\left.\begin{array}{ll} t=0\text{ 时}, & \theta=0 \\ x=0\text{ 时}, & \dfrac{\partial\theta}{\partial x}=-\dfrac{h}{k}(\theta_\infty-\theta) \end{array}\right\}$$

其解为：

$$\frac{\theta}{\theta_\infty}=\frac{T-T_0}{T_\infty-T_0}=\operatorname{erfc}\left(\frac{x}{2\sqrt{\alpha t}}\right)-\exp\left(\frac{xh}{k}+\frac{h^2\alpha t}{k^2}\right)\cdot\operatorname{erfc}\left[\frac{x}{2\sqrt{\alpha t}}+\frac{h\sqrt{\alpha t}}{k}\right] \tag{4-18}$$

式中的 $\operatorname{erfc}(\xi)=1-\operatorname{erf}(\xi)$。在外加热流作用下，固体表面温度 T_s 随时间的变化可在上式中令 $x=0$ 求得：

$$\frac{\theta_s}{\theta_\infty}=1-\exp\left(\frac{h^2\alpha t}{k^2}\right)\cdot\operatorname{erfc}\left(\frac{h\sqrt{\alpha t}}{k}\right) \tag{4-19}$$

根据以上分析，在求解火灾中的非稳态导热问题时，首先区分所研究物体的“热薄性”和“热厚性”有助于对问题的简化。

4.2　对流换热

实际上，能量传递仅有两种基本物理方式，传导和辐射。在传导中，能量缓慢地通过媒介从高温点向低温点传递，然而在辐射中，能量以光速通过电磁波(或声子)传递，且无须传递媒介。因此从概念角度来说，对流不是热传递的基本方式，相反，它在传导(和/或辐射)和传递媒介运动的联合作用下发生。

尽管如此，对流在火灾中还是起比较重要的作用。它把在火灾中释放的巨大化学能通过热气体的运动输送到周围环境。这种运动可能是由于火灾本身(热气体上升，冷气体补充)属性导致的，或是由于外源导致的，如盛行的风或建筑物中的防排烟系统。基于这种区别，对流热传递通常可细分为自然(自由)对流和强迫对流。显然，自然和强迫对流可能同时发生，形成对流传热的混合方式。根据流动是发生在内部(如在管中)还是在物体外部，可做进一步的细分。火灾动力学中涉及的对流传热问题中，物体周围的自然对流显然远比管道内的强迫对流重要得多。因此，这里更应关注自然对流传热。

1701 年，牛顿提出了对流换热的基本计算公式，称为牛顿冷却公式，

$$\dot{q}''=h\Delta T \tag{4-20}$$

式中，h 为对流换热系数[$\mathrm{W/(m^2\cdot K)}$]。对流换热系数与导热系数不同，它不是基本的物性参数，而是依赖于流体的性质(导热系数、密度、黏度等)、流动的参数(速度和流动状态)以及固体的几何性质，同时也是 ΔT 的函数。各种情况下，对流换热系数的计算是传热学和流体力学研究的重点问题。对于自然对流，典型的 h 介于 5～25 $\mathrm{W/(m^2\cdot K)}$之间；而对于强迫对流，则为 10～500 $\mathrm{W/(m^2\cdot K)}$。

考虑速度为 u_∞ 的不可压缩流体流过一个与其平行的平板的情况，如图 4-4 所示。换热过程发生于靠近固壁表面的边界层内，其结构决定了对流换热系数 h 的大小。

在壁面上流体的流速为 $U(0)=0$，垂直方向上速度分布设为 $U=U(y)$，离壁面无穷远处的流速为 $U(\infty)=u_\infty$。

流动边界层的厚度定义为从壁面到 $u=0.99u_\infty$ 点的距离，对于较小的 x 值，即靠近壁面边缘处，边界层内的流动为层流。随着 x 的增大，经过一个过渡区域后，流动将充分发展为

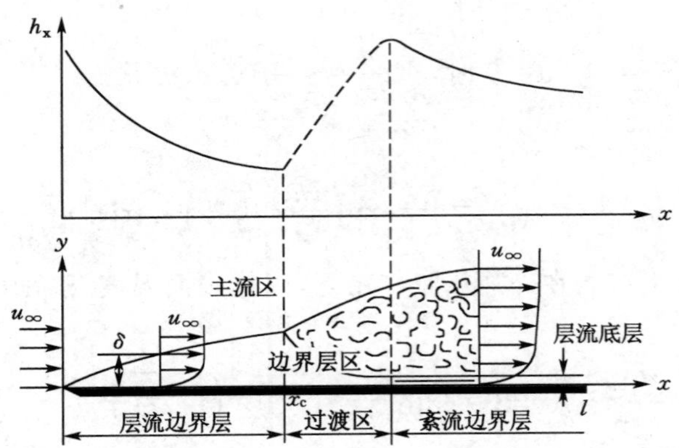

图 4-4　流动边界层的形成与发展及局部表面传热系数变化示意图

湍流。但靠近壁面处，却始终存在着一个层流底层。其流动性质决定于当地雷诺数：

$$Re = xu_\infty \rho/\mu \begin{cases} <2\times10^5 & \text{层流流动} \\ 2\times10^5 \sim 3\times10^6 & \text{过渡区} \\ >3\times10^6 & \text{紊流流动} \end{cases}$$

在分析此类问题时，通常取临界雷诺数为 5×10^5。而流动边界层的厚度为：

$$\delta_h \approx l\left(\frac{8}{Re_l}\right)^{1/2} \tag{4-21}$$

如果流体和平板之间存在温度差，就会形成“热边界层”，如图 4-5 所示。

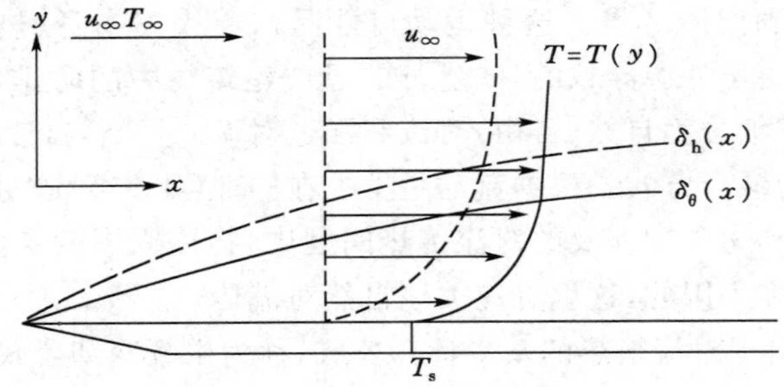

图 4-5　平板上的非绝热流动边界层系统

流体和壁面之间的换热速率依赖于 $y=0$ 处的流体的温度梯度，应用傅立叶定律，有：

$$\dot{q} = -k\frac{\partial T}{\partial y}\bigg|_{y=0} \tag{4-22}$$

其中 k 为流体的导热系数。上式可进一步表达为：

$$\dot{q} = \frac{k}{\delta_T}(T_\infty - T_s) \tag{4-23}$$

其中 δ_T 为热边界层厚度，T_∞、T_s 分别为来流温度和壁面温度。

热边界层和流动边界层的厚度之比依赖于普朗特数 $Pr=\frac{\nu}{\alpha}$（$\nu=\mu/\rho$，ν 为流体的运动黏度系数，μ 为流体的动力黏度系数），即流体的黏性耗散与热扩散耗散之比，它们分别决定着流动边界层和热边界层的结构。分析结果表明，对于层流边界层，如果热边界层和流动边界层都从平板前沿开始同时形成和发展，流动边界层厚度 δ_h 和热边界层厚度 δ_T 可近似表示为：

$$\frac{\delta_T}{\delta_h}\approx Pr^{-1/3} \tag{4-24}$$

即当 $Pr\geqslant 1$ 时，$\delta_h\geqslant\delta_T$；当 $Pr\leqslant 1$ 时，$\delta_h\leqslant\delta_T$。对于液态金属，$Pr<0.05$，热边界层的厚度要远大于流动边界层的厚度。对于液态金属除外的一般流体，$Pr=0.6\sim4\ 000$。气体的 Pr 较小，在 0.6～0.8 范围内，所以气体的流动边界层比热边界层略薄；对于高 Pr 的油类（$Pr=10^2\sim10^3$），流动边界层的厚度要远大于热边界层的厚度。

由方程(4-20)、(4-21)、(4-23)和(4-24)可得

$$h\approx k\Big/\left[l\left(\frac{8}{Re_l}\right)^{\frac{1}{2}}\cdot Pr^{-\frac{1}{3}}\right] \tag{4-25}$$

从上式中可以发现，对流换热系数的近似表达式中包含 k/l 因子，l 为平板的特征尺寸。引入努塞尔数，由上式可得：

$$Nu=\frac{hl}{k}=0.35Re^{\frac{1}{2}}\cdot Pr^{\frac{1}{3}} \tag{4-26}$$

努塞尔数和毕奥数有相同的形式，但其中 k 的物理意义不同。此处的 k 为流体的导热系数。这样把对流换热系数表示成一个无量纲的参数，可以通过小尺寸实验的结果来分析大尺寸的情况。在许多燃烧问题中，Pr 的值变化不大，可假设为 1，则进一步分析可知，$H\propto U^{\frac{1}{2}}$，这一结论常被用于分析火灾探测器的热响应问题。更多的努塞尔数表达式可参阅有关传热学的书籍。

在自然对流情况下，流动是由内部温差产生的浮力所驱动的，其流动边界层和热边界层是不可分的，如图 4-6 所示。

由分析和推导(参考有关传热学书籍)，可以得到一个无量纲数：格拉晓夫数 Gr，它表示流体的浮力与黏性力之比，即：

$$Gr=\frac{gl^3(\rho_\infty-\rho)}{\rho v^2}=\frac{gl^3\Delta T}{v^2} \tag{4-27}$$

式中 g 为重力加速度。格拉晓夫数很大则表示自然对流的惯性力远远大于黏性力，流体发生强烈的上升运动。若格拉晓夫数很小，则自然对流的趋势被黏性力抵消，可以不考虑自然对流对流体运动的影响。

对流系数可表示为 Pr 和 Gr 的函数，拉格利数 Ra 为 Pr 和 Gr 的乘积，对于竖板上流体的流动性质为：

$$Ra=Gr\cdot Pr=\begin{cases}10^4<Ra<10^9 & \text{层流流动}\\ >10^9 & \text{紊流流动}\end{cases}$$

在层流条件下，$Nu=\dfrac{hl}{k}=0.59(Gr\cdot Pr)^{\frac{1}{4}}$，而在紊流条件下，$Nu=0.13(Gr\cdot Pr)^{\frac{1}{3}}$。其他情况下的表达式可参考有关传热学书籍。

根据以下步骤，可以方便地选用适合于不同情况的对流换热系数表达式。

(1) 弄清几何条件，看问题中是否包含平板、球体或圆柱等，因为对流换热系数的表达式与几何性质有关；

(2) 选定参考温度，根据它计算流动过程中流体的物性参数，如果壁面和来流条件有明

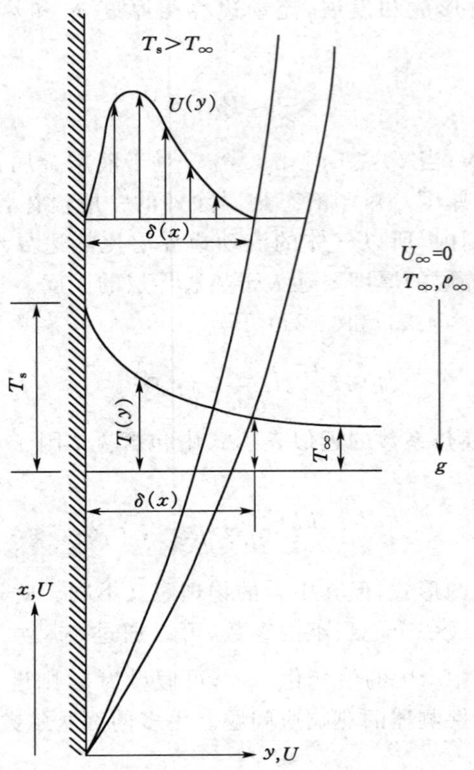

图 4-6　竖直平板上的自然对流示意图

显的变化，可采用膜温度来确定物性参数 $T_f=(T_s+T_\infty)/2$；

(3) 通过计算 Re 或 Ra，并与临界值比较，确定流动状态是层流或是湍流；

(4) 弄清需要计算的是某点的对流换热系数还是整个表面的平均对流换热系数，根据 $Nu=\frac{hl}{k}$ 努塞尔数求对流换热系数，局部努塞尔数用于确定表面上某点的热流，而平均努塞尔数用于确定整个表面的换热速率。

【例 4-1】 组装长条状的加热板，做成一个 1 m 宽的平板辐射加热器，用于在风洞内的火灾传播实验。加热片宽 5 cm，并独立受控以保持表面温度为 500 ℃，如图 4-7 所示。如果空气的温度为 25 ℃，以 60 m/s 的流速流经金属板，哪条加热片输入功率最大及其值是多少？辐射的热损失忽略不计。

解：假设为定常条件，忽略辐射损失，底部没有热损失。

物性参数：

$T_f=(T_s+T_\infty)/2=535.65$ K；$p=1$ atm(1 atm=101 325 Pa)。查空气性质表得：$k=42.9\times10^{-3}$ W/(m·K)；$\nu=43.5\times10^{-6}$ m²/s；$Pr=0.683$。

分析：

需要最大功率的加热片就是平均对流系数最大的加热片。第二可能的位置在流动变成湍流处。为决定向湍流过渡的边界层转换点，假定 Re 数的临界值是 5×10^5，那么转变将发

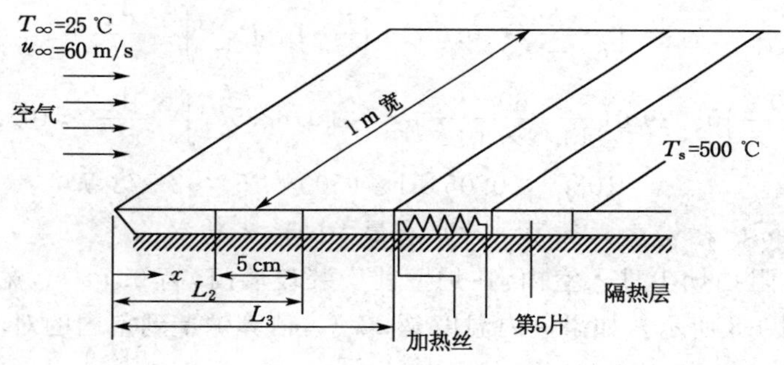

图 4-7　例 4-1 示意图

生在此处 $x_c=\dfrac{\nu Re_{\text{crit}}}{u_\infty}=\dfrac{43.5\times10^{-6}\times5\times10^5}{60}\approx0.36$ m，即在第八条加热片上，因此有三种可能性：

(1) 加热片 1，因为它对应着最大的局部层流对流系数；

(2) 加热片 8，因为它对应着层流转变为湍流的局部对流系数；

(3) 加热片 9，因为湍流条件在整个加热器上存在。

对第一个加热片：$q_{\text{conv},1}=\overline{h}_1L_1W(T_s-T_\infty)$，这里的 $\overline{h}_1$ 由下面的式子决定(请参看有关传热学的书籍)：

$$\overline{Nu}_1=0.664Re_1^{1/2}Pr^{1/3}=0.664\left(\frac{60\times0.05}{43.5\times10^{-6}}\right)^{1/2}(0.683)^{1/3}\approx153.6$$

因此，

$$\overline{h}_1=\frac{\overline{Nu}_1k}{L_1}=\frac{153.6\times42.9\times10^{-3}}{0.05}\approx131.8\ \text{W/(m}^2\cdot\text{K)}$$

$$q_{\text{conv},1}=131.8\times0.05\times1\times(500-25)\approx3\ 130\ \text{W}$$

对第 8 个加热片，输入功率可由从前 8 片的热损失减去前 7 片的热损失得到，

$$q_{\text{conv},8}=\overline{h}_{1-8}L_8W(T_s-T_\infty)-\overline{h}_{1-7}L_7W(T_s-T_\infty)$$

$$\overline{Nu}_{1-7}=0.664Re_7^{1/2}Pr^{1/3}=0.664\left(\frac{60\times7\times0.05}{43.5\times10^{-6}}\right)^{1/2}(0.683)^{1/3}\approx406.3$$

$$\overline{h}_{1-7}=\frac{\overline{Nu}_{1-7}k}{L_7}=\frac{406.3\times42.9\times10^{-3}}{7\times0.05}\approx49.8\ \text{W/(m}^2\cdot\text{K)}$$

第 8 片的特征是混合边界层条件，

$$\overline{Nu}_{1-8}=(0.037Re_8^{4/5}-871)Pr^{1/3}$$

$$Re_8=8\times Re_1\approx55.2\times10^5$$

$$\overline{Nu}_{1-8}=510.5$$

$$\overline{h}_{1-8}=\frac{\overline{Nu}_{1-8}k}{L_8}\approx54.7\ \text{W/(m}^2\cdot\text{K)}$$

则第 8 片的加热功率为

$$q_{\text{conv},8}=(54.7\times8\times0.05-49.8\times7\times0.05)(500-25)\approx2\ 113.8\ \text{W}$$

对第 9 个加热片：需要的功率可由从与前 9 片的热损失扣除前 8 片的热损失得到，或通过局部湍流积分得到，因为在整个加热片宽度上完全是湍流流动。由后一种方法得出，

$$\overline{h}_9 = \left(\frac{k}{L_9 - L_8}\right)0.0296\left(\frac{u_\infty}{v}\right)^{4/5} Pr^{1/3}\int_{L_8}^{L_9}\frac{\mathrm{d}x}{x^{1/5}}$$

$$\overline{h}_9 = \left(\frac{42.9\times10^{-3}}{0.05}\right)0.0296\left(\frac{60}{43.5\times10^{-6}}\right)^{4/5}\times(0.683)^{1/3}\int_{L_8}^{L_9}\frac{\mathrm{d}x}{x^{1/5}}\approx108.3\ \mathrm{W/(m^2\cdot K)}$$

$$q_{\mathrm{conv},9}=108.3\times0.05\times1\times(500-25)\approx2\,572\ \mathrm{W}$$

因此，$q_{\mathrm{conv},1} > q_{\mathrm{conv},9} > q_{\mathrm{conv},8}$，故第 1 片具有最大的输入功率。

【例 4-2】 为阻挡烟尘进入室内，在炉壁前安装玻璃门，高 0.71 m，宽 1.02 m，保持温度为 232 ℃，如图 4-8 所示。如果室内温度是 23 ℃，估算炉壁到室内的对流传热速率。

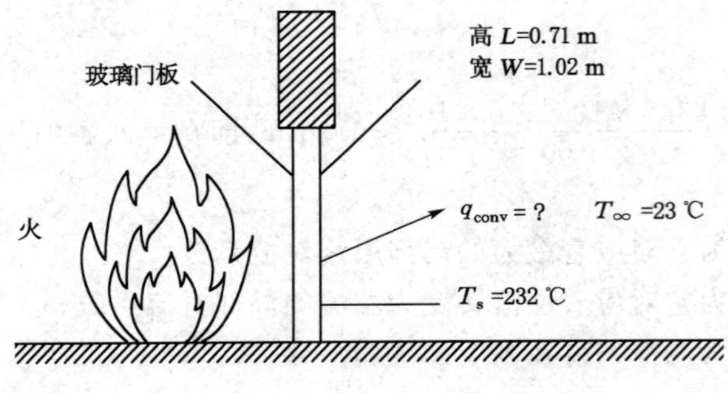

图 4-8　例 4-2 示意图

解：假设隔板温度均匀，室内空气是静止的。

物性参数：

$T_f=(T_s+T_\infty)/2=400.65$ K；$p=1$ atm。查空气性质表得 $k=33.8\times10^{-3}$ W/(m·K)；$\nu=26.41\times10^{-6}\ \mathrm{m^2/s}$；$\alpha=38.3\times10^{-6}\ \mathrm{m^2/s}$；$\beta=1/T_f\approx0.0025\ \mathrm{K^{-1}}$。

分析：

自然对流的换热速率为：

$$\dot{q}=\overline{h}A_s(T_s-T_\infty)$$

$$Ra_L=Gr_L\cdot Pr=\frac{g\beta(T_s-T_\infty)L^3}{\alpha\nu}=\frac{9.8\times0.0025\times(232-23)\times(0.71)^3}{38.3\times10^{-6}\times26.41\times10^{-6}}$$

$$\approx1.813\times10^9>10^9$$

自然对流流动已经转变为湍流，此时的平均努塞尔数表达式为(请参看有关传热学的书籍)：

$$\overline{Nu}_L=\left\{0.825+\frac{0.387Re_L^{1/6}}{[1+(0.492/Pr)^{9/16}]^{8/27}}\right\}^2=\left\{0.825+\frac{0.387(1.813\times10^9)^{1/6}}{[1+(0.492/0.69)^{9/16}]^{8/27}}\right\}^2$$

$$\approx147$$

因此，

$$\overline{h}=\frac{\overline{Nu}_L\times k}{L}=\frac{147\times33.8\times10^{-3}}{0.71}\approx7\ \mathrm{W/(m^2\cdot K)}$$

对流的换热速率为：

$$\dot{q}=7\times(1.02\times0.71)\times(232-23)\approx1\,060\ \mathrm{W}$$

值得指出的是，在此情况下，辐射换热要大于自然对流换热。

4.3　火灾中的辐射换热

火灾中的热辐射已经引起了研究者更多的关注，关于这方面最近也做了大量的研究工作。人类的安全问题使得对火灾危害的评价成为消防工程师最关注的焦点之一。过去许多火灾实验研究都是在实验室内进行的，很少试图去模仿真实的火灾情况。然而，这些实验并没有深入地考虑热辐射作用，因为相对于其他方式的热交换来说，减小火灾的规模就是降低辐射的比例。现在，普遍认为热辐射是火焰高度超过 0.2 m 时热交换的最主要的方式。而对于小一点的火焰，对流换热更显著一些。

火灾中的热辐射既包括物体表面的能量交换，如墙壁、天花板、地板、家具等，也包括许多不同气体以及烟粒子的发射或吸收。在这些气体中对消防工程具有实用价值的是水蒸气和二氧化碳。它们在最主要的热辐射范围 1～100 μm 内有很强的吸热性和放热性。另外，在很多情况下，烟粒子辐射作用比气体辐射更显著。由于各种材料的辐射性质依赖于其几何形态及波长，所以准确计算火灾中的辐射交换是相当困难的，甚至在理想情况下也是如此。

4.3.1　辐射能与辐射强度

一个物体在单位时间内、单位面积上辐射出的能量称为辐射能。根据 Stefan-Boltzman 定律，物体的辐射能与其温度的 4 次方成正比，即

$$E=\varepsilon\sigma T^4 \tag{4-28}$$

其中，σ 为 Stefan-Boltzman 常数，数值一般为 5.667×10^{-8} W/(m^2 · K)。ε 为辐射率，其定义为一个物体的辐射能与同样温度下黑体的辐射能 E_b 之比，是表征热辐射物体表面性质的常数。对于黑体，$\varepsilon=1$。

实际上，材料的辐射率随着辐射温度和波长发生变化。我们把满足单色辐射率与波长无关的物体成为灰体。单色辐射率指的是物体的单色辐射能与同样波长、同样温度下黑体的单色辐射能之比。即

$$\varepsilon_\lambda=\frac{E_\lambda}{E_{b\lambda}} \tag{4-29}$$

物体的总辐射率同其单色辐射率之间的关系为：

$$\varepsilon=\frac{\int_0^\infty \varepsilon_\lambda E_{b\lambda}\,\mathrm{d}\lambda}{\sigma T^4} \tag{4-30}$$

式中，$E_{b\lambda}$是黑体单位波长的辐射能。对于灰体有，$\varepsilon=\varepsilon_\lambda$。辐射率随波长、温度和物体的表面状况发生变化，表 4-2 给出了一些材料表面的总辐射率。

为了能够计算物体在任意方向上的辐射能，在这里引入法向辐射强度(I_n)的概念，即在法向方向上，单位时间、单位表面积、单位立体角上辐射的能量。利用 Lambert 余弦定律可求得任意 θ 方向上的辐射强度：

$$I_\theta=I_n\cos\theta \tag{4-31}$$

表 4-2　　一些材料表面的总辐射率

材料表面	温度/℃	辐射率
钢(抛光表面)	100	0.066
低碳钢		0.2～0.3
具有粗糙氧化层的黑钢板	24	0.8～0.9
石棉板	24	0.96
耐火砖	1 000	0.75
水泥板	1 000	0.63

上式仅适用于漫反射表面，即入射光被反射后沿各个方向均匀分布。如图 4-9 所示，有

$$dE = I_n \cos\theta d\omega \tag{4-32}$$

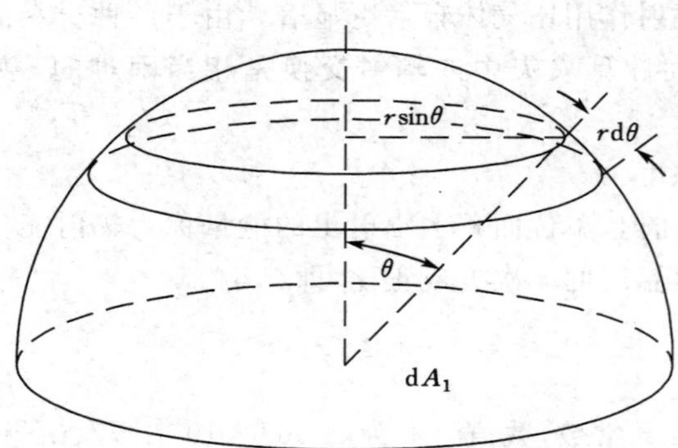

图 4-9　I_n 与 E 之间关系示意图

4.3.2　角系数

为了计算离开辐射体一段距离以外某点所接受到的辐射热流，必须要引入“角系数”的概念。考虑 1 和 2 两个表面，表面 1 是辐射能为 E 的辐射体，如图 4-10 所示，表面 2 上一个小微元 dA_2 接收到的辐射能可通过计算离开表面 1 上一个小微元 dA_1 而到达 dA_2 上的能量求得，即：

$$d\dot{q} = I_n dA_1 \cos\theta_1 \cdot \frac{dA_2 \cos\theta_2}{r_2} \tag{4-33}$$

于是，dA_2 上的辐射热流为：

$$d\dot{q}'' = \frac{d\dot{q}}{dA_2} = I_n \cos\theta_1 \cos\theta_2 \frac{dA_1}{r^2} \tag{4-34}$$

在 A_1 上对上式积分，并代入 $\frac{E}{\pi} = I_n$ 得到：

$$\dot{q}'' = E\int_0^{A_1} \frac{\cos\theta_1 \cos\theta_2}{\pi r^2} dA_1 = \varphi E \tag{4-35}$$

其中

$$\varphi = \int_0^{A_1} \frac{\cos\theta_1 \cos\theta_2}{\pi r^2} dA_1 \tag{4-36}$$

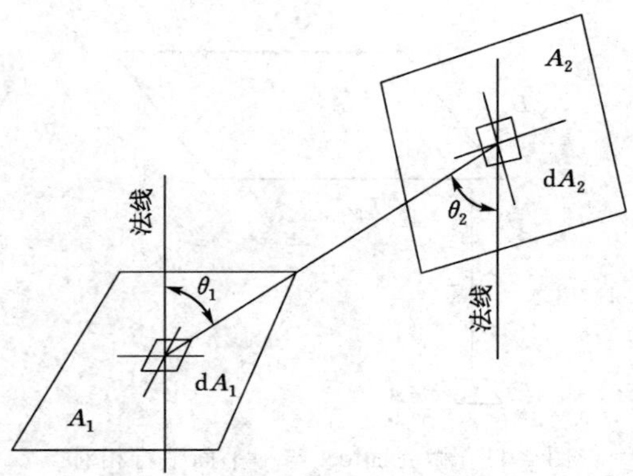

图 4-10　推导辐射角系数的微元面积示意图

式(4-36)中的 φ 就称为角系数。表 4-3 列出了图 4-11 所示的微元面 dA 与一平面平行相对情况下的角系数。

表 4-3　　微元面 dA 与一平面平行相对情况下的角系数

α	S=1	S=0.9	S=0.8	S=0.7	S=0.6	S=0.5	S=0.4	S=0.3	S=0.2	S=0.1
2.0	0.178	0.178	0.177	0.175	0.172	0.167	0.161	0.149	0.132	0.102
1.0	0.139	0.138	0.137	0.136	0.133	0.129	0.123	0.113	0.099	0.075
0.9	0.132	0.132	0.131	0.130	0.127	0.123	0.117	0.108	0.094	0.071
0.8	0.125	0.125	0.124	0.122	0.120	0.116	0.111	0.102	0.089	0.067
0.7	0.117	0.116	0.116	0.115	0.112	0.109	0.104	0.096	0.083	0.063
0.6	0.107	0.107	0.106	0.105	0.103	0.100	0.096	0.088	0.077	0.058
0.5	0.097	0.096	0.096	0.095	0.093	0.090	0.086	0.080	0.070	0.053
0.4	0.084	0.083	0.083	0.082	0.081	0.079	0.075	0.070	0.062	0.048
0.3	0.069	0.068	0.068	0.068	0.067	0.065	0.063	0.059	0.052	0.040
0.2	0.051	0.051	0.050	0.050	0.049	0.048	0.047	0.045	0.040	0.032
0.1	0.028	0.028	0.028	0.028	0.028	0.028	0.027	0.026	0.024	0.021
0.09	0.026	0.026	0.026	0.026	0.025	0.025	0.025	0.024	0.022	0.019
0.08	0.023	0.023	0.023	0.023	0.023	0.023	0.022	0.022	0.020	0.017
0.07	0.021	0.021	0.021	0.021	0.021	0.020	0.020	0.019	0.018	0.016
0.06	0.018	0.018	0.018	0.018	0.018	0.017	0.017	0.017	0.016	0.014
0.05	0.015	0.015	0.015	0.015	0.015	0.015	0.015	0.014	0.014	0.013
0.04	0.012	0.012	0.012	0.012	0.012	0.012	0.012	0.012	0.011	0.010
0.03	0.009	0.009	0.009	0.009	0.009	0.009	0.009	0.009	0.009	0.008
0.02	0.006	0.006	0.006	0.006	0.006	0.006	0.006	0.006	0.006	0.006
0.01	0.003	0.003	0.003	0.003	0.003	0.003	0.003	0.003	0.003	0.003

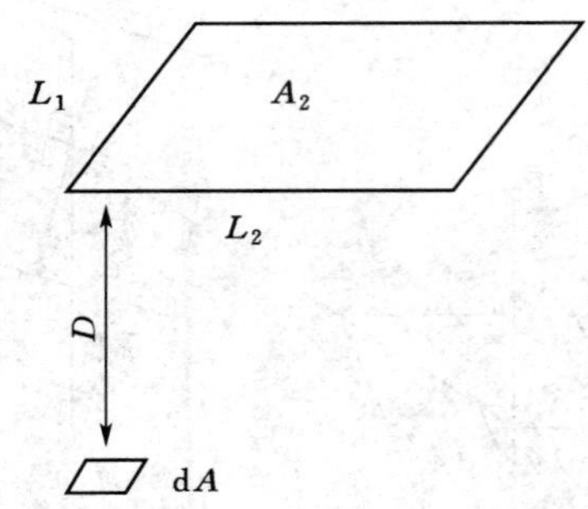

图 4-11　微元面 dA 与一平面平行相对

其中，$\alpha=\dfrac{L_1\times L_2}{D^2}$，$S=\dfrac{L_1}{L_2}$。

【例 4-3】 考虑一面长 5 m、高 3 m、对称安置两个 1 m×1 m 窗户的墙壁，如图 4-12 所示，若该建筑失火，计算墙的法向对称轴上相距 5 m 处所接收到的辐射热流。

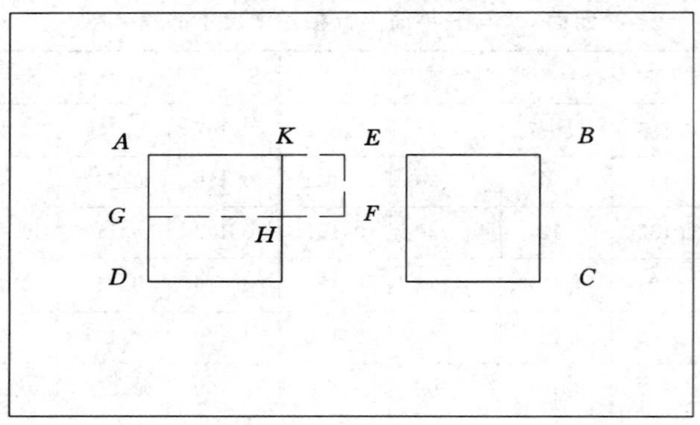

图 4-12　例 4-3 示意图

解：从表 4-3 中可查得：

$$\varphi_{AEFG}=0.009,\varphi_{KEFH}=0.003$$

于是

$$\varphi_{AKHG}=\varphi_{AEFG}-\varphi_{KEFH}=0.006$$

因此，两扇窗的总辐射角系数为

$$\varphi=4\times\varphi_{AKHG}=4\times0.006=0.024$$

假设每扇窗户的辐射能为 17 W/cm^2，则墙壁法相中心轴上相距 5 m 处所接收到的热流为

$$\dot{q}''=\varphi E=0.024\times17\approx0.41\ \text{W/cm}^2$$

还有一种更为简便的方法可用于上述问题的求解，因为只考虑方形 $ABCD$ 中有 66.7% 的表面（即两扇窗）辐射出能量，于是 $ABCD$ 表面的平均辐射能为

$$E'=0.667\times17\approx11.34\ \text{W/cm}^2$$

根据角系数间的关系有

$$\varphi_{ABCD}=4\varphi_{AEFG}=4\times0.009=0.036$$

于是所求辐射热流为：

$$\dot{q}''=\varphi_{ABCD}E'=0.036\times11.34\approx0.41\ \mathrm{W/cm^2}=4.1\ \mathrm{kW/m^2}$$

必须强调指出：由方程(4-36)定义的角系数只能用于计算与辐射体相距距离为 r 的某点上所接收的辐射热流，它是所谓的“有限表面对无限小表面”的角系数，多用于分析一些与着火过程有关的问题和估算火灾中人所受到的热辐射。然而，对于大多数情况，需要计算两个表面之间的辐射换热，于是方程(4-33)必须分别对 A_1、A_2 进行积分，由此得到表面 1 对表面 2 的辐射传热速率：

$$\dot{Q}_{1-2}=F_{1-2}A_1E_1=F_{1-2}A_1\varepsilon_1\sigma T_1^4 \tag{4-37}$$

$$F_{1-2}=\frac{1}{A_1}\int_0^{A_2}\varphi\mathrm{d}A_2=\frac{1}{A_1}\int_0^{A_2}\int_0^{A_1}\frac{\cos\theta_1\cos\theta_2}{\pi r^2}\mathrm{d}A_1\mathrm{d}A_2 \tag{4-38}$$

F_{1-2} 称为积分角系数或角系数，它是所谓的“有限表面对有限表面”的角系数，其定义为离开表面 1 的总能量中到达表面 2 的那部分能量所占份额。同样，表面 2 向表面 1 的辐射传热速率为：

$$\dot{Q}_{2-1}=F_{2-1}A_2E_2=F_{2-1}A_2\varepsilon_2\sigma T_2^4 \tag{4-39}$$

式中

$$F_{2-1}=\frac{1}{A_2}\int_0^{A_1}\int_0^{A_2}\frac{\cos\theta_1\cos\theta_2}{\pi r^2}\mathrm{d}A_2\mathrm{d}A_1 \tag{4-40}$$

对比方程(4-38)和(4-40)可得：

$$F_{1-2}A_1=F_{2-1}A_2 \tag{4-41}$$

于是表面 1 和表面 2 之间的净换热速率为：

$$\dot{Q}_{\mathrm{net}}=\dot{Q}_{1-2}-\dot{Q}_{2-1}=F_{1-2}A_1(E_1-E_2)=F_{2-1}A_2(E_1-E_2) \tag{4-42}$$

$F_{1-2}A_1$ 和 $F_{2-1}A_2$ 称为“换热面积”。

与“有限表面对无限小表面”的角系数一样，积分角系数之间也存在如下关系(见图4-13)：

$$F_{3-1,2}=F_{3-1}+F_{3-2} \tag{4-43}$$

即总角系数是各部分角系数之和。还有：

$$A_{1,2}F_{1,2-3}=A_1F_{1-3}+A_2F_{2-3} \tag{4-44}$$

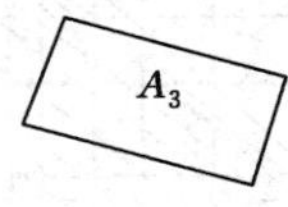

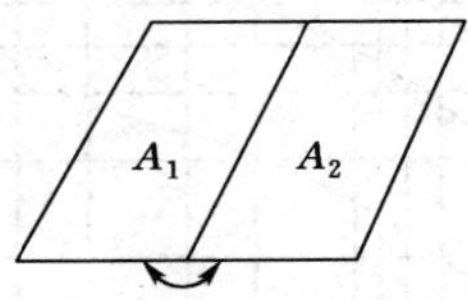

图 4-13　角系数之间关系的示意图

此外，对于封闭体系，有：

$$\sum_j F_{i-j}=1.0 \tag{4-45}$$

辐射换热是一个“双向”过程，在“辐射体”辐射的同时，“接收体”也向外辐射，并且“辐射体”同时也接收周围环境物体的辐射，包括由于“接收体”温度升高向外辐射增加对其的影响。

【例 4-4】 考虑 1 m 见方的钢板，垂直放置于 $T_0=25$ ℃的环境中，钢板内部有 50 kW 功率的电热丝加热，试计算其最终温度 T_P。如果有第二块无内部加热的 1 m 见方的钢板被置于距第一块钢板 0.15 m 处，且与之平行相对，试计算这两块钢板的最终温度 T_1、T_2。假设两块板的对流换热系数相同，且为 $h=12\ \mathrm{W/(m^2\cdot K)}$，辐射率也同为 $\varepsilon=0.85$。

解：只有一块板时，其最终温度 T_P 可由稳态热平衡关系计算，即：

$$50\times10^3=2\varepsilon\sigma(T_p^4-T_0^4)+2h(T_p-T_0)$$

这里假设板足够薄以至其边缘散热可以忽略。系数 2 表示板两面均有散热。代入有关数据得到：$9.64\times10^{-8}T_p^4+24T_p=57\ 912$，用 Newton-Raphson 方法解得 $T_P\approx796$ K。

如果加入第二块板，则对两块板分别有以下稳态热平衡方程，即

对第一块板：

$$50\times10^3+(A_2F_{2-1}\varepsilon\sigma T_2^4)\alpha+[(A_1-A_2F_{2-1})\varepsilon_0\sigma T_0^4]\alpha=2A_1h(T_1-T_0)+2A_1\varepsilon\sigma T_1^4$$

对于第二块板：

$$(A_1F_{1-2}\varepsilon\sigma T_1^4)\alpha+[(A_2-A_1F_{1-2})\varepsilon_0\sigma T_0^4]\alpha=2A_2h(T_2-T_0)+2A_2\varepsilon\sigma T_2^4$$

以上两式中 α 为钢板的吸收率，且 $\alpha=\varepsilon$。此外还出现了环境温度下的气体辐射（ε_0 为环境气体辐射率），这一项很小，可以略去。从图 4-14 中查得 $F_{1-2}=F_{2-1}\approx0.75$，并代入有关数据，得到：

$$\begin{cases}9.64\times10^{-8}T_1^4+24T_1-3.07\times10^{-8}T_2^4=57\ 152\\3.07\times10^{-8}T_1^4-24T_2-9.64\times10^{-8}T_2^4=-7\ 152\end{cases}$$

分别解得 $T_1=804$ K，$T_2=526$ K。

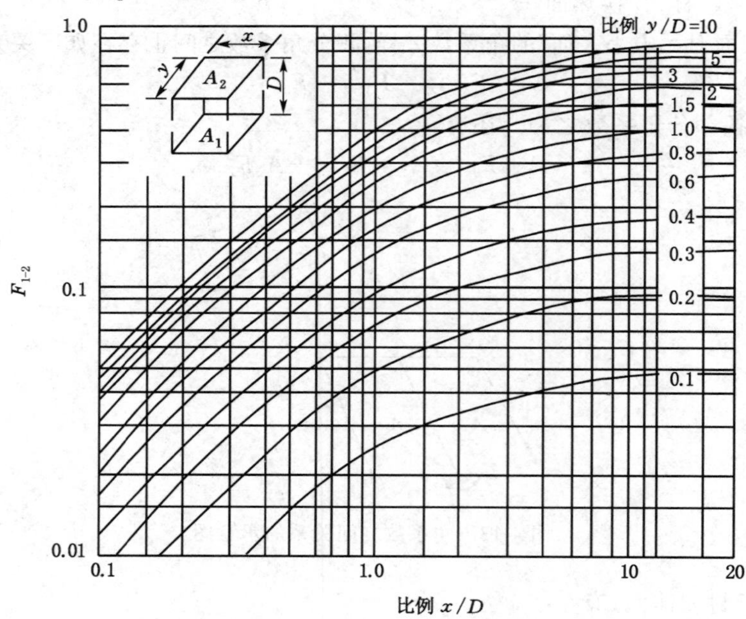

图 4-14 平行矩形间的辐射角系数

从以上可以清楚地看到空间受限与非受限情况之间存在着明显的差异。对于有燃烧发生的情况，这种影响甚至会造成更大的温度差异。因此受限空间中的起火和火蔓延过程中，特别是在诸如管道、顶棚空隙、家具空隙等受限空间中，这种影响尤为重要。

4.3.3 燃烧产物的热辐射特性

4.3.3.1 气体和非发光火焰的辐射特性

CO_2 和水蒸气是火灾中常见的气体，利用 Hottel 和 Egbert 经验法可求得包含 CO_2 和水蒸气的一定体积热气体的"等效灰体发射率"。这种方法以一系列不同分压和温度，以及不同辐射气体几何状态时对 CO_2 和水蒸气(混合的和分离的)辐射热的精确测量结果为基础。由于已知单一波长的发射率依赖于辐射(吸收)组分的浓度和气体的"厚度"，Hottel 定义 CO_2 和水蒸气的总有效发射率在一定的 p_aL 值范围内为温度的函数。p_a 为组分的分压，L 为射线平均长度。其意义是：设想在两块漫辐射的大平行板间含有气体，辐射能通过气体传播的距离是不同的，表面法线方向上能量传播的距离等于平板的间距，而在小角度方向上辐射能量在气体中则要通过较长的距离。

Hottel 等经过对几种来源的实验数据进行分析和综合后，给出了与几种几何状态相对应的射线平均长度，见表 4-4。图 4-15 和图 4-16 分别给出了水蒸气和二氧化碳新的总发射率图。

表 4-4　几种几何形状相对应的射线平均长度

气体几何状态	辐射状况	气体射线行程平均长度	修正因子
球体，直径 D	对整个表面辐射	$0.66D$	0.97
圆柱，高度 $H=0.5D$	对底面辐射	$0.48D$	0.90
	对侧面辐射	$0.52D$	0.88
	对整个表面辐射	$0.50D$	0.90
圆柱，高度 $H=D$	对底面中心辐射	$0.77D$	0.92
	对整个表面辐射	$0.66D$	0.90
圆柱，高度 $H=2D$	对底面辐射	$0.73D$	0.82
	对侧面辐射	$0.82D$	0.93
	对整个表面辐射	$0.80D$	0.91
半无限长圆柱，高度 $H\to\infty$	对底面中心辐射	$1.00D$	0.90
	对整个表面辐射	$0.81D$	0.80
无限大平板，间距 D	对表面微元面积辐射	$2.00D$	0.90
	对两个表面辐射	$2.00D$	0.90
正方体，边长 D	对任一侧面辐射	$0.66D$	0.90
正四棱柱，高度 $H=4D$	对任一侧面辐射	$0.90D$	0.91
	对底面辐射	$0.86\ D$	0.83
	对整个表面辐射	$0.89D$	0.91

如果已知辐射组分的分压和辐射气体的几何状态，则可从中求得射线行程平均长度 L 和一定温度下气体的等效灰体辐射率。如果没有射线行程平均长度的数据，对于特定的几

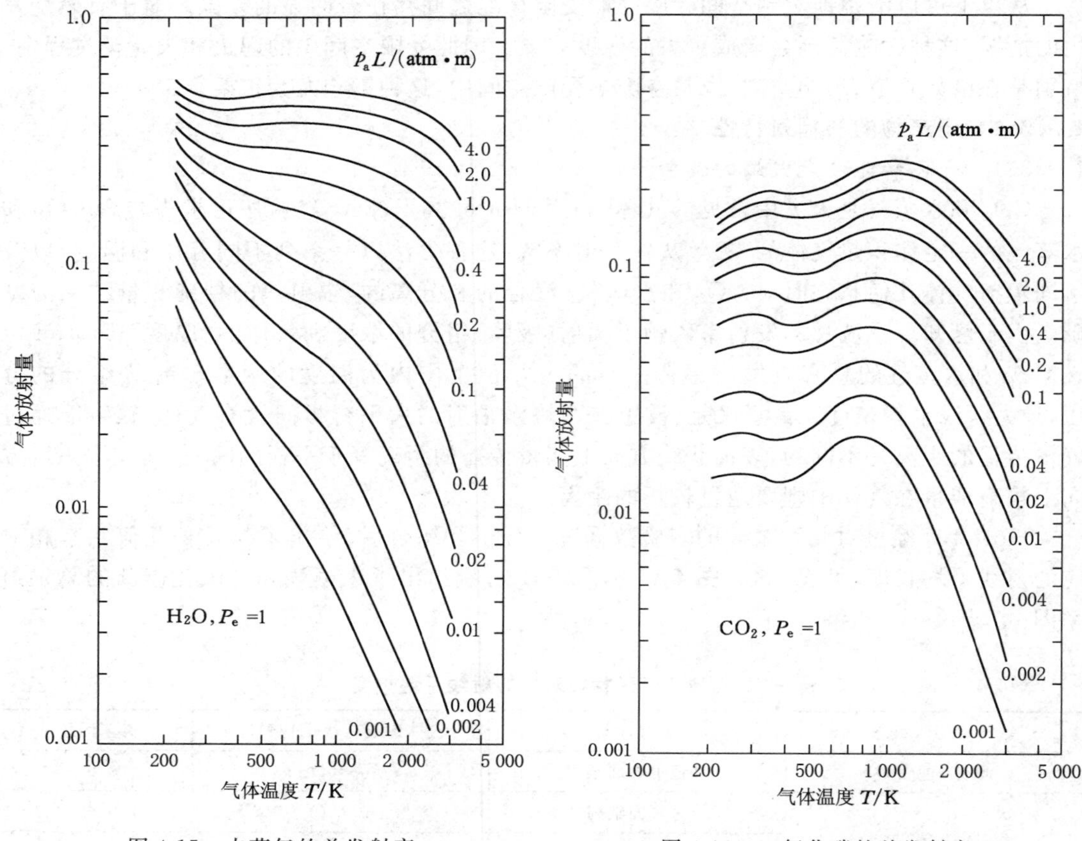

图 4-15　水蒸气的总发射率　　　　图 4-16　二氧化碳的总发射率

何状态，利用公式(4-46)计算可以得到比较满意的近似结果。

$$L = 3.6\,\frac{V}{A} \tag{4-46}$$

其中，V 为气体的总体积，A 为总的表面积。

这种方法适用于总压为1个大气压的气体混合物，对于总压不是1个大气压的情况，需要进行修正，并且当 CO_2 和水蒸气同时存在时，需要一个附加的修正因子 $\Delta\varepsilon$，此时混合气体的等效灰体辐射率应为两份辐射的总和减去这一修正因子。在大多数的火灾防护工程应用中，对于从中等到大型的火灾，压力修正系数为 1.0，$\Delta\varepsilon \approx 1/2\varepsilon_{CO_2}$，于是有：

$$\varepsilon_g = C_{H_2O}\varepsilon_{H_2O} + C_{CO_2}\varepsilon_{CO_2} - \Delta\varepsilon \approx \varepsilon_{H_2O} + \frac{1}{2}\varepsilon_{CO_2} \tag{4-47}$$

其中，ε_{H_2O}、ε_{CO_2} 分别为总压1个大气压时水蒸气和 CO_2 的发射率。

【例 4-5】 一直径 0.3 m 的甲醇池火，火焰为蓝色，假设火焰温度均匀，为 1 473 K，火焰形状假设为高度与直径相同的圆柱，火焰中的气体混合物形成于贫燃极限，即可燃气中含有 6.7% 的甲醇，CO_2 和水蒸气的分压分别为 $p_{CO_2} = 0.065$ 大气压，$p_W = 0.13$ 大气压，求火焰的发射率。

解：从表 4-4 中查得，$L = 0.71D = 0.71 \times 0.3 \approx 0.21$ m。

$p_{CO_2}L = 0.065 \times 0.21 \approx 0.014$ atm·m，$p_W L = 0.13 \times 0.21 \approx 0.027$ atm·m。

由图 4-15 和图 4-16 中分别查得 $\varepsilon_W \approx 0.03$，$\varepsilon_{CO_2} \approx 0.04$，则 $\varepsilon_g \approx 0.07$。

虽然这一结果被认为是高度近似的，因为所做的假设有一定的任意性，但这一结果与 Rasbash 等人 1965 年所测量的结果相差不大。经验表明，由 Hottel 的方法在 1 000 ℃以内的温度范围内得到的辐射率是可以接受的，高于此温度，尤其是在火焰的“厚度”较大时，该方法得到的辐射率偏低。

4.3.3.2　发光火焰和热烟气的辐射特性

多数液体和固体燃烧时形成黄色的发光火焰，这种特征的黄色形成于火焰内部反应区燃料一侧产生的微小炭颗粒，直径量级为 10～100 nm，它们可能在通过火焰的氧化区燃烧殆尽，也可能进一步反应和变化生成烟，分布于燃烧产物和空气的混合物中，形成热烟气。这些微小颗粒本身温度很高，起着微小黑体或灰体的作用，此时热烟气（火焰）的辐射依赖于温度、颗粒浓度和火焰“厚度”或射线行程平均长度：

$$\varepsilon = 1 - \exp(-KL) \tag{4-48}$$

K 为发射系数，炭粒直径大大小于辐射波长时（大多数情况 $\lambda > 1\ \mu m$），其正比于热烟气（火焰）众炭颗粒的体积分数和辐射温度：

$$K = 3.72 \frac{C_0}{C_2} f_v T_s \tag{4-49}$$

式中，C_0 为 2～6 之间的常数；C_2 为普朗克第二常数，其值为 $1.438\ 8 \times 10^{-2}$ m·K；f_v 为炭颗粒的体积分数，约为 10^{-6} 量级；T_s 为辐射温度。表 4-5 给出了部分燃料的发射系数及与其对应的炭颗粒体积分数和辐射温度。

表 4-5　部分燃料火焰中炭颗粒的辐射特性

燃料种类	燃料组成	K/m^{-1}	$f_v/\times10^6$	T_s/K
气体燃料	甲烷	6.45	4.49	1 289
	乙烷	6.39	3.30	1 590
	丙烷	13.32	7.09	1 561
	异丁烷	16.81	9.17	1 554
	乙烯	11.92	5.55	1 722
	丙烯	24.07	13.6	1 490
	正丁烷	12.59	6.41	1 612
	丁烯	30.72	18.7	1 409
	丁炔	45.42	29.5	1 348
固体燃料	木材	0.8	0.362	1 732
	透明塑料材料	0.5	0.272	1 538
	聚苯乙烯	1.2	0.674	1 486

一般而言，火焰中的炭颗粒越多，火焰的平均温度越低。这说明对于发光火焰，由于炭颗粒的辐射导致火焰的热损失相对较大，同时，燃烧的完全程度相对较差，所以火焰温度较低。炭颗粒的辐射大大超过水蒸气和 CO_2 等气体产生的分子辐射。在上述公式中并没有对炭颗粒和气体这两种辐射源加以区分，事实上在整个辐射波长范围内，气体辐射会使连续

辐射的强度谱上出现峰值。为方便起见，通常假设发光火焰具有灰体的辐射性质，即发射率独立于波长，并且一般计算中忽略气体辐射，如必须考虑气体辐射，可使用下面的经验公式：

$$\varepsilon=[1-\exp(-KL)]+\varepsilon_g\exp(-KL) \tag{4-50}$$

其中，ε_g 为气体的总发射率，L 为可取热烟气（火焰）的“厚度”。更粗略的估算中，假设碳氢燃料形成的“厚发光火焰”（$L>1$ m）为黑体。

4.3.4 火灾中的辐射

4.3.4.1 来自火焰的热通量计算

预测来自火焰的辐射热通量对于确定点火和火灾传播危险性以及火灾探测器发展都是非常重要的。实际情况下，火焰形状是不确定的并是时间变量。这使得具体的辐射分析非常烦琐而且不经济。在大多数计算中，火焰被理想化地认为是具有简单几何形状的平面层或轴对称的圆柱体或圆锥体。这里将分析一个具有圆柱体几何形状的火焰（见图 4-17）并应用于简单计算。

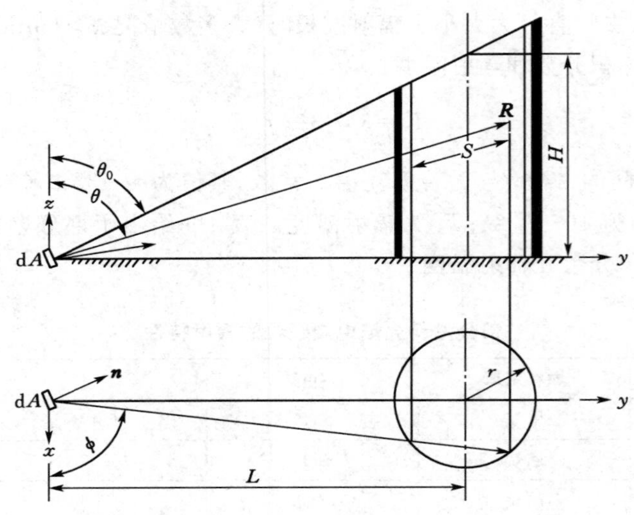

图 4-17　一个圆柱体火焰的框图

假设发射系数 κ_λ 与路径长无关，经过推导，有：

$$I_\lambda=I_{b\lambda}\left[1-\exp\left(\frac{-2\kappa_\lambda}{\sin\theta}\sqrt{r^2-L^2\cos^2\phi}\right)\right] \tag{4-51}$$

其中 θ,ϕ,r,L 为图 4-17 中定义的几何变量。目标元素上的单色辐射热流量可以由下式求得：

$$\frac{\mathrm{d}q}{\mathrm{d}\lambda}=\int_\Omega\frac{I_\lambda}{|\boldsymbol{R}|}(\boldsymbol{n}\cdot\boldsymbol{R})\mathrm{d}\Omega \tag{4-52}$$

这里 $\boldsymbol{n}$ 为垂直目标 $\mathrm{d}A$ 元素的单位矢量，$\boldsymbol{R}$ 是由 $\mathrm{d}A$ 和火焰圆柱体远边界之间扩展的沿线矢量。由方程(4-52)展开求值将是非常冗长的，但是如果在 $L/r\geqslant 3$ 的情况下，它可以被简化为：

$$\frac{\mathrm{d}q}{\mathrm{d}\lambda}=\pi I_{b\lambda}\varepsilon_\lambda(F_1+F_2+F_3) \tag{4-53}$$

其中角系数常量和发射率定义如下

$$F_1=\frac{u}{4\pi}\left(\frac{r}{L}\right)^2[\pi-2\theta_0+\sin(2\theta_0)] \tag{4-54a}$$

$$F_2=\frac{v}{2\pi}\left(\frac{r}{L}\right)[\pi-2\theta_0+\sin(2\theta_0)] \tag{4-54b}$$

$$F_3=\frac{w}{\pi}\left(\frac{r}{L}\right)\cos^2\theta_0 \tag{4-54c}$$

$$\varepsilon_\lambda=1-\exp(-0.7\mu_\lambda) \tag{4-55}$$

定义中的参数如下给出

$$\theta_0=\tan^{-1}\left(\frac{L}{H}\right) \tag{4-56a}$$

$$\mu_\lambda=2r\frac{\kappa_\lambda}{\sin(1/2\theta_0+1/4\pi)} \tag{4-56b}$$

$$\boldsymbol{n}=u\boldsymbol{i}+v\boldsymbol{j}+w\boldsymbol{k} \tag{4-56c}$$

如果火焰是均匀的，方程(4-53)对所有的波长积分，总热通量可简化为

$$q=\varepsilon_m E_b\sum_{j=1}^{3}F_j \tag{4-57}$$

【例 4-6】 一个火灾探测器安装在一个木质结构房间(2.4 m×3.6 m×2.4 m)的天花板中心，如图 4-18 所示。天花板中心喷淋系统可以扑灭小于直径 0.5 m×高为 1.0 m 火灾。在本例中，考虑最坏的情况即在天花板上方的某个角落点火，试为火灾探测器确定适宜的热通量。

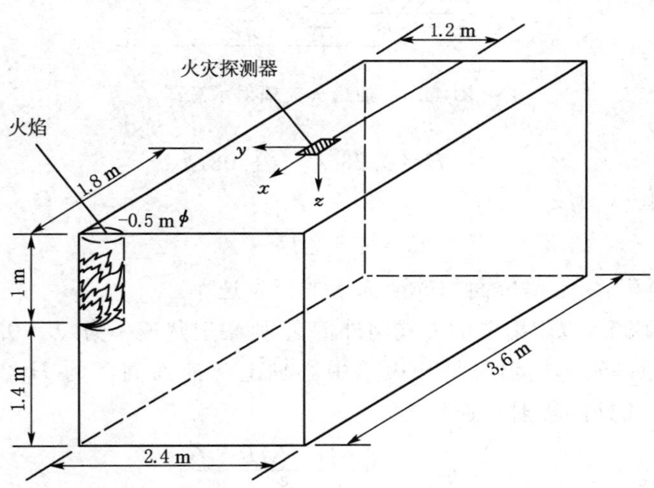

图 4-18　火焰到目标元区热通量计算举例

解：首先，应该验证 $L/r\geqslant 3$ 以确认以前的分析是适用的。

$$\frac{L}{r}=\frac{\sqrt{(1.2-0.25)^2+(1.8-0.25)^2}}{0.25}\approx 7.27>3$$

对探测器的单位法线矢量为 $\boldsymbol{n}=\boldsymbol{k}$，由式(4-56a)可得极角 $\theta_0=\tan^{-1}(1.818)\approx 1.068$。根据方程(4-54a)、(4-54b)、(4-54c)可以确定角系数为：

$$F_1=F_2=0.0$$

$$F_3=\frac{1}{\pi}\left(\frac{0.25}{1.818}\right)\cos^2(1.068)\approx 0.0102$$

根据方程(4-57),求得所需热通量:

$$q=(1-\mathrm{e}^{-K_m S})(\sigma T_f^4)F_3=(1-\mathrm{e}^{-0.8\times 0.5})[5.67\times 10^{-11}\times(1730)^4](0.0102)\approx 1.7\ \mathrm{kW/m^2}$$

如果例子中几何尺寸为 $L/r<3$,那必须在 $L/r=3$ 和 $L/r=0$ 的情况之间运用插值法求值。本例中如果探测器直接指向着火角落(即 $\boldsymbol{n}=0.83\boldsymbol{i}+0.55\boldsymbol{j}$)。热流量计算结果突跃到 3.9 $\mathrm{kW/m^2}$,这表明了在辐射换热中方向的重要影响。

除了将火焰假设成圆柱体形状外,还有其他的更简化方法。我们还可以将火焰假设为一个热辐射点或长方形的面,对应的简化计算方法可以称作点源法或长方面法。如图 4-19 所示的油罐燃烧,其火焰高度近似地由下式计算:

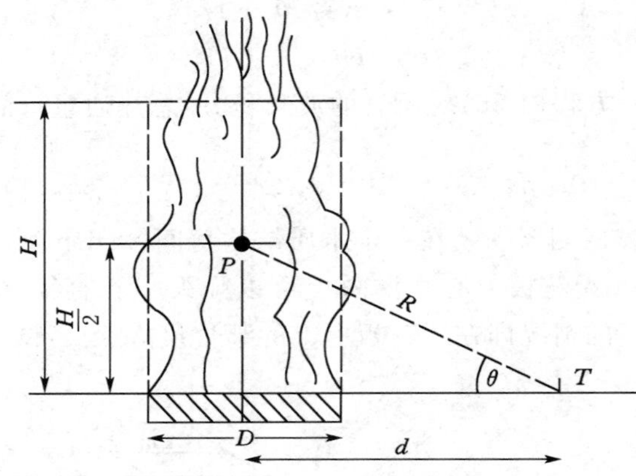

图 4-19 油罐火灾辐射示意图

$$H=0.23\dot{Q}_c^{2/5}-1.02D \tag{4-58}$$

油罐的热释放速率 $\dot{Q}_c$ 为:

$$\dot{Q}_c=G\cdot\Delta H_c\cdot A_f \tag{4-59}$$

式中,A_f 是液面面积,G 是单位面积的液面上的蒸发速率。

假定总热量的 30%以辐射能的方式向外传递,则辐射热速率为 $\dot{Q}_c=0.3\cdot G\cdot\Delta H_c\cdot A_f$。

所谓点源法即是假定热辐射是从火焰中心轴上离液面高度为 $H/2$ 处的点源发射出。因此,离点源 R 距离处的辐射热通量为

$$\dot{q}_r''=\frac{0.3\cdot G\cdot\Delta H_c\cdot A_f}{4\pi R^2} \tag{4-60}$$

在图 4-19 中,存在如下关系:

$$R^2=(H/2)^2+d^2 \tag{4-61}$$

式中,d 是火焰中心轴到被辐射体的水平距离。

假定被辐射体与视线 PT 的夹角为 θ,则投射到辐射接受体表面的辐射热通量为

$$\dot{q}_r''=\frac{0.3\cdot G\cdot\Delta H_c\cdot A_f\cdot\sin\theta}{4\pi R^2} \tag{4-62}$$

例如,汽油罐直径为 10 m,质量燃烧速度为 0.058 $\mathrm{kg/(m^2\cdot s)}$,汽油的燃烧热为 ΔH_c 为 45 kJ/g。则发生火灾时,火焰热释放速率为

$$\dot{Q}_c = G \cdot \Delta H_c \cdot A_f \approx 204\ 989\ \text{kW}$$

火焰高度为

$$H = 0.23\dot{Q}_c^{2/5} - 1.02D \approx 20.45\ \text{m}$$

火焰的总辐射速率为

$$\dot{Q}_r = 0.3\dot{Q}_c = 61\ 496.7\ \text{kW}$$

P、T 两点距离为

$$R = \sqrt{\left(\frac{H}{2}\right)^2 + d^2} = \sqrt{104.55 + d^2}$$

$$\sin\theta = \frac{H/2}{R} = \frac{10.23}{\sqrt{104.55 + d^2}}$$

将以上数据及表达式代入式(4-62)得距离火焰中心线为 d 的 T 处的水平面上的辐射热通量 $\dot{q}''_{r,T}$ 的表达式为

$$\dot{q}''_{r,T} = \frac{50\ 038.6}{(104.55 + d^2)^{3/2}}$$

$\dot{q}''_{r,T}$ 之间的关系如图 4-20 所示。

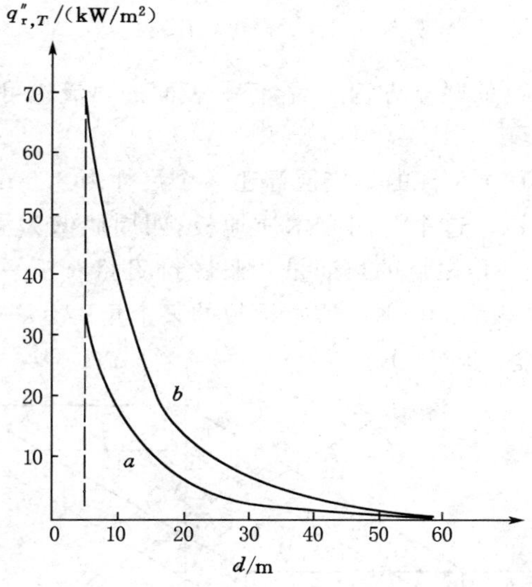

图 4-20　10 m 直径汽油罐火灾辐射热通量计算值

a——点源法；b——长方形辐射面法

在长方形辐射面法中，火焰被假定为高 H、宽 D 的长方形平板，热量由甲板两面向外辐射，两面的辐射力均为：

$$E = \frac{0.3 \cdot G \cdot \Delta H_c \cdot A_f}{H \cdot D} \tag{4-63}$$

图 4-19 中点 T 处的辐射热通量为：

$$\dot{q}''_{r,T} = \Phi E \tag{4-64}$$

式中，Φ 是 T 所处的水平微元面对火焰矩形面的角系数。火焰中心线将火焰平面分为两个长方形，T 所处的水平微元面对每个长方形的角系数 Φ' 是 Φ 的一半，即

$$\Phi = 2\Phi' \tag{4-65}$$

由长方形辐射面法得到的 $\dot{q}''_{r,T}$ 与 d 的关系也示于图 4-20 中。从图中可以看出，在相同的 d 值下，由长方形辐射面法计算得到的 T 点处的辐射热通量比由点源法所得相应值要高，这是因为它将辐射体作为放大源来讨论，且忽略了火焰内的温度不均匀性及烟尘对辐射的遮蔽效应。

4.3.4.2　烟气层的热通量计算

考虑室内火灾情况下辐射换热，这时天花板下部形成烟气层。典型烟气层温度通常在 1 100～1 500 K 范围，而且包括强烈参与介质，比如二氧化碳、水蒸气和烟粒子。烟气层的热通量与远距离表面，比如家具或者地毯的点燃直接相关。

假设分析中所考虑的表面全部是漫反射表面，其温度均匀，反射及辐射性质恒定。给出两个新概念，即投射辐射(G)：单位时间投射在单位表面积上的总辐射能；有效辐射(J)：单位表面积在单位时间里辐射出去的总能量。此外，进一步假设每一表面上的有效辐射和投射辐射是均匀的。这一假设即使对于理想的灰体漫反射表面也不是绝对正确，这里是为了使极其复杂的问题得以简化。如果没有透射的能量，则有效辐射为辐射和反射的能量之和：

$$J_i = \varepsilon_i \sigma T_i^4 + (1-\varepsilon_i) G_i \tag{4-66a}$$

$$G_i = \sum_j F_{i-j} J_j \tag{4-66b}$$

在解决了关于 J_i 和 G_i 的联立方程之后，任一表面的热流量可以计算为：

$$q_i = J_i - G_i \tag{4-67}$$

【例 4-7】　一个厚度为 0.5 m 的烟气层浮于一个尺寸为 3.6 m×2.4 m×2.4 m 的房间天花板附近，如图 4-21 所示。这个房间有木质地板，四周墙壁为混凝土结构并涂有镀锌白油漆。计算在房间底部某一角燃烧的热通量。假设封闭腔内任一表面均为恒温：烟气层为 1 400 K，墙壁为 800 K，地板为 300 K。假定地板的某个角落有一个面积为 0.01 m² 的微元区域，其温度也为地板温度，即 300 K。

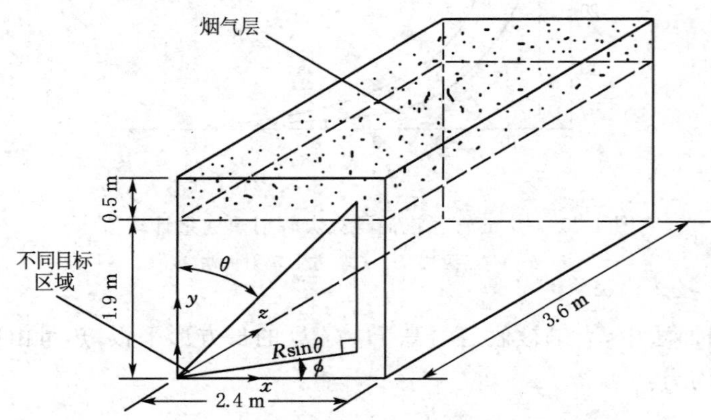

图 4-21　烟气层到目标元热通量的计算举例

解：烟气层底部指定为表面 1，地板为表面 2，在房间角落里的微元区域定为表面 3。因为仅需要四个表面，所以四面墙壁被总定义为表面 4。在角系数表中可以查得形状系数 F_{12} 和 F_{31}。根据这两个系数，由形状系数代数式可求得其他的角系数：

$$F_{12}=0.3242$$

$$F_{31}=0.1831$$

$$F_{13}=\frac{A_3}{A_1}F_{31}=0.0002$$

$$F_{14}=1-F_{12}-F_{13}=0.6756$$

运用类似的方法，得出其他的角系数如下：

$F_{21}=0.3242$	$F_{31}=0.1831$	$F_{41}=0.2560$
$F_{22}=0$	$F_{32}=0$	$F_{42}=0.2561$
$F_{23}=0$	$F_{33}=0$	$F_{43}=0.0003$
$F_{24}=0.6578$	$F_{34}=0.8169$	$F_{44}=0.4876$

木材和白锌漆的发射率分别为 0.9 和 0.94。烟气层的发射率可由木材火焰（表 4-5）的平均吸收系数估计得出：

$$\varepsilon_1=1-e^{-K_m S}=1-e^{-0.8\times 0.5}\approx 0.33$$

任一表面的黑体辐射通量，比如烟气层，

$$(\sigma T^4)_1=5.6696\times 10^{-8}\times 1400^4\approx 217.8\ \mathrm{kW/m^2}$$

根据方程（4-66a）和（4-66b），解 8 个联立方程可得任一个表面接收和发出的辐射热流量为：

$$J_1=88.7\ \mathrm{kW/m^2},G_1=17.7\ \mathrm{kW/m^2}$$

$$J_2=4.7\ \mathrm{kW/m^2},G_2=43.3\ \mathrm{kW/m^2}$$

$$J_3=3.9\ \mathrm{kW/m^2},G_3=34.8\ \mathrm{kW/m^2}$$

$$J_4=23.9\ \mathrm{kW/m^2},G_4=34.3\ \mathrm{kW/m^2}$$

由方程（4-67）可得目标区域所受到的净辐射热流量为：

$$q_3=J_3-G_3=-30.9\ \mathrm{kW/m^2}$$

这里的负号表明“接收”辐射热量。这么大的辐射热通量足以将一些容易着火的可燃物引燃，造成室内火灾的迅猛发展。

第5章 气体燃烧

在我国火灾分类中，根据着火可燃物种类分类的话，气体燃烧引起的火灾属于C类火灾。日常生活中，经常由于可燃气体泄漏造成火灾事故。如沈阳市的火灾档案记载：从2003年初到2004年3月底，仅居民楼煤气火灾和泄漏事故就达到170多起，有8人死亡，19人受伤。从燃烧学的角度分析，可燃气泄漏引起的火灾，在火灾的初期一般属于预混燃烧。即，起火前，可燃气与空气（氧化性物质）预先混合好，形成预混可燃气体，而后由于存在点火源而发生燃烧。前文所提及的回燃，在发生时也是预混燃烧。预混燃烧不仅存在于气体中，许多液体、固体的燃烧也存在预混燃烧现象。如在一定的条件下，液体雾化蒸发，其蒸气与氧化性气体混合形成预混可燃气；固体火箭发动机中的双基推进剂、复合推进剂等的燃烧也属于预混燃烧的范围。

根据燃烧时燃料与还原剂的混合情况，除了预混燃烧外，还有一种燃烧叫作扩散燃烧。此时，燃烧过程的进展主要是由燃料与空气的扩散混合过程来决定。扩散燃烧是人类最早使用火的一种燃烧方式。直到今天，扩散火焰仍是我们最常见的一种火焰。野营中使用的篝火、火把、家庭中使用的蜡烛和煤油灯等的火焰、煤炉中的燃烧以及各种发动机和工业窑炉中的液滴燃烧等等都属于扩散火焰。威胁和破坏人类文明和生命财产的各种毁灭性火灾大多是扩散燃烧。

另外，根据燃烧气体的流动状态可分为层流燃烧和湍流燃烧。本章将重点介绍气体燃烧的相关知识。

5.1 气体的自发着火

5.1.1 着火条件

通常所谓的着火是指直观中的混合物反应自动加速，并自动升温以至引起空间某个局部最终在某个时间有火焰出现的过程。这个过程反映了燃烧反应的一个重要标志，即由空间的这一部分到另一部分，或由时间的某一瞬间到另一瞬间化学反应的作用在数量上有突跃的现象，可用图5-1表示。

图5-1表明，着火条件是：如果在一定的初始条件下，系统将不能在整个时间区段保持低温水平的缓慢反应态，而将出现一个剧烈的加速的过渡过程，使系统在某个瞬间达到高温反应态，即达到燃烧态，那么这个初始条件就是着火条件。

需要注意的是：① 系统达到着火条件并不意味着已经着火，而只是系统已具备了着火的条件；② 着火这一现象是就系统的初态而言的，它的临界性质不能错误的解释为化学反应速度随温度的变化有突跃的性质，例如图5-1中横坐标所代表的温度不是反应进行的温度，而是系统的初始温度；③ 着火条件不是一个简单的初温条件，而是化学动力学参数和流体力学参数的综合体现。对一定种类可燃预混气而言，在封闭情况下，其着火条件可由下列

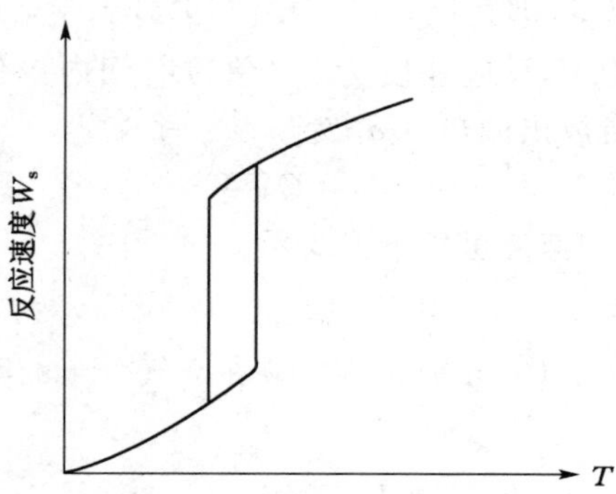

图 5-1　着火过程的外部标志

函数关系表示：

$$f(T_0, h, p, d, u_\infty, T_\infty) = 0 \tag{5-1}$$

式中，T_0 代表环境温度；h 是对流换热系数；p 是预混气压力；d 是容器直径；u_∞ 是环境气流速度；T_∞ 是环境温度。对于开口体系则用下述形式的函数表示着火条件：

$$f(T_0, h, p, d, u_\infty, T_\infty, x_i) = 0 \tag{5-2}$$

这里，x_i 代表着火的距离。

5.1.2　谢苗诺夫热着火理论

任何反应体系中的可燃混气，一方面它会进行缓慢氧化而放出热量，使体系温度升高，同时体系又会通过器壁向外散热，使体系温度下降。热自燃理论认为，着火是反应放热因素与散热因素相互作用的结果。如果反应放热占优势，体系就会出现热量积聚，温度升高，反应加速，发生自燃；相反，如果散热因素占优势，体系温度下降，不能自燃。图 5-2 所示为预混可燃气着火模型。

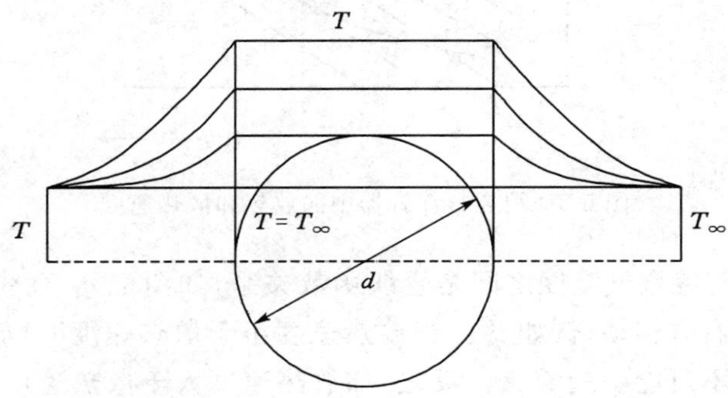

图 5-2　预混可燃气着火模型

因此，研究有散热情况下燃料自燃的条件就具有很大的实际意义。为了使问题简化便于研究，假设：

(1) 容器壁的温度为 T_0，并保持不变；

(2) 反应系统的温度和浓度都是均匀的；

(3) 由反应系统向器壁的传热系数为 α_1 且不随温度而变化；

(4) 反应系统放出的热量(即在该阶段的反应热)Q 为常数(J/mol)。

如果反应容器的容积为 V,反应速度为 W(单位时间内单位容积中物质的量的变化),则在单位时间内反应系统所放出的热量 q_1 为

$$q_1 = QVW \tag{5-3}$$

在达到着火时间内,反应速度可用下式表示

$$W = K_0 C_A C_B e^{'-\frac{E}{RT}} \tag{5-4}$$

式中,K_0 为反应速度常数,C_A、C_B 分别表示燃料和空气分子的摩尔浓度,将 W 值代入前式,得出反应的放热速度

$$q_1 = K_0 QVC_A C_B \mathrm{e}^{-\frac{E}{RT}} \tag{5-5}$$

在单位时间内通过容器壁而损失的热量可用下式表示(温度不高时,辐射损失可以忽略不计):

$$q_2 = \alpha S(T - T_0) \tag{5-6}$$

式中,α 为通过器壁的传热系数,S 为器壁的传热面积,T 为反应系统温度,T_0 为容器壁温度。

由于在反应初期 C_A、C_B 与反应开始前的最初浓度 C_{A0}、C_{B0} 很相近,Q、V、K_0 均为常数,因此放热速度 q_1 和混合气温度 T 之间的关系是指数函数关系,即 $q_1 \sim \mathrm{e}^{-\frac{E}{RT}}$,如图 5-3 中曲线值所示。当混合气的压力(或浓度)增加时,曲线向左上方移动(q_1')。

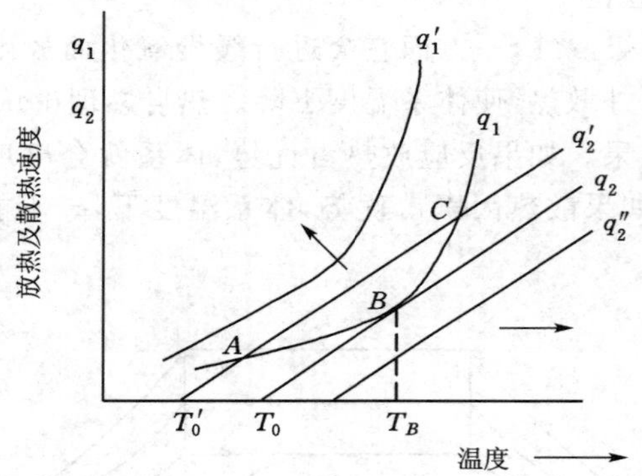

图 5-3　混合气在容器中的放热和散热速度

又散热速度 q_2 与混合气温度之间是直线函数关系,如图中 q_2 直线所示。当容器壁的温度升高时,直线向右方移动,例如 q_2''。当放热速度小于散热速度时($q_1 < q_2$),反应物的温度会逐渐降低,显然不可能引起着火。反之,如放热速度大于散热速度($q_1 > q_2$),则混合气总有可能着火。例如,当提高混合气的压力,使放热反应速度按图中 q_1'进行,而容器壁温度仍保持 T_0,此时散热速度大大低于放热速度,因此,在任何时候混合气均能自行加热而着火。

可以看出,反应由不可能着火转变为可能着火必须经过一点,即 $q_1 = q_2$,这就是着火的必要条件。但是 $q_1 = q_2$ 还不是着火的充分条件,这从下面的情况可以看出。例如将混合气的压力降低使反应放热速度沿图 5-3 中的 q_1 进行,而容器壁的温度保持 T_1'。此时 q_1 与q_1'散热速度,相交于 A 及 C 两点。在这两点上均满足 $q_1 = q_2$ 的条件,但都还不是着火点。A

点表示系统处于稳定的热平衡状态：如温度稍升高，此时散热速度超过放热速度系统的温度便会自动降低而回到 A 点的稳定状态；如果温度从 A 点稍降低，此时 $q_1>q_2'$，系统的温度便会上升而重新回到 A 点。结果系统会在 A 点长期进行等温反应，不可能导致着火。相反，C 点表示系统处于不稳定的热平衡状态：只要温度有微小的降低，系统的放热速度 q_1 即小于散热速度 q_2'，结果使系统降温而回到 A 点；如果温度有微小的升高，则 $q_1>q_2'$，系统温度不断上升结果导致着火。但是这一点也不是着火温度，因为如果系统的初温是，它就不可能自动加热而越过 A 点到达 C 点。除非有外来的能源将系统加热，使系统的温度上升达到 C 点，否则系统总是处于 A 点的稳定状态。所以，C 点不是混合气的自动着火温度，而是混合气的强制着火温度。在混合气绝热压缩中，例如在柴油机中就可以遇到这种情况，这时汽缸壁的温度并不高，但混合气被强烈压缩而加热到强制着火温度。

由上述可知，一定的混合气反应系统在一定的压力(或浓度)下，只能在某一定的容器壁温度(或外界温度)下，才能由缓慢的反应转变为迅速的自动加热而导致着火。从图5-3中可以看出，当混合气的放热速度按 q_1 曲线进行时，只有在容器壁温度为 T_0 时(散热速度按 q_2 进行)才能自动转变为着火，也就是说，q_2 必须与 q_1 相切。相切的这一点 B 的温度即为该混合气在此压力(或浓度)和器壁温度下的最低自燃温度，简称自燃点。此时的混合气压力称为该混合气的自燃临界压力。

由图5-3也可以看到，温度低于 T_B 而逐渐加热时，混合气 $q_1>q_2$，但相差愈来愈小。这时混合气在进行缓慢的自行加热，直到温度达到 T_B 以后，q_1 仍大于 q_2。但随着温度的升高二者之差愈来愈大，促使反应剧烈进行，反应逐渐转变为爆炸。

由此看来，着火温度的定义不仅包括此时放热系统的放热速度和散热速度相等，而且还包括了两者随温度而变化的速度应相等这一条件，即

$$q_1=q_2 \tag{5-7}$$

$$\frac{\mathrm{d}q_1}{\mathrm{d}T}=\frac{\mathrm{d}q_2}{\mathrm{d}T} \tag{5-8}$$

这也就是在散热的条件下，反应由缓慢转变为着火的条件。

由此可以看出，混合气的着火温度不是一个常数，它随混合气的性质、压力(浓度)、容器壁的温度和导热系数，以及容器的尺寸变化。换句话说，着火温度不仅取决于混合气的反应速度，而且取决于周围介质的散热速度。当混合气性质不变时，减少容器的表面积，提高容器的绝缘程度都可以降低自燃温度或混合气的临界压力。下面讨论两个有关的问题。

根据着火时的条件 $q_1=q_2$ 可知

$$K_0QVC_AC_B\mathrm{e}^{-\frac{E}{RT_B}}=\alpha S(T_B-T_0) \tag{5-9}$$

根据$\frac{\mathrm{d}q_1}{\mathrm{d}T}=\frac{\mathrm{d}q_2}{\mathrm{d}T}$的条件，将上式求导数，得出(除 T_B 处，其余均系已知)

$$K_0QVC_AC_B\,\frac{E}{RT_B^2}\mathrm{e}^{-\frac{E}{RT_B}}=\alpha S \tag{5-10}$$

将式(5-10)除以式(5-9)得出

$$T_B=T_0=\frac{RT_B^2}{E} \tag{5-11}$$

解二次方程即可求出 T_B 的值为

$$T_B=\frac{E}{2R}\pm\frac{E}{2R}\sqrt{1-\frac{4RT_0}{E}} \tag{5-12}$$

式中根号前的符号应取负值，否则所得结果过大而不符合实际情况。将式(5-12)中根号展开，可得

$$T_B=\frac{E}{2R}-\frac{E}{2R}\left(1-\frac{2RT_0}{E}-\frac{2R^2T_0^2}{E^2}-\cdots\right)=T_0+\frac{RT_0^2}{E}+\cdots \tag{5-13}$$

考虑到在一般情况下 $E=209\ 350$ kJ/mol，误差为 0.5%以内时，以后各项可忽略不计，因而

$$\Delta T=T_B-T_0\approx\frac{RT_0^2}{E} \tag{5-14}$$

式(5-14)说明，混合气着火温度 T_B 与初始环境温度 T_0(器壁温度)之间的差值是较小的，而这个初始环境的温度是相当高的，可能有数百开尔文。表 5-1 给出了空气中某些可燃物质的最低着火温度。

表 5-1　空气中某些可燃物质的最低着火温度

可燃物	最低着火温度/℃	可燃物	最低着火温度/℃
甲烷	537	甲醇	385
乙烷	472	乙醇	363
丙烷	432	氢气	500
丁烷	287	聚苯乙烯	495
戊烷	260	一氧化碳	609
聚氯乙烯	530 以上	红松	430

5.1.3　着火界限

将式(5-13)中 T_B 之值代入式(5-9)中，可得

$$K_0QVC_AC_BE\mathrm{e}^{-\frac{E}{R\left(T_0+\frac{RT_0^2}{E}\right)}}=\alpha S\left(\frac{RT_0^2}{E}\right) \tag{5-15}$$

由于$\frac{RT_0}{E}=\frac{\Delta T}{T_0}\ll 1$，上式中 $T_0+\frac{RT_0^2}{E}=T_0\left(1+\frac{RT_0}{E}\right)=T_0$。

因而式(5-15)可写为

$$\frac{K_0QVC_AC_BE}{\alpha SRT_0^2}\cdot\mathrm{e}^{-\frac{E}{RT_0}}=1 \tag{5-16}$$

设反应物总摩尔浓度为 C，即 $C=C_A+C_B$，x_A 表示燃料的摩尔分数，x_B 表示空气(氧)的摩尔分数，则

$$C_A=Cx_A$$
$$C_B=Cx_B$$

同时，在着火条件下，根据理想气体状态方程，

$$C=\frac{p_c}{RT} \tag{5-17}$$

式中，p_c 为混合气的临界压力(即着火时混合气压力)。

将式(5-16)中 C_A、C_B 换成压力和温度的函数，则得

$$\frac{K_0 QVEP_c^2 x_A x_B}{\alpha SRT_0^4} \cdot e^{-\frac{E}{RT_0}} = 1 \tag{5-18}$$

这就是着火条件下混合气压力与温度及其他参数的关系。当其他条件已知，混合气压力如小于式(5-18)中的 p_c 值，则这种混合气不能着火；如大于该值则可以着火。这个公式便是着火条件的基本公式。它也可以写成对数形式，如

$$\ln \frac{p_c}{T_0^2} = \frac{E}{2RT_0} + \frac{1}{2} \ln \frac{\alpha SR^3}{K_0 QVE x_A x_B} \tag{5-19}$$

在一定的容器和混合气成分条件下，上式也可写成

$$\ln \frac{p_c}{T_0^2} = \frac{A}{T_0} + B \tag{5-20}$$

式中，A、B 均为常数。

从着火条件的基本公式可以看出着火的一些基本规律。

(1) 当混合气成分和容器形状不变时，外界温度 T_0（容器温度）愈高，则着火所需的临界压力愈小。式(5-18)～式(5-20)中 p_c 值随 $e^{-\frac{E}{RT_0}}$ 一项的变化远超过分母中 T_0 的变化。因此，当 T_0 值增大时，p_c 总是减小。在实际实验中，各种烃类着火的临界压力与容器温度的关系如图 5-4 所示。在图 5-4 中曲线的左下方（非着火区）条件下，燃料不能着火；在曲线的右下方（着火区）则能引起着火。从图上可以看出：当容器温度降低时，所需引起着火的混合气压力值升高；当混合气压力降低时，必须提高外界温度才能保证着火。无论压力或温度降低时，混合气着火范围均缩小。反之，提高混合气压力或温度，均有利于燃料的着火。

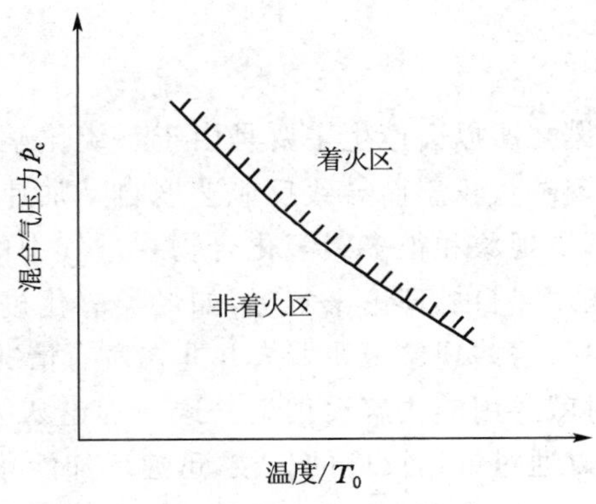

图 5-4　着火界限图

飞机发动机在飞行高度增加时，燃烧性能变坏，例如再启动性能降低、燃烧不完全等，主要原因就是由于燃烧室内压力和温度降低，引起反应速度变慢，散热速度增加，因而使燃料着火困难。汽车在高原或寒区行驶时启动特别困难的主要原因也在与此。

(2) 混合气的成分对着火有密切的关系。当温度不变，燃料的浓度（摩尔分数 x_A）开始减小时，从式(5-18)和式(5-19)可知 p_c 会逐渐降低，但超过一定值后，由于空气浓度 x_0 的增大，p_c 又逐渐上升。它们之间的关系如图 5-5 所示。当压力不变，混合气浓度和着火温度之

间的关系也是如此，如图 5-6 所示。

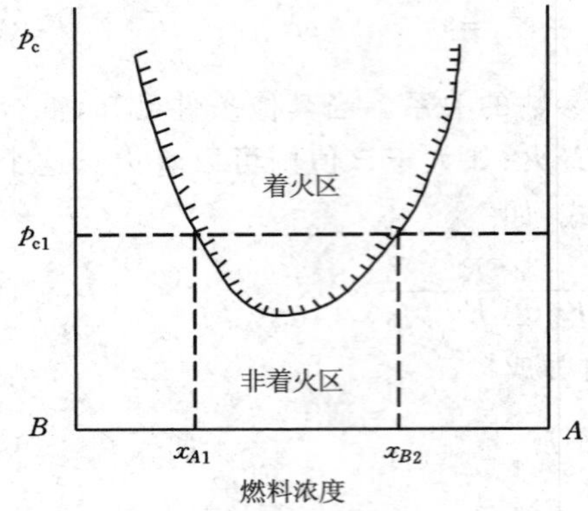

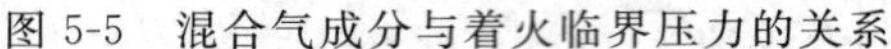

图 5-5　混合气成分与着火临界压力的关系

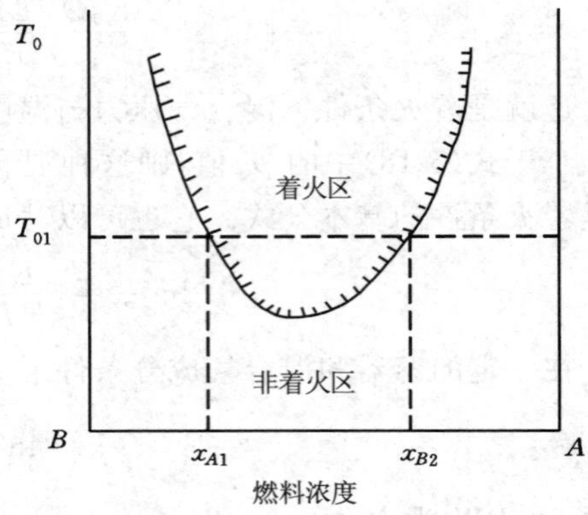

图 5-6　混合气成分与着火温度的关系

从图 5-5 和图 5-6 还可以看到，在一定的压力和外界温度下，并不是任何成分的混合气都能引起着火，而只是在一定浓度极限范围内的混合气才能着火。例如，在图 5-6 中外界温度为 T_{01} 条件下，混合气成分只有在 x_{A1} 和 x_{B2} 之间才能引起着火，这个范围就称为混合气在该温度下的燃烧极限或爆炸极限。当混合气温度或压力增大时，爆炸极限也随之增大。反之，当 T_0 及 p_c 减小时，爆炸极限也随之缩小。低于一定的 T_0 及 p_c 值时，任何混合气均不能着火。一般当燃料与空气按化学恰当比混合时的 p_c 值最小。

(3) 燃烧室的体积和容器散热面积的比值对着火的临界压力也有影响。从式(5-18)可以看出，燃烧室容积(混气体积 V)愈大，或容器壁面积愈小，混合气着火的临界压力 p_c 也愈低，即愈有利于着火。因此，在涡轮喷气发动机中，小直径的燃料室不利于在飞行高度很高的条件下工作。

5.1.4　链式自燃理论

谢苗诺夫理论表明，自燃之所以会产生主要是由于系统化学反应放出的热量大于系统向周围环境散失的热量，出现热量积累而导致反应速度自动加速的结果。这一理论可以阐明混合气热自燃过程中的不少现象和很多碳氢化合物在空气中的自燃。但在实践中，发现有不少现象和实验结果无法用热自燃理论来解释，如烃类氧化过程、冷焰、氢－氧混合气的可燃界限的“着火半岛”现象。这些现象说明着火并非在所有情况下都是由于放热的积累而引起的自动加速反应。这时就要用链式着火理论。这一理论认为，使反应自动加速并不一定仅仅依靠热量积累，也可以通过链锁反应的分枝，迅速增加活化中心来使反应不断加速直至着火爆炸。它由三个步骤组成：链引发、链传递和链终止；分为两大类：直链反应(如 H_2+Cl_2)与支链反应(H_2+O_2)，前者在发展过程中不发生分支链，后者将产生分支链。

简单反应的反应速度随时间的进展由于反应物浓度的不断消耗而逐渐减小，但在某些复杂的反应中，反应速度却随生成物浓度的增加而自动加速。链锁反应就属于后一类型，其反应速度受到中间某些不稳定产物浓度的影响，在某种外加能量使反应产生活化中心后，链的传播就不断进行下去，活化中心的数目因分枝而不断增多，反应速度就急剧加快，导致着火爆炸。但是，在链锁反应过程中，不但有导致活化中心形成的反应，也有使活化中心消灭和链锁中断的反应，因此，链锁反应的速度能否增长导致着火爆炸，还取决于这两者之间的关系，即活化中心浓度增加的速度。

在链锁反应中，活化中心浓度增大有两种因素：一是由于热运动的结果而产生；二是由于链锁分枝的结果。另外，在反应的任何时刻都存在活化中心被消灭的可能，它的速度也与活化中心本身浓度成正比。

假设 n_0 为反应开始时由于热作用而生成活化中心的速率，f 为链分枝反应的动力学系数，g 为链终断反应的动力学系数，n 为活化中心的浓度，则活化中心浓度随时间的变化为：

$$\frac{\mathrm{d}n}{\mathrm{d}t}=n_0+fn-gn \tag{5-21}$$

令 $f-g=\varphi$，则上式变为

$$\frac{\mathrm{d}n}{\mathrm{d}t}=n_0+\varphi n \tag{5-22}$$

设 $t=0$，$n=0$，积分上式得

$$n=\frac{n_0}{\varphi}(\mathrm{e}^{\varphi t}-1) \tag{5-23}$$

如果以 a 表示一个活化中心参加反应后生成最终产物的分子数，那么，生成最终产物的速率（即反应速率）为

$$w=afn=af\frac{n_0}{\varphi}(\mathrm{e}^{\varphi t}-1) \tag{5-24}$$

由于分子的活化能一般都很大和在普通温度下 n_0 的数值很小，因此，分子活化能对链的发展影响很小。链的分枝与终断速率是影响链发展的主要因素。而 g 与 f 是随外界条件（压力、温度、容器大小等）的改变而改变的，然而这些条件对 f 和 g 的影响程度又各不相同。由于链的终断反应是属于原子间的化学作用，其活化能很小，因此，事实上它与温度无关；但链的分支速率则不然，因为其活化能很大，随着温度的升高对链分支反应速率影响越来越大，能促进活化中心的形成。这样，随着温度的变化，由于 g、f 变化的速率不同，φ 的符号将随温度而变化。这时反应速率 w 随时间的变化将有着不同的规律。例如，在低温下，链分枝的速率很缓慢，而链终断的速率却很快，因此，$\varphi<0$，这时，从式(5-24)可知，反应速率随时间增大而趋于某一定值，$w=an_0f/|\varphi|$，也就是说，这时活化中心并不能自动积累以加速反应。然而，当温度升高时，链分枝的速率不断增加，而链终断的速率并没有发生变化，因而，可以使 $\varphi>0$。这时，从式(5-24)可以看出，反应速率将随时间按指数规律增长，但由于 n_0 很小，在开始一段时间即在着火延迟期 τ 内，反应非常缓慢。在延迟期后，由于活化中心的不断积累，使反应速率自动加速而着火，这种着火方式称为链式自燃。其反应速率随时间的变化如图 5-7 所示。这种情况下，反应的自动加速主要取决于系统内活化中心的自动积累。

当 $\varphi=0$ 时，由式(5-22)积分可得

$$n=n_0t \tag{5-25}$$

而反应速率为

$$w=fan_0t \tag{5-26}$$

所以，在这种情况下，反应速率随时间直线增加，直至反应物耗尽为止。然而，这种反应不同于 $\varphi>0$ 的情况，它不会引起着火。

若将上述三种情况画在同一图上进行比较，则很容易找到着火的临界条件。图 5-8 中

直线 $\varphi=0$ 就相当于着火的临界工况。只有当 $\varphi>0$ 时，即链分枝形成活化中心的速率大于链终断的速率时，才可能发生着火。我们称相应于 $\varphi=0$ 的极限情况的温度为自燃温度。

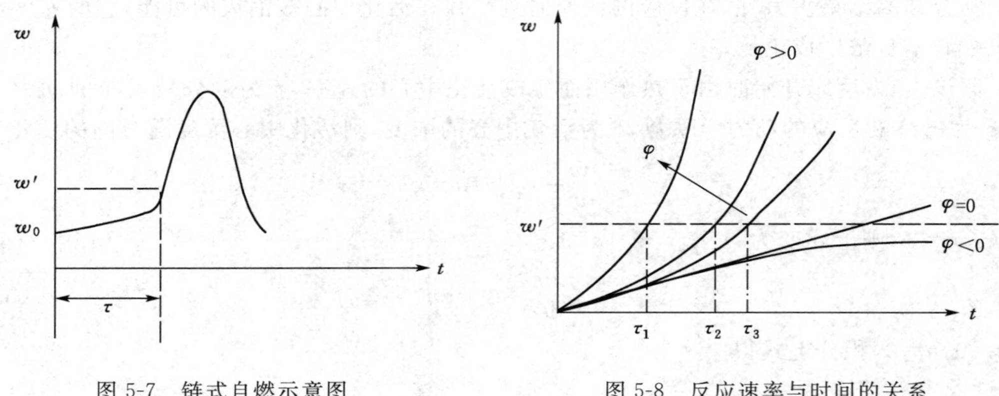

图 5-7　链式自燃示意图　　　　图 5-8　反应速率与时间的关系

从图 5-8 中可以看出，当 φ 增大时，着火延迟期 τ 减小。假设 φ 较大，则 $\varphi\approx f$，并相应略去式(5-24)中的 1，可得

$$w=\frac{fan_0}{\varphi}\exp(\varphi\tau)=an_0\exp(\varphi\tau) \tag{5-27}$$

上式取对数后，得 $\tau=\dfrac{\ln\dfrac{w}{an_0}}{\varphi}$。事实上 $\ln\dfrac{w}{an_0}$ 随外界的影响变化很小，可近似认为是常数，所以 $\tau\varphi=$ 常数，这一结论已被实验所证实。

5.2　强迫着火

5.2.1　强迫着火与自发着火的比较

强迫着火也称点燃，一般指用炽热的高温物体引燃火焰，使混合气的一小部分着火，形成局部的火焰核心，然后这个火焰核心再把邻近的混合气点燃，这样逐层依次地引起火焰地传播，从而使整个混合气燃烧起来。一切燃烧装置和燃烧设备都需经过点火过程而后才能开始工作，因此，研究点火问题具有重要的实际意义。下面首先分析一下强迫着火与自发着火的不同。

第一，强迫着火仅仅在混气局部(点火源附近)中进行，而自发着火则在整个混气空间进行。

第二，自发着火是全部混合气体都处于环境温度 T_0 包围下，由于反应自动加速，使全部可燃混合气体的温度逐步提高到自燃温度而引起。强迫着火时，混气处于较低的温度状态，为了保证火焰能在较冷的混合气体中传播，点火温度一般要比自燃温度高得多。

第三，可燃混气能否被点燃，不仅取决于炽热物体附面层内局部混气能否着火，而且还取决于火焰能否在混气中自行传播。因此，强迫着火过程要比自发着火过程复杂得多。

强迫着火过程和自发着火过程一样，两者都具有依靠热反应和(或)链锁反应推动的自身加热和自动催化的共同特征，都需要外部能量的初始激发，也有点火温度、点火延迟和点火可燃界限问题。但它们的影响因素却不同,强迫着火比自发着火影响因素复杂,除了可燃混气的化学性质、浓度、温度和压力外,还与点火方法、点火能和混合气体的流动性质有关。

5.2.2 炽热物体点火

常用金属板、柱、丝或球作为电阻,通以电流使其炽热;也有用热辐射加热耐火砖或陶瓷棒等,形成各种炽热物体,在可燃混合气中进行点火。下面以高温质点为例说明炽热物体的引燃机理。

假定如图 5-9 所示,在无限的可燃混气(其温度为 T_0,小于 T_w)中有一个热的金属质点(其温度为 T_w)。由于温度差,质点向邻近的混气散失热量,热流的速率是混气的流动和热性质的函数。在质点周围薄的边界层内,混气温度从 T_w 下降到了 T_0。对可燃混合物,由于化学反应放热会加热混合气体,因此热边界层内的温度分布曲线高于不可燃混合气体中的温度分布曲线。图 5-9 表示了这种温度分布,其中 a 曲线表示混合物不可燃,b 曲线表示混合物可燃。根据壁面的温度梯度可见,在气体反应放热时,由壁面向混气传递的热流要低于当混气为惰性气体时的情况。

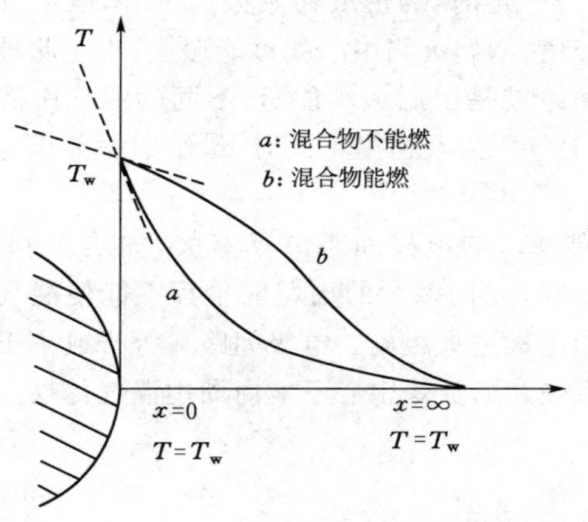

图 5-9 高温质点位于不可燃介质 a 和可燃介质 b 中的温度分布

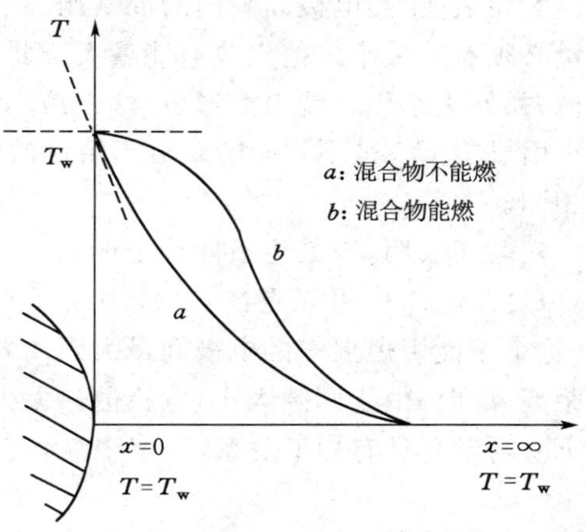

图 5-10 与图 5-9 相同,但质点的温度更高

如果选择较前更高的质点温度,反应气体和惰性气体温度分布之间的差别就更显著。对反应气体质点温度愈高,由壁面来的热流愈小。如图 5-10 所示,在临界质点温度为 T_c 时,由壁面向反应混合物的热流等于零,曲线 b 在 $x=0$ 处的斜率为零。这时,热边界层内由化学反应放出的热量全部向外界的冷混合气体传递。当质点温度稍高于 T_c 时,化学反应速率增大到这样的程度,以至于化学反应放热的速率大于热边界向外的热传递速率,故热边界层内的温度升高,其温度最大值出现在离质点表面很小距离处,于是热流就部分地传向质点。在这样的条件下,稳定的温度分布就变为不可能,因为这时温度最大值不断地离开质点表面。当在质点表面处的温度梯度等于零时,气体反应层(即火焰)开始向未燃混气传播。这种火焰传播的开始即认为是强迫着火的判据。

应该指出的是,在可燃混合气体中存在温度梯度的同时还伴有组分浓度梯度,在紧靠炽热物体的表面处,反应物浓度最低,产物浓度最高,而在远离物体表面的区域,产物浓度为零,反应物的浓度为初始值 c_0。由于浓度梯度的存在,产物离开炽热物体表面向外扩散,而反应物则向炽热物体表面扩散，以新鲜的反应物补充已被消耗的可燃气。因此，严格来说，强迫着火问题还要考虑组分扩散的问题。例如一块灼热的木炭置于可燃混合气中并不一定能引起可燃混合气着火，因为在其表面附近的温度有利于提高反应速度，而其浓度梯度却对着火不利，甚至造成不着火或火焰不能持续传播。

5.2.3 电火花引燃

关于电火花点火的机理有两种理论：一是着火的热理论，它把电火花看作为一个外加的高温热源，由于它的存在使靠近它的局部混合气体温度升高，以致达到着火临界工况而被点燃，然后再靠火焰传播使整个容器内混合气体着火燃烧；二是着火的电理论，它认为混合气的着火是由于靠近火花部分的气体被电离而形成活性中心，提供了进行链锁反应的条件，由于链锁反应的结果使混合气燃烧起来。实验表明，两种机理同时存在，一般地低温时电离作用是主要的；但当电压提高后，主要是热的作用。

电火花点火的特点是所需能量不大，如化学计量比的氢—空气混合气体，所需电火花点火的能量仅仅需要 2.01×10^{-5} J。

实验表明，当电极间隙内的混气比、温度、压力一定时，为形成初始火焰中心，电极放电能量必须有一最小极值。放电能量大于此最小极值，初始火焰中心就可能形成；小于此最小极值，初始火焰中心就不能形成，这个最小放电能量就是引燃最小能量，不同的混气所需的最小引燃能 E_{min} 是不相同的。对于给定的混气，混气压力及初温不同时，最小引燃能 E_{min} 也不相同。

实验还表明，当其他条件给定时，最小引燃能 E_{min} 与电极间距离 d 有关，如图 5-11 所示。从图 5-11 中可以看出：电极距离 d 小于 d_p 时，无论多大的火花能量都不能使混气引燃，这个不能引燃混气的电极间最大距离 d_p 称为电极熄火距离。电极间距离等于或小于熄灭距离 d_p 时，由于间隙太小，电极散热太大，以致使初始火焰中心不能向周围混气传播。d_p 与 E_{min} 两者间具有如下关系：

$$E_{min}=Kd_p^2 \tag{5-28}$$

式中，K 为比例常数，对于大多数碳氢化合物，K 值约为 7.02×10^{-3} J/cm³。

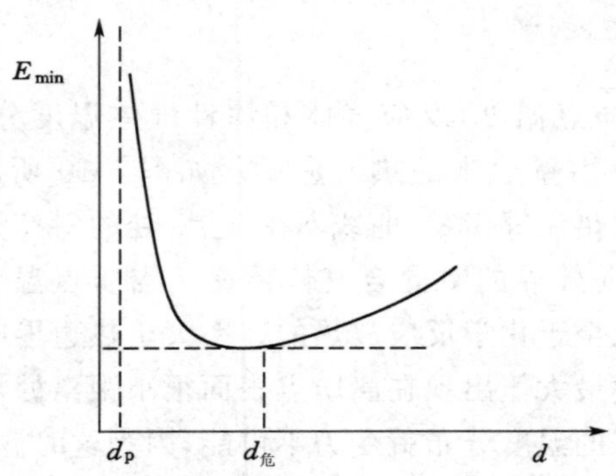

图 5-11 最小引燃能 E_{min} 与电极熄火距离

在给定条件下，电极距离有一最危险值，电极距离大于或小于最危险值时，最小引燃能增加。电极距离等于最危险值时，最小引燃能最小。

在静止混气中，电极间的火花使气体加热，假设：① 火花加热区是球形，最高温度是混气理论燃烧温度 T_m，温度均匀分布 T_∞；② 引燃时，在火焰厚度 δ 内形成由温度 T_m 变成的线性温度分布；③ 电极间距离足够大，忽略电极的熄火作用；④ 反应为二级反应。物理模型如图 5-12 所示。

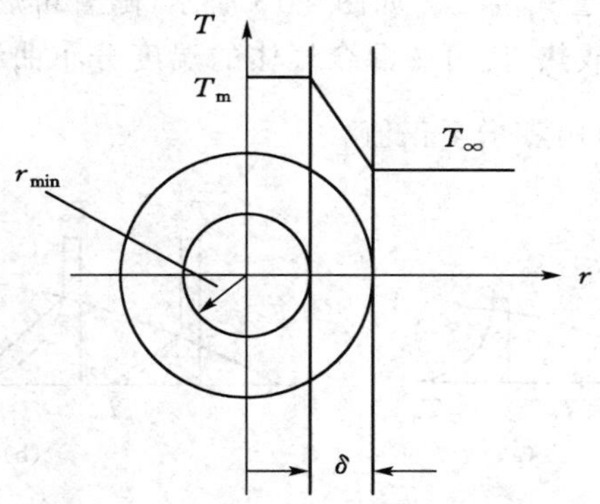

图 5-12　电火花点火模型

当火球半径达到最小火球半径时，其对应的能量为最小引燃能，引燃成功。现在求这个最小火球半径。

火球区的混气在电火花加热下进行化学反应并放出热量，同时，火球又通过表面向未燃混气散失热量。根据前面分析，如果引燃，在传播开始瞬间，化学反应放出的热量应等于火球导走的热量，火球的温度才会回升，并形成稳定的温度分布，同时向未燃混气传播出去，即

$$\frac{4}{3}\pi r_{min}^3 K_{os}\Delta H_c \rho_\infty^2 f_F \cdot f_{ox} e^{-\frac{E}{RT_m}} = -4\pi r_{min}^2 K\left(\frac{dT}{dr}\right)_{r=r_{min}} \tag{5-29}$$

上式右边的温度梯度可以近似简化为

$$-\left(\frac{dT}{dr}\right)_{r=r_{min}} = \frac{T_m - T_\infty}{\delta} \tag{5-30}$$

式中，δ 为层流火焰前沿厚度。若进一步假定

$$\delta = Cr_{min} \tag{5-31}$$

式中，C 为常数，将公式(5-30)、公式(5-31)代入公式(5-29)得

$$r_{min} = \left[\frac{3K(T_m - T_\infty)e^{\frac{E}{RT_m}}}{CK_{os}\Delta H_c \rho_\infty^2 f_F \cdot f_{ox}}\right]^{1/2} \tag{5-32}$$

对半径为 r_{min} 火球内的混气，温度从初温 T_∞ 升到理论燃烧温度 T_m，其能量是由电火花供给的，这个能量就是最小引燃能 E_{min}，即

$$E_{min} = K_1 \frac{4}{3}\pi r_{min}^3 \bar{c}_p \rho_\infty (T_m - T_\infty) \tag{5-33}$$

式中，K_1 为经验修正系数，因为电火花提供的最小引燃能 E_{min} 不一定恰好使混气温度升高到理论燃烧温度 T_m，往往比 T_m 高，所以用 K_1 修正所做的假定；$\bar{c}_p$ 为混气平均比定压热容。将公式(5-32)代入公式(5-33)得

$$E_{min} = K\bar{c}_p \lambda^{\frac{3}{2}} \Delta H_c^{-3/2} f_F^{-3/2} f_{ox}^{-3/2} \rho_\infty^{-2} (T_m - T_\infty)^{5/2} e^{\frac{3E}{2RT_m}} \tag{5-34}$$

上式即为电火花引燃最小能量的半经验公式，式中 K 为常数，

$$K = K_1 \frac{4}{3}\pi\left(\frac{3}{CK_{os}}\right)^{3/2} \tag{5-35}$$

5.2.4 炽热平板点火

设有一般温度为 T_a 的可燃混气流沿某个温度很高（$T_w > T_{cr}$）的惰性平板流动，T_w 为平板温度，T_{cr}为可燃混气的着火温度。如图 5-13 所示，随着可燃混合气体沿着平板流过距离的加长，则由于化学反应放热，使可燃混合气体的温度分布曲线变形加剧，主要是温度梯度$\left.\frac{\partial T}{\partial y}\right|_x$从负值增大至零，再由零增至正值。

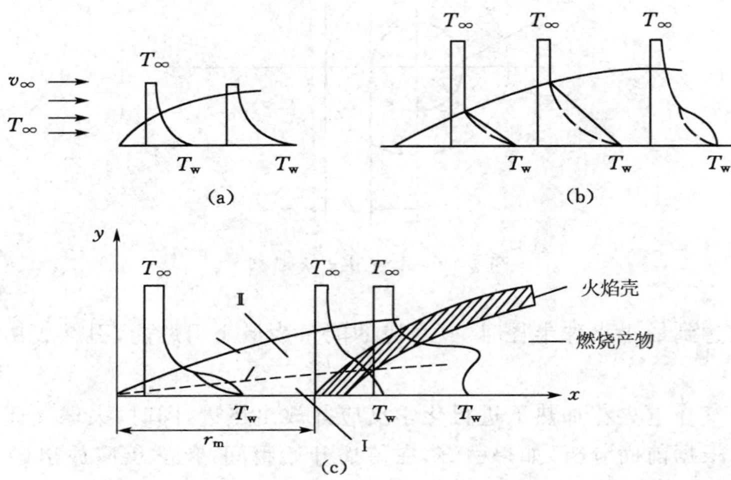

图 5-13　可燃气流过热平板时的温度分布

图 5-13(a)表示流向灼热平板的气流是惰性气体，气流中无化学变化。平板附近气流的温度分布主要是由于平板与气流间的热传导而产生的。图 5-13(b)是可燃混气流向灼热平板，由于可燃混合气体在一定温度下反应放热将使平板附近可燃混合气体的温度分布曲线发生变形。

通常以$\frac{\partial T}{\partial y}=0$时认为开始着火出现火焰，此时燃气流过的距离称为着火距离 x_{ig}。很显然，若炽热平板长 $L \geqslant x_{ig}$，则燃气就能点燃，若 $L < x_{ig}$，就不能点燃。

如果炽热平板的温度很高（$T_w > T_{cr}$），则可燃气体的着火距离 x_{ig}就小，换句话说，较短的炽热平板就能点燃可燃气体。反之，T_w 较低时（T_w 略高于 T_{cr}），则炽热平板必须较长才能点燃混合气体。那么炽热平板物体温度 T_w 与其长 L 之间的关系则是下面所要讨论研究的内容。

设图 5-14 是一个温度为 T_w 的平板，在平板附近距平板距离为 y 处有厚度为 dy 的一层微元气体，并设其微元的表面积为 S，气体导热系数为 λ 则对其微元而言有如下关系：

导入微元内的热量为

$$q_1 = \left(-\lambda \frac{\mathrm{d}T}{\mathrm{d}y}\right)S \tag{5-36}$$

从微元中导出的热量为

$$q_2 = \left(-\lambda \frac{\mathrm{d}T}{\mathrm{d}y} - \lambda \frac{\mathrm{d}^2 T}{\mathrm{d}y^2}\right)S \tag{5-37}$$

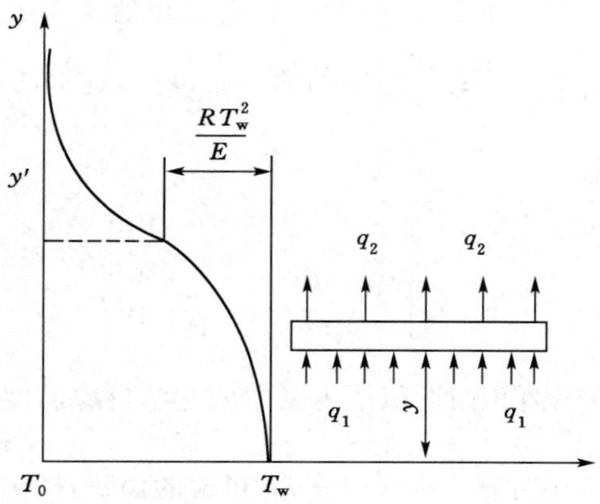

图 5-14　炽热平板表面边界层能量示意图

微元内由化学反应而产生的热量为

$$q_3 = k_0 \exp\left(-\frac{E}{RT}\right) c^n QS\,\mathrm{d}y \tag{5-38}$$

微元内热平衡

$$q_1 - q_2 + q_3 = \left(-\lambda \frac{\mathrm{d}T}{\mathrm{d}y}\right)S - \left(-\lambda \frac{\mathrm{d}T}{\mathrm{d}y} - \lambda \frac{\mathrm{d}^2 T}{\mathrm{d}y^2}\right)S + k_0 \exp\left(-\frac{E}{RT}\right) c^n QS\,\mathrm{d}y = 0$$

即

$$\lambda \frac{\mathrm{d}^2 T}{\mathrm{d}y^2} + k_0 \exp\left(-\frac{E}{RT}\right) c^n Q = 0 \tag{5-39}$$

将式(5-39)两边乘上 $\mathrm{d}T$ 进行积分，左边第一项积分为

$$\int \lambda \frac{\mathrm{d}^2 T}{\mathrm{d}y^2}\mathrm{d}T = \int \lambda \frac{\mathrm{d}T}{\mathrm{d}y}\mathrm{d}\left(\frac{\mathrm{d}T}{\mathrm{d}y}\right) = \frac{\lambda}{2}\left(\frac{\mathrm{d}T}{\mathrm{d}y}\right)^2 \tag{5-40}$$

左边第二项积分为

$$\int k_0 \exp(-E/RT) c^n Q\,\mathrm{d}T = k_0 c^n Q \int \exp(-E/RT)\,\mathrm{d}T \tag{5-41}$$

为了解题方便，可以仅是认为，在炽热平板附近的边界层内可燃气浓度 c 均匀分布，则边界层的化学反应速度分布就只取决于阿伦尼乌斯因子 $\exp(-E/RT)$。由于阿伦尼乌斯因子与温度呈指数关系，随温度升高而迅速增加，在高温区曲线十分陡峭，如图 5-15 所示。

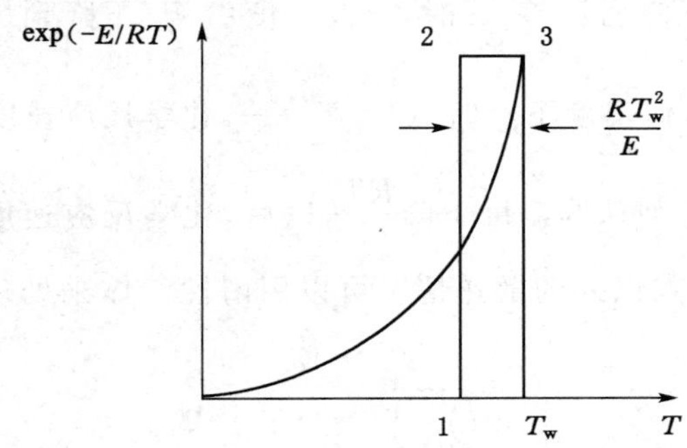

图 5-15　阿伦尼乌斯因子 $\exp(-E/RT) \sim T$ 曲线

因 $\exp(-E/RT)$ 曲线在高温区非常陡峭，则我们可近似地认为边界层内可燃气的反应集中于壁面附近温度在 T_w 至 $\left(T_w-\frac{RT_w^2}{E}\right)$ 之间的那一层以内，这里的 $\frac{RT_w^2}{E}$ 是借用了热自燃过程中的 $T_B-T_0\approx\frac{RT_0^2}{E}$ 的概念。

对式(5-41)做定积分：

$$k_0c^nQ\int_{T_w-\frac{RT_w^2}{E}}^{T_w}\exp\left(-\frac{E}{RT}\right)\mathrm{d}T \tag{5-42}$$

由于 $T_w\gg\frac{RT_w^2}{E}$，故在积分区内我们近似认为其中的化学反应温度为常数 T_w，则上面的积分值可以近似认为是图 5-15 中方框 1—2—3—T_w 包含的面积，即为 $\frac{RT_w^2}{E}\exp\left(-\frac{E}{RT_w}\right)$。

将式(5-40)及式(5-42)代入式(5-39)并整理得

$$\left(\frac{\mathrm{d}T}{\mathrm{d}y}\right)_{y'}=-\sqrt{\frac{2k_0c^nQRT_w^2}{\lambda E}\exp\left(-\frac{E}{RT_w}\right)} \tag{5-43}$$

式(5-43)前去符号是因 $\frac{\mathrm{d}T}{\mathrm{d}y}$ 随 y' 值增大而减少。

另一方面，由于在 y' 点化学反应速度为负值，在此我们可讨论一下其下降规律。设当温度由 T_w 下降了 ΔT 温度以后化学反应下降的倍数可计算如下，采用对数计算。

$$\begin{aligned}\ln\frac{\exp(-E/RT_w)}{\exp\left[-\frac{E}{R(T_w-\Delta T)}\right]}&=\ln\exp(-E/RT_w)-\ln\exp\left[-\frac{E}{R(T_w-\Delta T)}\right]\\&=-\frac{E}{RT_w}+\frac{E}{R(T_w-\Delta T)}\\&=\frac{E}{RT_w}\left(\frac{1}{1-\Delta T/T_w}-1\right)\\&=-\frac{E}{RT_w}\left\{\left[1+\frac{\Delta T}{T_w}+\left(\frac{\Delta T}{T_w}\right)^2+\cdots\right]-1\right\}\\&=\frac{E}{RT_w}\frac{\Delta T}{T_w}\\&=\frac{\Delta T}{RT_w^2/E}\end{aligned} \tag{5-44}$$

由此可见，当温度下降 $\Delta T=\frac{RT_w^2}{E}$ 时，以及温度由 T_w 下降到 $\left(T_w=\frac{RT_w^2}{\mathrm{E}}\right)$，阿伦尼乌斯因子下降 $\mathrm{e}^1=2.718$ 倍，但温度下降时 $\Delta T=2\,\frac{RT_w^2}{\mathrm{E}}$，化学反应速度下降约为 $\mathrm{e}^2=7.39$ 倍，下降非常迅速，故一般近似认为温度下降 $\frac{RT_w^2}{E}$ 以后，化学反应速度较小，化学反应热可忽略不计。也就是说在 y' 点以外的散热情况可以用惰性气体来处理(即无化学反应放热)，则在 y' 点，

$$-\lambda\left(\frac{\mathrm{d}T}{\mathrm{d}y}\right)_{y'}=\eta(T_w-T_0) \tag{5-45}$$

式中，η 为表面换热系数。又由传热学可知，努塞尔数为

$$Nu=\frac{\eta L}{\lambda} \tag{5-46}$$

联立式(5-43)、式(5-45)、式(5-46)得

$$\frac{Nu}{L}=\sqrt{\frac{2k_0c^nQR}{\lambda E}\frac{T_w^2}{(T_w-T_0)^2}\exp\left(\frac{-E}{RT_w}\right)} \tag{5-47}$$

式(5-47)是经过一系列近似以后而解出的强燃温度 T_w 的计算式，由此就可解出 T_w。一般的强燃温度要比热自燃高出数百度，强燃温度一般在 1 000 ℃以上，而一般的可燃混合气体的热自燃温度约在 200～600 ℃之间。

式(5-47)的另一方面的重要意义是：给出了平板定性尺寸 L 与强燃温度 T_w 的关系，对于其他非平板类炽热物体也可导出类似式(5-47)的计算式。我们由式(5-47)不难看出，当平板尺寸(长度)L 减小时，式(5-47)左端增加，因而解出的阿伦尼乌斯因子就要增大，也即解出的强燃温度要高，则强燃过程困难，反之则相反。如果实际的强燃过程炽热平板 L 很长且其温度 T_w 又较高，则上式实质是表征着点火距离与炽热平板温度的关系。

当炽热点火过程中的某些参量一定时，如可燃混气成分、压力及气流速度、导热系数一定时，理论和实践都表明，炽热平板的温度 T_w 与其点火距离 x_{ig} 成指数关系，即随着着火温度 T_w 的下降，点火距离 x_{ig} 成指数式增加，如图 5-16 所示。同时我们还得出这样的结论：即在混合可燃气的成分、压力、平板温度 T_w 及导热系数 λ 等一定时，混合气体的着火距离与燃气流速成正比，如图 5-17 所示。

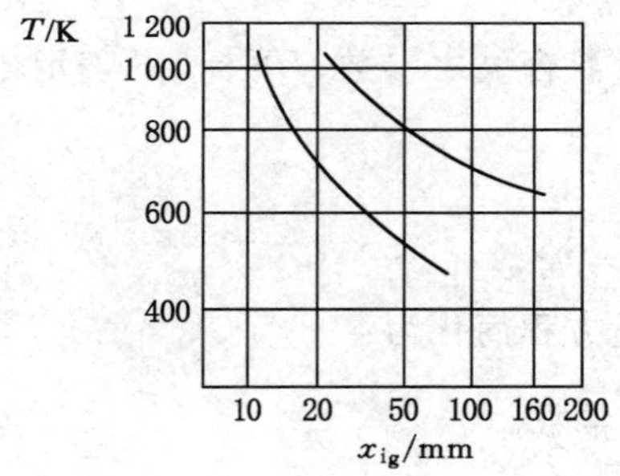

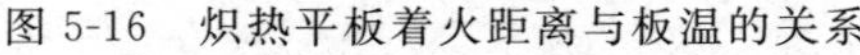

图 5-16 炽热平板着火距离与板温的关系

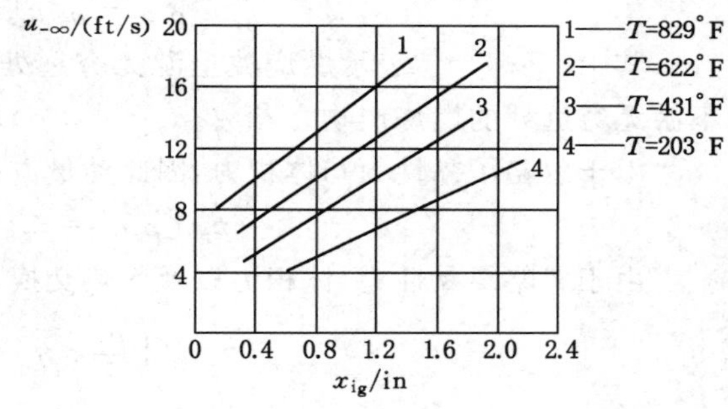

图 5-17 炽热平板着火距离与混气速度的关系

(注：1 ft=0.304 8 m，1 in=25.4 mm)

5.3 预混燃烧的火焰传播

5.3.1 火焰传播基本理论

如果在静止的可燃混合气中某处发生了化学反应，则随着时间的进展，此反应将在混合气中传播，根据反应机理的不同，可划分为缓燃和爆震两种形式。火焰正常传播是依靠导热和分子扩散使未燃混合气温度升高，并进入反应区而引起化学反应。从而使燃烧波不断向未燃混合气中推进。这样传播形式的速度一般不大于 1～3 m/s。传播是稳定的，在一定的物理、化学条件下(例如温度、压力、浓度、混合比等)，其传播速度是一个不变的常数。而爆震波的传播不是通过传热、传质发生的，它是依靠激波的压缩作用使未燃混合气的温度不断升高而引起化学反应的，从而使燃烧波不断向未燃混合气中推

进。这种形式的传播速度很高，常大于 1 000 m/s，这与正常火焰传播速度形成了明显的对照，其传播过程也是稳定的。

为了研究其基本特点，考察一种最简单的情况，即一维定常流动的平面波，也即假定混合气的流动(或燃烧波的传播速度)是一维的稳定流动；忽略黏性力及体积力；并假设混合气为完全气体；其燃烧前后的比定压热容 c_p 为常数；其分子量也保持不变；反应区相对于管子的特征尺寸(如管径)是很小的；与管壁无摩擦、无热交换。在分析过程中，我们不是分析燃烧波在静止可燃混合气中的传播，而是把燃烧波驻定下来，而可能混合气不断向燃烧波流来，则燃烧波相对于无穷远处可燃混合气的流速 u_∞ 就是燃烧波的传播速度，如图 5-18 所示。

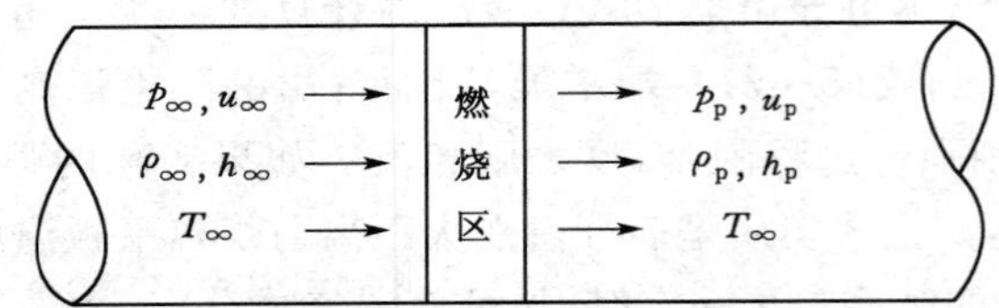

图 5-18　水平管内可燃预混气燃烧波的传播

根据以上假设，其守恒方程如下：

连续方程：

$$\rho_p u_p = \rho_\infty u_\infty = m = \text{常数} \tag{5-48}$$

其中，下标"∞"表示燃烧波上游无穷远处的可燃混合气之参数。下标"p"表示燃烧波下游无穷远处的燃烧产物之参数。

由于忽略了黏性力与体积力，因此动量方程为：

$$p_p + \rho_p u_p^2 = p_\infty + \rho_\infty u_\infty^2 = \text{常数} \tag{5-49}$$

由于忽略了黏性力、体积力以及无热交换，则能量方程简化为：

$$h_p + \frac{u_p^2}{2} = h_\infty + \frac{u_\infty^2}{2} = \text{常数} \tag{5-50}$$

状态方程：

$$p = \rho R T$$

或

$$p_p = \rho_p R_p T_p \qquad\qquad p_\infty = \rho_\infty R_\infty T_\infty$$

对于比热容不变化的热量方程为：

$$\left.\begin{aligned} h_p - h_{p*} &= c_p (T_p - T_*) \\ h_\infty - h_{\infty *} &= c_p (T_\infty - T_*) \end{aligned}\right\} \tag{5-51}$$

其中，h_* 是在参考温度 T_* 时的焓(包括化学焓)。

由式(5-50)、(5-51)得：

$$c_p T_p = \frac{u_p^2}{2} - (\Delta h_{\infty p})_* = c_p T_\infty + \frac{u_\infty^2}{2} \tag{5-52}$$

其中 $(\Delta h_{\infty p})_* = h_{p*} - h_{\infty *} = Q$(单位质量可燃混合气之反应热)，因此式(5-52)可改写为：

$$c_p T_p + \frac{u_p^2}{2} - Q = c_p T_\infty + \frac{u_\infty^2}{2} \tag{5-53}$$

由方程(5-48)、(5-49)得：

$$p_\infty+\frac{m^2}{\rho_\infty}=p_{\mathrm{p}}+\frac{m^2}{\rho_{\mathrm{p}}} \tag{5-54}$$

或

$$\frac{p_{\mathrm{p}}-p_\infty}{\dfrac{1}{\rho_{\mathrm{p}}}-\dfrac{1}{\rho_\infty}}-m^2=-\rho_\infty^2u_\infty^2=-\rho_{\mathrm{p}}^2u_{\mathrm{p}}^2 \tag{5-55}$$

此方程在 $p\sim1/\rho$（或比体积 $v=1/\rho$）图上是一直线，其斜率为 $-m^2$，此直线称瑞利(Rayleigh)线，它是在给定初态 p_∞、ρ_∞ 的情况下，过程终态 p_{p}、ρ_{p} 间应满足的关系。

另一方面，由式(5-51)和式(5-53)、(5-55)得：

$$\begin{aligned}h_{\mathrm{p}}-h_\infty&=c_{\mathrm{p}}T_{\mathrm{p}}-c_{\mathrm{p}}T_\infty-Q=\frac{m^2}{2}\left(\frac{1}{\rho_\infty^2}-\frac{1}{\rho_{\mathrm{p}}^2}\right)\\&=\frac{m^2}{2}\left(\frac{1}{\rho_\infty}-\frac{1}{\rho_{\mathrm{p}}}\right)\left(\frac{1}{\rho_\infty}+\frac{1}{\rho_{\mathrm{p}}}\right)=\frac{1}{2}(p_{\mathrm{p}}-p_\infty)\left(\frac{1}{\rho_\infty}+\frac{1}{\rho_{\mathrm{p}}}\right)\end{aligned} \tag{5-56}$$

利用状态方程及 $c_{\mathrm{p}}/R=\dfrac{\gamma}{\gamma-1}$（$\gamma$ 是比热容比），消去温度得：

$$\left(\frac{\gamma}{\gamma-1}\right)\left(\frac{p_{\mathrm{p}}}{\rho_{\mathrm{p}}}-\frac{p_\infty}{\rho_\infty}\right)-\frac{1}{2}(p_{\mathrm{p}}-p_\infty)\left(\frac{1}{\rho_\infty}+\frac{1}{\rho_{\mathrm{p}}}\right)=Q \tag{5-57}$$

该方程称休贡纽(Hugoniot)方程，它在 $p\sim1/\rho$ 图上的曲线为休贡纽曲线，它是在消去参量 m 之后，在给定初态 p_∞、ρ_∞ 及反应热 Q 的情况下，终态 p_{p}、ρ_{p} 之间的关系。

此外，可以从式(4-8)得：

$$u_\infty^2\left(\frac{1}{\rho_\infty}-\frac{1}{\rho_{\mathrm{p}}}\right)=\frac{p_{\mathrm{p}}-p_\infty}{\rho_\infty^2}$$

即

$$u_\infty^2=\frac{1}{\rho_\infty^2}\left[(p_{\mathrm{p}}-p_\infty)\Big/\left(\frac{1}{\rho_\infty}-\frac{1}{\rho_{\mathrm{p}}}\right)\right]$$

因为声速 c_∞ 可写成：

$$c_\infty^2=\gamma RT_\infty=\gamma p_\infty\frac{1}{\rho_\infty}$$

代入上式得：

$$\gamma M_\infty^2=\left(\frac{p_{\mathrm{p}}}{p_\infty}-1\right)\Big/\left[1-\frac{1/\rho_{\mathrm{p}}}{1/\rho_\infty}\right] \tag{5-58}$$

或

$$\gamma M_\infty^2=\left(1-\frac{p_{\mathrm{p}}}{p_\infty}\right)\Big/\left[\frac{1/\rho_{\mathrm{p}}}{1/\rho_\infty}-1\right] \tag{5-59}$$

其中，M_∞ 为马赫数。

一旦混合气的初始状态(p_∞，T_∞)给定，则最终状态(p_{p}，ρ_{p})必须同时满足式(5-55)和式(5-57)，即在 $p\sim1/\rho$ 图上瑞利直线与休贡纽曲线之交点就是可能达到的终态。现在我们将瑞利直线(m 不同时可得一组直线)和休贡纽曲线(当 Q 不同时可得一组曲线)同时画在 $p\sim1/\rho$图上，如图 5-19 所示。分析图 5-19 可得出如下一些重要结论。

(1) 图 5-19 中(p_∞，$1/\rho_\infty$)是初态，通过(p_∞，$1/\rho_\infty$)点分别作 p_{p} 轴、$1/\rho_{\mathrm{p}}$ 轴的平行线(即图中互相垂直的两条虚线)，则将(p_{p}，$1/\rho_{\mathrm{p}}$)平面分成四个区域(Ⅰ、Ⅱ、Ⅲ、Ⅳ)。过程的终态

只能发生在(Ⅰ)、(Ⅲ)区,不可能发生在(Ⅱ)、(Ⅳ)区。这是因为从式(5-55)中可知,瑞利直线的斜率为负值,因此,通过(p_∞,$1/\rho_\infty$)点的两条虚直线是瑞利直线的极限状况,这样,休贡纽曲线中 DE 段(以虚线表示)是没有物理意义的,因此整个(Ⅱ)、(Ⅳ)区是没有物理意义的,终态不可能落在(Ⅱ)、(Ⅳ)区内。

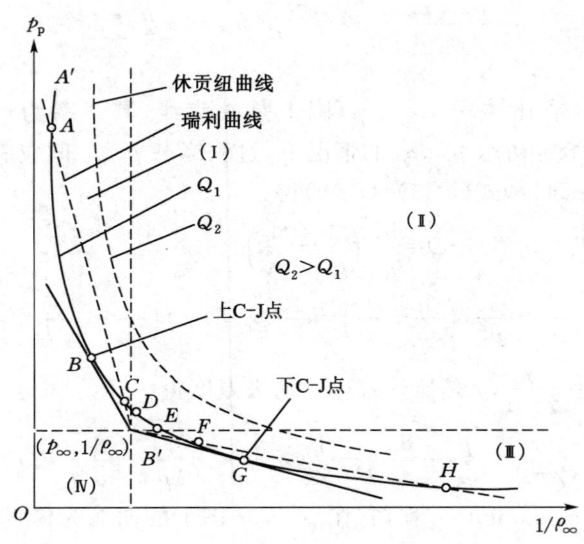

图 5-19　燃烧的状态图

(2) 交点 A、B、C、D、E、F、G、H 等是可能的终态。区域(Ⅰ)是爆震区,而区域(Ⅲ)是缓燃区。因为在(Ⅰ)区中,$1/\rho_p<1/\rho_\infty$,$p_p>p_\infty$,即经过燃烧波后气体被压缩,速度减慢。其次,由式(5-58)可知,这时等式右边分子的值要比 1 大得多,而分母小于 1,这样等式右边的数值肯定要比 1.4 大得多,若取 $\gamma=1.4$,则得 $M_\infty>1$,由此可见这时燃烧波是以超音速在混合气中传播的。因此(Ⅰ)区是爆震区。相反,在(Ⅲ)区 $1/\rho_p>1/\rho_\infty$,$p_p<p_\infty$,即经过燃烧波后气体膨胀,速度增加。同时由式(5-58)可知,这时等式右边的分子绝对值小于 1,而其分母绝对值大于 1,因此等式右边的值将小于 1,这样使 $M_\infty<1$,所以这时燃烧波是以压声速在混合气中传播的,该区称为缓燃区。

(3) 瑞利与休贡纽曲线分别相切于 B、G 两点。B 点称为上恰普曼—乔给特(Chapman-Jouguet)点,简称 C-J 点,具有终点 B 的波称为 C-J 爆震波。AB 段称为强爆震,BD 段称为弱爆震。在绝大多数实验条件下,自发发生的都是 C-J 爆震波,但人工的超音速燃烧可以造成强爆震波。EG 段为弱缓燃波,GH 段称为强缓燃波。实验指出,大多数的燃烧过程是接近于等压过程的,因此强缓燃波不能发生,有实际意义的将是 EG 段的弱缓燃波,而且是 $M_\infty\approx0$,本章讨论的便是弱缓燃波。

(4) 当 $Q=0$ 时,则休贡纽曲线通过初态(p_∞,$1/\rho_\infty$)点,这就是普通的气体力学激波。

表 5-2 和表 5-3 分别给出了缓燃(层流燃烧)火焰的绝热温度、传播速度和爆震波的传播速度、火焰温度及波后压力,表 5-4 为爆炸的浓度极限。数据表明:爆震波的传播速度、火焰温度和波后压力均远大于缓燃的情况。因此爆震波的破坏力远大于缓燃燃烧。爆震波的形成除与可燃气、氧化剂的种类、性质、配比有关外,还与环境条件有关。空间尺寸越大,越容易转变成爆震波。

表 5-2　　可燃气与空气混合的层流火焰传播速度与浓度(1 个大气压,室温)

可燃性气体	最大层流火焰传播速度 /(cm/s)	可燃性气体浓度	
		vol/%	燃气比
甲烷	37.0	9.98	1.06
乙烷	40.1	6.28	1.14
丙烷	43.0	4.56	1.14
丁烷	37.9	3.52	1.13
戊烷	38.5	2.92	1.15
乙烯	75.0	7.43	1.15
丙烯	43.8	5.04	1.14
乙炔	154.0	9.80	1.30
甲醇	55.0	12.4	1.01
一氧化碳	43.0	52.0	2.57
氢气	291.2	43.0	1.80

表 5-3　　C-J 爆震特性值(1 个大气压,25 ℃)

可燃性混气	速度/(m/s)	压力/kPa	温度/℃
H_2 29.5%—空气	1 967	15.6	2 678
CH_4 9.5%—空气	1 801	17.2	2 510
C_2H_4 6.5%—空气	1 819	18.3	2 649
$2H_2+O_2$	2 834	18.8	3 409
CH_4+2O_2	2 392	29.4	3 454
$C_2H_4+3O_2$	2 376	33.5	3 665

表 5-4　　某些可燃物质的爆炸极限(与空气混合,1 个大气压)

可燃物质	下限 vol%	上限 vol%	可燃物质	下限 vol%	上限 vol%
氢气	4.0	75	一氧化碳	12.5	74
甲烷	4.9	15.4	乙炔	2.5	81
轻质汽油	1.3	7.0	苯	1.4	7.1
乙醇	4.3	19	二硫化碳	1.3	44
甲苯	1.4	6.7	氨	16	25

5.3.2　层流火焰传播速度

若在一容器中充满均匀混合气体,当用点火花或其他加热方式使混合气的某一局部燃烧,并形成火焰。此后依靠导热的作用将能量输送给火焰邻近的冷混合气层,使混合气温度升高而引起化学反应,并形成新的火焰。这样,一层一层的混合气依次着火,也就是薄薄的化学反应区开始由点燃的地方向未燃混合气传播，它使已燃区与未燃区之间形成了明显的分界线，称这层薄薄的化学反应发光区为火焰前沿。

试验证明，火焰前沿厚度相对于系统的特性尺寸来说是很薄的，因此在分析实际问题时经常把它看成一个几何面。

火焰位移速度是火焰前沿在未燃混合气中相对于静止坐标系的前进速度，其前沿的法向指向未燃气体。若火焰前沿在 t 到 $t+\mathrm{d}t$ 时间间隔内的位移为 $\mathrm{d}n$，则位移速度为：

$$u=\frac{\mathrm{d}n}{\mathrm{d}t} \tag{5-60}$$

火焰法向传播速度是指火焰相对于无穷远处的未燃混合气在其法线方向上的速度。若火焰前沿的位移速度为 u，未燃混合气流速为 w，它在火焰前沿法向上之分速度为 w_n，则火焰法向传播速度 S_1 为：

$$S_1=u\pm w_n \tag{5-61}$$

当位移速度 u 与气流速度的方向一致时，取负号。反之则取正号。当气流速度 $w=0$ 时，$S_1=u$，这时我们所观察到的火焰移动的速度就是火焰传播速度。

设想在一圆管中有一平面形焰锋（实际上，火焰在管中传播时焰锋呈抛物线形状），焰锋在管内稳定不动，预混可燃混合气体以 S_1 的速度沿着管子向焰锋流动（图 5-20）。实验指出，火焰前锋是一很窄的区域，其宽度只有几百甚至几十微米，它将已燃气体与未燃气体分隔开，并在这很窄的宽度内（由截面 o—o 到 a—a）完成化学反应、热传导和物质扩散等过程。图 5-20 中示出了火焰焰锋内反应物的浓度、温度及反应速度的变化情况。由于火焰前

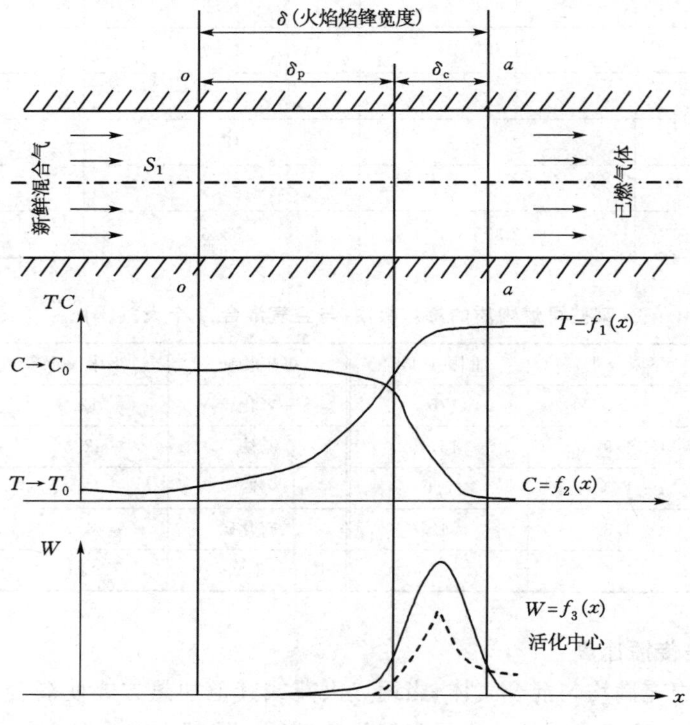

图 5-20　稳定的火焰前锋

锋的宽度和表面曲率很小，可以认为在焰锋内温度和浓度只是坐标 x 的函数。从图中可以看出：在前锋宽度内，温度由原来的预混气体的初始温度 T_0 逐渐上升到燃烧温度 T_f，同时反应物的浓度 C 由 o—o 截面上的接近于 C_0 逐渐减少到 a—a 截面上接近于零（严格地说，预混气体初始状态 $T=T_0$、$C=C_0$、$W=0$，应相当于 $x\to-\infty$ 处截面；而已燃气体的最终状态 $T=T_f$、$C=0$、$W=0$，应相当于 $x\to+\infty$ 处截面）。在火焰前锋内，实际上，只有 95%～98% 燃料发生了反应。火焰前锋的宽度极小，但在此宽度内温度和浓度变化很大，出现极大的温度梯度 $\mathrm{d}T/\mathrm{d}x$ 和浓度梯度 $\mathrm{d}C/\mathrm{d}x$，因而火焰中有强烈的热流和扩散流。热流的方向从高温火焰向低温新鲜混合气，而扩散流的方向则从高浓度向低浓度，如新鲜混合气的分子由 o—o 截面向 a—a 截面方向扩散，反之，燃烧产物分子，如已燃气体中的游离基和活化中心（如OH、H 等）则向新鲜混合气方向扩散。因此在火焰中分子的迁移不仅由于质量流（气体有方向的流动）的作用，而且还由于扩散的作用。这样就使火焰前锋整个宽度内产生了燃烧产物与新鲜混合气的强烈混合。

从图 5-20 中还可看到化学反应速度的变化情况。在初始较大宽度 δ_p 内，化学反应速度很小，一般可不考虑，其中温度和浓度的变化主要由于导热和扩散，所以这部分焰锋宽度统称为“预热区”，新鲜混合气在此得到加热。此后，化学反应速度随着温度的升高按指数函数规律急剧地增大，同时发出光与热，温度很快地升高到燃烧温度 T_f。在温度升高的同时，反应物浓度不断减少，因此化学反应速度达到最大值时的温度要比燃烧温度 T_f 略低，但接近燃烧温度。由此可见，火焰中化学反应总是在接近于燃烧温度的高温下进行的（这点很重要，它是火焰传播速度热力理论的基础）。化学反应速度愈快，火焰传播速度愈大，气体在火焰前锋内停留时间就愈短。但这短促的时间对于在高温作用下的化学反应来说是足够了。绝大部分可燃混合气（约 95%～98%）是在接近燃烧温度的高温下发生反应的，因而火焰传播速度也就对应于这个温度。这些变化都是发生在焰锋宽度余下的极为狭窄的区域 δ_c 内，在这区域内反应速度、温度和活化中心的浓度却达到了最大值。这一区域一般称为“反应区”或“燃烧区”或火焰前锋的“化学宽度”。焰锋的化学宽度总小于其物理宽度（或即焰锋宽度 δ），即 $\delta_c<\delta_p$。

在火焰焰锋中发生的化学反应还有一个特点，就是着火延迟时（即感应期）很短，甚至可以认为没有，这是与自燃过程不同的。因在自燃过程中，加速化学反应所需的热量和活化中心都是靠过程本身自行积累，因此需要一个准备时间；而在火焰焰锋中，导入的热流和活化中心的扩散都很强烈，预混气体温度的升高很快，因而着火准备期很短。

有关层流火焰传播速度的模型很多，本书仅介绍马兰特模型。其物理模型如图 5-21 所示。模型的主要思想是，若由Ⅱ区导出之热量能使未燃混合气之温度上升至着火温度 T_i，则火焰就能保持温度的传播。

并设反应区中温度分布为线性分布，即：

$$\frac{\mathrm{d}T}{\mathrm{d}x}=\frac{T_m-T_i}{\delta_c} \tag{5-62}$$

式中，δ_c 为反应区宽度。

因此热平衡方程式为

$$Gc_p(T_i-T_m)=Fk\,\frac{T_m-T_i}{\delta_c} \tag{5-63}$$

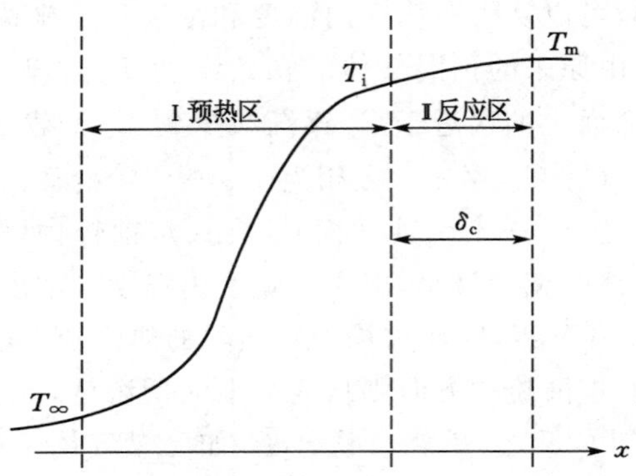

图 5-21　火焰前沿中的温度分布

其中，G 是质量流量，F 是管道的横截面积，k 是导热系数。因为：

$$G=\rho\cdot F\cdot u=F\cdot \rho_\infty\cdot S_1 \tag{5-64}$$

所以有：

$$\rho_\infty\cdot S_1\cdot c_p(T_i-T_\infty)=k\,\frac{T_m-T_i}{\delta_c}$$

或者：

$$S_1=\frac{k(T_m-T_i)}{\rho_\infty c_p(T_i-T_\infty)\delta_c}=a\,\frac{(T_m-T_i)}{(T_i-T_\infty)\delta_c} \tag{5-65}$$

式中，$a=\dfrac{k}{\rho_\infty c_p}$，$a$ 称为导温系数。

又因为

$$\delta_c=S_1\cdot \tau_c=S_1\,\frac{\rho_\infty\cdot f_{s\infty}}{W_s} \tag{5-66}$$

式中，τ_c 是化学反应时间，ρ_∞ 是混合气初始质量浓度，$f_{s\infty}$ 是混合气的初始质量相对浓度，W_s 是可燃混气反应速度。

将公式(5-66)代入公式(5-65)得

$$S_1=\sqrt{a\cdot\frac{(T_m-T_i)}{(T_i-T_\infty)}\cdot\frac{W_s}{\rho_\infty\cdot f_{s\infty}}} \tag{5-67}$$

公式(5-67)表明层流火焰传播速度 S_1 与导温系数 a 及化学反应速度 W_s 的平方根成正比。这一结论已由实验证明是正确的。

5.3.3　湍流火焰传播速度

我们知道真实流体总是有黏性的。这种真实的黏性流体的运动存在着两种有明显区别的流动状态，即层流和湍流(紊流)。

当流动的雷诺数 Re 大于或等于某一临界值以后，定常的层流流动将转变为非定常的紊乱的湍流流动。在湍流状态下，流体质点的运动参数(速度的大小和方向)、动力参数(压力的大小)等都将随时间不断地、无规律地变化。在湍流流场中，无数不规则的不同尺度的瞬息变化的涡团相互掺混地分布在整个流动空间，涡团自身经历着发生、发展和消失的过程。这种流体质点或微团的运动参数、动力参数随时间瞬息变化的现象称为脉动。它一般表现为非线性的随机运动。通过实验观测可以发现，湍流状态下的速度和压力是在一个平均值的上下脉动，该平均值则具有一定的规律性。

湍流流动有如下的宏观特征：

(1) 湍流流场是由许多不同尺度、不同形状的涡团相互掺混的流体运动场。单个流体微团具有完全不规则的瞬息变化的脉动特征。脉动是湍流与层流相区别的主要特征。

(2) 湍流流场中的各物理量都是随时间和空间变化的随机量，它们在一定程度上都具有某种规律的统计特征。因此，空间点上任一瞬时物理量 ϕ 可用其平均值 $\overline{\phi}$ 和脉动值 ϕ' 之和来表示，$\phi=\overline{\phi}+\phi'$。其平均值可看作不随时间变化，或按恒定规律随时间作缓慢变化。这种湍流流场具有准平稳性，称为准定常湍流。

(3) 湍流流场中任意两个邻近空间点的物理量彼此间具有某种程度的关联，如两点的速度关联，压力与速度的关联，密度与速度的关联等。不同的关联特性，表现在湍流方程中将出现各种相关项，它们依赖于不同的湍流结构和边界条件，且使得湍流运动出现各种各样的变化。

(4) 湍流由无数不规则的涡团构成，涡团与其周围的流体相互掺混而表现出湍流输运特性。涡团的逐级形变分裂，形成湍流能量传递过程，即由较大尺度的涡团形变分裂成较小尺度的涡团，再裂变成更小尺度的涡团，最后可达到某一极限值，小于该极限值时，可认为涡团已不存在。这时湍流脉动的能量耗散为分子紊乱运动的热能。如果没有外部能源使湍流运动连续发生，则湍流运动就会逐渐衰减而最终消失。

湍流火焰区别于层流火焰的一些明显特征如下：它的火焰长度短，厚度较厚，发光区模糊，有明显噪声等。其基本特点是燃烧强化，反应率增大。它可能是下述三种因素之一或共同引起的：

(1) 湍流可能使火焰面弯曲皱折，增大了反应面积，但是，在弯曲的火焰面的法向仍保持层流火焰速度；

(2) 湍流可能增加热量和活性物质的输运速率，从而增大了垂直于火焰面的燃烧速度；

(3) 湍流可以快速地混合已燃气和未燃新鲜可燃气，使火焰在本质上成为均混反应物，从而缩短混合时间，提高燃烧速度。

均相反应速率主要取决于混合过程中产生的已燃气和未燃气的比例。由此还可以看出，湍流燃烧是由湍流的流动性质和化学反应动力学因素共同起作用的，其中流动的作用更大。要特别指出的是，在层流燃烧中，输运系数是燃烧物质的属性，而在湍流燃烧中，所有输运流动的作用更大。要特别指出的是，在层流燃烧中，输运系数是燃烧物质的属性，而在湍流燃烧中，所有输运系数均与流动特性密切相关。所以，处理湍流燃烧问题比处理层流燃烧问题要复杂得多，不过，它又不会因雷诺数进一步增高而受到影响，这又使它在某些方面可以得到简化。

早期湍流燃烧的研究工作是德国的邓克勒和苏联的谢尔金开创的。他们用层流火焰传播概念来解释湍流燃烧机理，用湍流火焰速度来说明湍流燃烧过程。假设来流为湍流，使火焰变形，但并不破坏火焰锋面。弯曲皱折的火焰面上仍然是层流火焰。这样火焰的表面积就大大增加，从而增大了空间加热率。

如图 5-22 所示，假定湍流火焰是一维的，流场是均匀的，各向同性，湍流火焰传播速度 S_t 与来流速度 u_∞ 有关系，

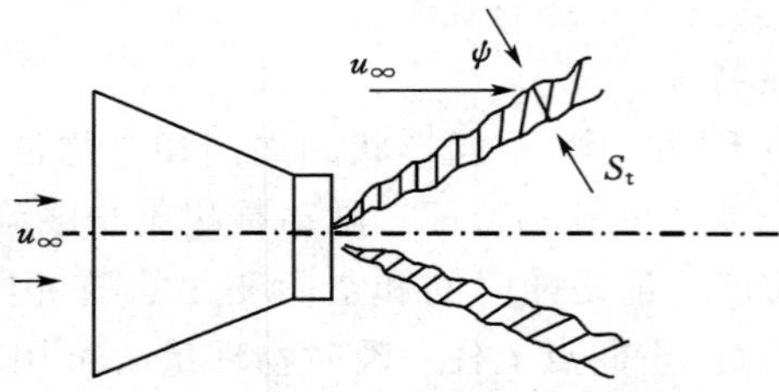

图 5-22　湍流火焰传播速度示意图

$$S_t = u_\infty \cos\psi$$

仿效一维层流火焰传播问题，可以写出一维准稳态湍流火焰能量平衡方程：

$$\rho_\infty c_p S_t \frac{dT}{dt} = \frac{d}{dx}\left[(\lambda+\lambda_t)\frac{dT}{dx}\right] + w_s Q_s \tag{5-68}$$

其中，分子导热系数 λ 和湍流导热系数 λ_t 均为常数，$\lambda_t = \rho_\infty c_p \sqrt{\overline{v'^2_x}} L_h$，$L_h$ 为湍流微团尺度。取无量纲温度 $\theta = \frac{T_m - T}{T_m - T_\infty}$，无量纲速度 $\overline{S}_t = \frac{S_t}{u_\infty}$ 和无量纲坐标 $\xi = \frac{x}{L}$，式中 L 为特征尺寸。代入式(5-68)，则该式的无量纲形式为

$$\overline{S}_t \frac{d\theta}{d\xi} = \frac{\alpha_\infty + \sqrt{\overline{v'^2_x}} L_h}{u_\infty L} \frac{d^2\theta}{d\xi^2} - \frac{L Q_s w_s}{\rho_\infty c_p u_\infty (T_m - T_\infty)} \tag{5-69}$$

进一步简化，可得

$$\overline{S}_t = A\left(\frac{\sqrt{\overline{v'^2_x}}}{u_\infty}\right)^\alpha \left(\frac{S_l}{u_\infty}\right)^\beta \tag{5-70}$$

或

$$S_t = A\left(\sqrt{\overline{v'^2_x}}\right)^\alpha (S_l)^\beta \tag{5-71}$$

式中，S_l 为层流火焰传播速度；$\alpha+\beta=1$。这就是说，湍流火焰传播速度取决于湍流脉动速度和层流火焰传播速度。

在实际燃烧技术中对湍流燃烧可按照大尺度湍流和小尺度湍流两种情况进行处理。

(1) 小尺度湍流

在 2 300<Re<6 000 范围内，湍流是小尺度的。此时，涡团尺寸和混合长度比火焰锋的厚度小得多。小尺度涡团的效应主要是增大火焰锋中输运过程的强度。在此情况下，热量和质量(组分)的传输和湍流扩散系数 μ_t 成正比，而不是和分子扩散系数 D_i(或 $\lambda/\rho c_p$)成正比的。层流火焰传播速度 S_l 是与 $\sqrt{\lambda/\rho c_p}$ 或 $\sqrt{D_i}$ 成正比。因此，可以合理地推论小尺度湍流火焰传播速度 S_t 与 $\sqrt{\mu_t}$ 成正比。于是

$$\frac{S_t}{S_l} = \left(\frac{\mu_t}{\lambda/\rho c_p}\right)^{1/2} \approx \left(\frac{\mu_t}{D_i}\right)^{1/2} \approx \left(\frac{\mu_t}{v}\right)^{1/2} \tag{5-72}$$

对于在管内的流动，$\mu_t/v \approx 0.01Re$，所以有近似关系式：$\frac{S_t}{S_l} \approx 0.1Re^{1/2}$。该分析结果与实验结果是相当一致的，如图 5-23 所示。

(2) 大尺度湍流

当 Re>6 000 时，湍流涡团尺寸相当大，超过了层流火焰的厚度，这时湍流的脉动速度

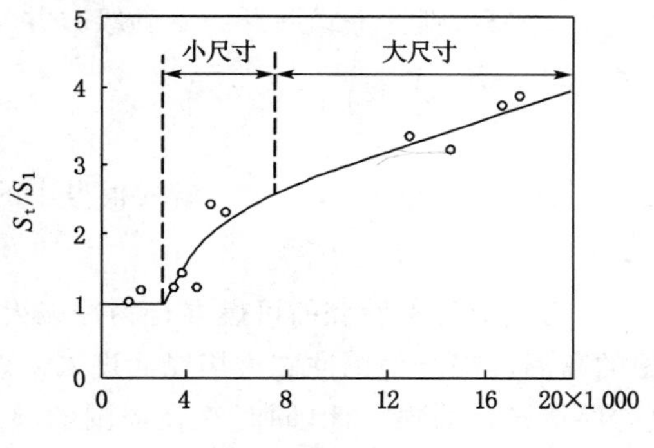

图 5-23　Re 对火焰速度影响

一般较小,但已足以使火焰面受到扭曲产生皱折火焰。如图 5-24 所示。火焰面上某几处由于向前的脉动速度 v'_x 比以平均速度 v_x 全面推进的整体火焰面跑得更快,而形成凸出的锥面,另外几处又由于向后的脉动速度 v'_x 而落后于平均火焰面,形成凹进的锥面。这样就使火焰锋面凹凸不平。在这凹凸不平的皱折火焰面上,各处火焰都以层流火焰传播速度 S_1 沿着该点的火焰面法线方向向未燃一侧推进。所以,每单位时间内燃烧的可燃混合物量就是层流火焰传播速度 S_1 与曲面面积 A_1 之积。如果这个烧掉的混合物量用整个火焰面平均位置的向前推进来计算,则应为湍流火焰传播速度 S_t 与火焰面平均位置的平面面积 A_t 之积,即

$$S_t A_t = S_1 A_1$$

A_1 与湍流特性有关。谢尔金将皱折的火焰面看成为圆锥面,锥底直径与平均涡团直径 d_e 相当,圆锥高度 h 等于脉动速度的均方根值 $\sqrt{\overline{v'^2_x}}$ 与时间 t 的乘积,脉动时间 t 可认为近似等于 d_e/S_1,即 $h=\sqrt{\overline{v'^2_x}}\,d_e/S_1$。

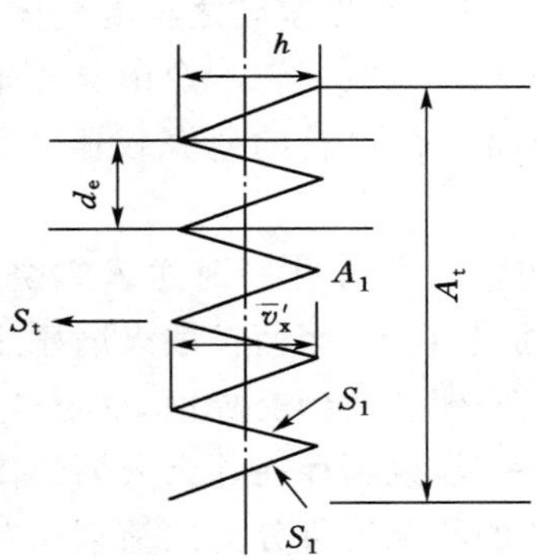

图 5-24　大尺度湍流皱折火焰简化模型

于是根据几何学的关系,可得

$$\frac{A_1}{A_t}=\frac{\frac{\pi}{2}d_e\sqrt{\left(\frac{d_e}{2}\right)^2+h^2}}{\frac{\pi}{4}d_e^2}=\sqrt{1+\frac{4h^2}{d_e^2}}=\sqrt{1+\left(\frac{2\sqrt{\overline{v'^2_x}}}{S_1}\right)^2} \tag{5-73}$$

对于大尺度的弱湍流，$\sqrt{\overline{v'^2_x}} \ll S_1$，则将上式展开为泰勒级数并略去高次项，得

$$\frac{S_t}{S_1}=\frac{A_1}{A_t}\approx 1+2\left(\frac{\sqrt{\overline{v'^2_x}}}{S_1}\right)^2 \tag{5-74}$$

对于大尺度的强湍流，$\sqrt{\overline{v'^2_x}} \gg S_1$，则式(5-73)中可略去根号中的1，得

$$S_t\approx\sqrt{\overline{v'^2_x}} \tag{5-75}$$

这时的火焰燃烧模型可以设想为成团的未燃烧的可燃混合物冲破火焰锋面进入高温的燃烧产物的包围之中，同样成团的高温燃烧产物也冲破火焰锋面进入未燃的预混气体中，形成岛状的封闭小块。这些小块均保持各自的独立性，同时又在周围的混气间进行火焰传播。可以说，这些取决于脉动速度的小块运动到哪里，火焰就传播到哪里。因此火焰传播速度就等于脉动速度。

5.4 扩散燃烧

5.4.1 扩散燃烧的概念

前面所讨论的各种燃烧问题，都是以预先均匀混合好的可燃混合气作为研究对象的，整个燃烧过程的进展主要取决于可燃混合气氧化的化学动力过程。但是这只是燃料燃烧的一种方式，在火灾中燃烧还有另一种方式，是燃料和氧化剂边混合边燃烧。这时燃烧过程的进展就不只决定于燃料氧化的化学动力过程，还决定于燃料与氧化剂(一般是空气)混合的扩散过程。如果燃烧过程的进展主要是由燃料与空气的扩散混合过程来决定，即化学反应速度大于混合速度，则此种燃烧过程称为扩散燃烧。

扩散燃烧可以是单相的，亦可以是多相的。石油和煤在空气中的燃烧属于多相扩散燃烧，而气体燃料的射流燃烧属于单相扩散燃烧。

在燃烧领域内，虽然气体燃料的扩散燃烧较之预混气体的燃烧有着更广泛的实际应用，但是却很少受到注意与研究。其原因是在于它不像预混气体火焰那样有着如火焰传播速度等易于测定的基本特性参数，因而现在对它的研究仅限于测定与计算扩散火焰的外形和长度。

气体扩散燃烧是气体燃料与空气分开并同时送入燃烧室中进行的燃烧。在扩散燃烧中，燃烧所需的氧气是依靠空气扩散获得，因而扩散火焰显然地产生在燃料与氧化剂的交界面上。燃料与氧化剂分别从火焰两侧扩散到交界面，而燃烧所产生的燃烧产物则向火焰两侧扩散开去。所以，对扩散火焰来说，就不存在什么火焰的传播。

射流扩散火焰根据射流流动的状况还可分为层流射流扩散火焰和湍流射流扩散火焰。显然，湍流射流的扩散混合要较层流为好，因此湍流射流火焰的长度就要比层流的短得多。此外，射流火焰还可根据喷燃器孔径的形状分为平面射流火焰(或二维的)与圆形射流火焰(或轴对称的)，前者是通过无限长的狭缝流出，后者则是通过圆形孔流出。

5.4.2 层流射流扩散火焰的形状和结构特点

在日常生活中最常见的层流扩散火焰为蜡烛火焰，或不预混的本生灯火焰。不预混的本生灯火焰可以通过关闭普通本生灯底部的一次空气孔来实现。最早研究层流扩散火焰的是伯克(Burke)和舒曼(Schumann)(1928)，他们利用如图5-25所示的两个同心圆管，在内

管通以气态燃料，外管通以空气，以相同速度在管内流动。这时观察到的扩散火焰外形可以有两种类型。一种是当外管中所供给的空气量足够多，超过内管燃料完全燃烧所需的空气量，或者是当燃料射流喷向大空间的静止空气中（亦就是说此时 d'/d 的比值相当大），这时扩散火焰呈封闭收敛状的圆锥形火焰（称为空气过量扩散火焰）；另一种是外管中所提供的空气量不足以供应内管中燃料射流完全燃烧所需，则此时火焰形状呈扩散的倒喇叭形火焰（称为空气不足扩散火焰）。由此可见，层流扩散火焰的外形取决于燃料与空气的混合浓度。扩散火焰的特征通常都是以化学反应瞬间发生的那个表面来描述的，而这个表面一般都假定与发光的燃烧表面相重合，即上述扩散火焰的外形。

在层流流动时，燃料射流燃烧所需的氧气是依靠分子扩散从周围空气中取得。如果喷燃器的形状是圆形，且在空气供应过量的情况下，燃烧火焰的形状是圆锥形。这是因为沿着流动方向，燃料气流因燃烧不断被消耗，所以燃烧区就逐渐向气流中心靠拢，最后汇聚于气流中心线上成为圆锥的顶点。

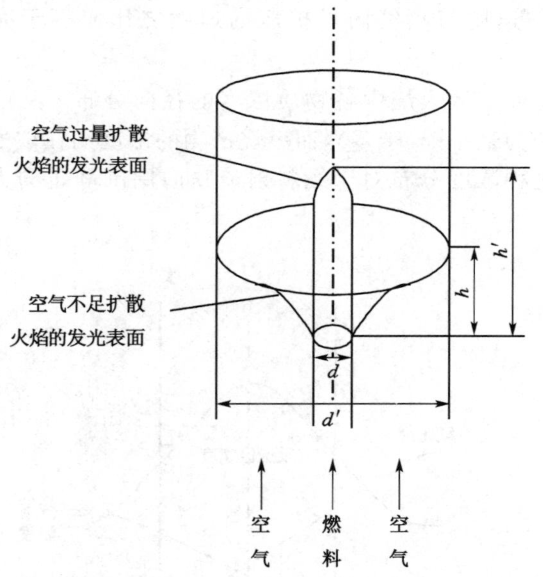

图 5-25　层流扩散火焰的外形

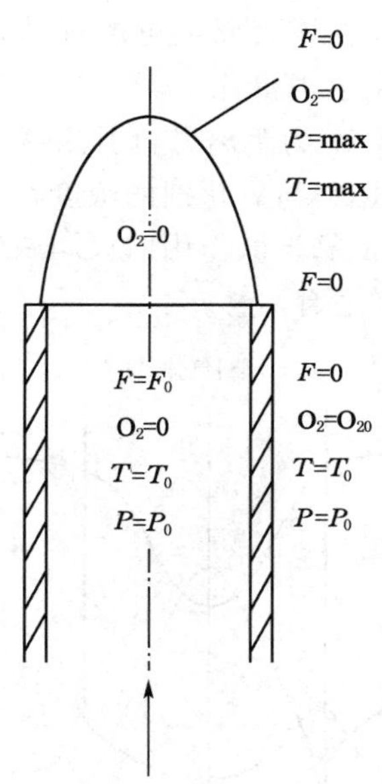

图 5-26　扩散火焰内外组成成分

F——气体燃烧；O_2——氧气；

P——燃烧产物；T——温度

显然，在火焰焰锋（亦即燃烧区）的内侧只有燃料没有氧气（空气），在其外侧只有氧气没有燃料（图 5-26）。依靠分子扩散使燃料与氧气各自向对方输送，在燃料与氧气之间比例达到化学当量比的各个位置上形成稳定的燃烧区（即火焰前锋），在其中燃烧迅猛地进行着，可以认为此时化学反应速度远远快于可燃质的扩散速度，因此整个燃烧过程的速度完全取决于燃料与氧气间的分子扩散速度。

为什么稳定燃烧区，或者说火焰前锋表面上混合物的组成正好是化学当量比？这是因为，在燃烧区不可能有过剩的氧量，亦不可能有过剩的燃料，否则燃烧区的位置将不能稳定。假设燃烧区有过剩的可燃气体，这时未燃尽的可燃气体将扩散到火焰外面的空间去，遇到氧气而着火燃烧，使进入燃烧区的氧量减少，这样燃烧区内可燃气体将更过剩。因此在这种情况下燃烧区位置就势必不可能维持稳定而要向外移,反之亦然。由此可知,扩散火焰只有在可燃气体和氧气的组成比符合化学当量比的表面上才可能稳定。

由进入燃烧区的可燃气体(燃料)与氧气所形成的可燃混合气因火焰前锋传播的热量而着火燃烧,生成的燃烧产物将向火焰的两侧扩散,稀释与加热可燃气体与氧气。因此火焰焰锋将燃烧空间分成两个区域:火焰的外侧只有氧气和燃烧产物而没有可燃气,为氧化区,而火焰的内侧只有可燃气体与燃烧产物而没有氧气,为还原区。

由于燃烧区内化学反应速度非常大,因此到达燃烧区的可燃混合气体实际上在顷刻间就燃尽,因此在燃烧区内它们的浓度为零,而燃烧产物的浓度与温度则达到最大值。此外,由于很大的化学反应速度,燃烧区的厚度(即焰锋的宽度)将变得很薄,所以在理想的扩散火焰中可以把它看成为一个表面厚度为零的几何表面,该表面对氧气和燃料都是不可渗透的,它的一边只有氧气,而其另一边却只有燃料。所以层流扩散火焰焰锋的外形只取决于分子扩散的条件而与化学动力学无关;它可作为一个几何表面利用数学分析来求出。在该表面上可燃气体向外扩散的速度与氧气向里扩散的速度之比应等于完全燃烧时化学当量比。

图 5-27 为距离燃料射流喷口某一高度处扩散火焰中各物质浓度的径向分布。从图中可看出,燃料与氧化剂的浓度在火焰前锋处为最小(等于零),而燃烧产物的浓度则在该处为最大,并依靠扩散作用向火焰两侧穿透。这种浓度分布对于燃料射流喷向周围静止的大气中亦同样适合。

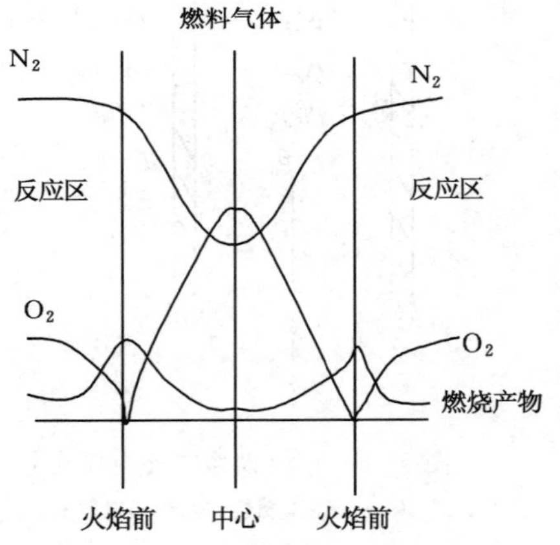

图 5-27　距燃料喷口某高度处扩散火焰中各物质浓度径向分布

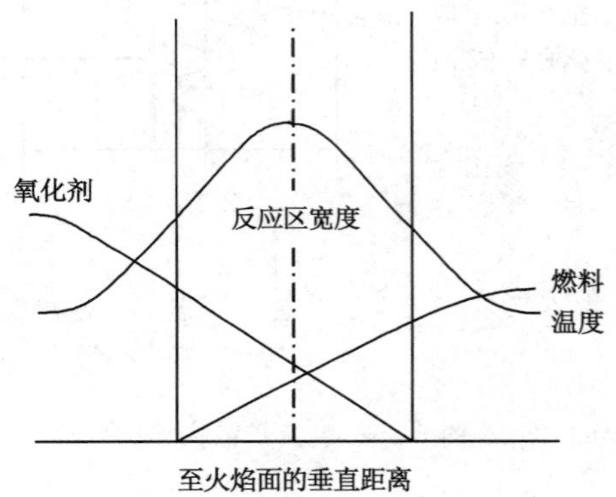

图 5-28　实际扩散火焰中温度及浓度的分布

实际上,扩散火焰中反应区并不是如上所述的那样无限的薄,如图 5-28 所示。实验表明,在主反应区中燃烧温度达到最大值,其中各种气体组成处于热力平衡的状态。在主反应区的两侧是预热区,它的特征是具有较陡的温度梯度。燃料和氧化剂在预热区中有着化学变化,因为几乎很少有氧气能通过主反应区进入燃料射流中,所以燃料在预热区中受到热传导和高温燃烧产物扩散而被加热,所发生的化学变化主要是热分解。此时可燃气体中的碳氢化合物会分解出碳粒子。温度越高,分解越剧烈。与此同时还可能增加复杂的、难燃烧的重碳氢化合物的含量。这些碳粒子与重碳氢化合物常常来不及燃烧以煤烟的形式被燃烧产物带走，造成化学不完全燃烧损失。所以，扩散燃烧的一个显著特点就是会产生不完全燃烧损失，这是预混火焰所没有的。

5.4.3　湍流射流扩散火焰的形状和结构特点

在火灾条件下的扩散燃烧是一般是湍流扩散燃烧。

可以通过这样一种方式来得到一股湍流射流：可燃气体（燃料）与空气分别输送，输送空气的速度非常小，故可以认为可燃气体是送入一个充满静止空气的空间。这样，可燃气体自喷燃器流出的速度 w_0 将决定气流的流动状态。如果气流速度足够大以致使气流处于湍流状态，那么就成为一股湍流射流。

射流自喷燃器出口以后，在湍流扩散的过程中自周围空间卷吸入空气，这样气流质量不断增加，射流的宽度亦不断扩大，而气流速度则不断减小并逐渐均匀，同时在射流宽度上形成各种不同浓度的混合物（见图 5-29）。

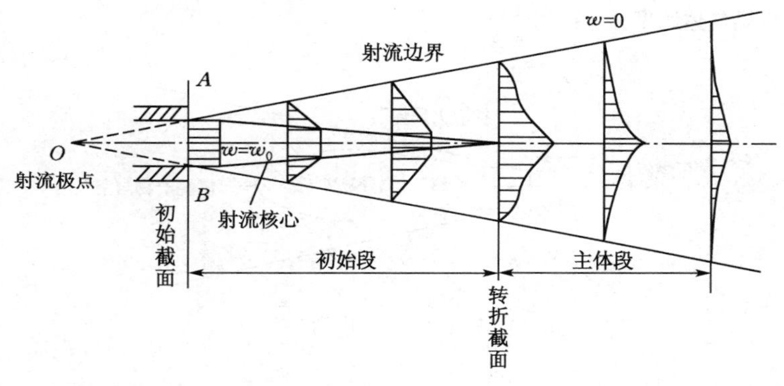

图 5-29　湍流射流

在射流初始段的等速度核心区中只有可燃气体，而可燃气体与空气的混合物仅在湍流边界层中存在。在射流的主体段中，任一截面上可燃气体的浓度分布如图 5-30 中的曲线所示，可燃气体浓度在射流轴心线上最大，在接近射流边界处浓度逐渐减小，而在边界上气体浓度则为零，且随着远离喷燃器，可燃气体浓度越来越小；相反，空气浓度在射流轴心线上为最小，愈靠近射流边界则愈大，且越远离喷燃器空气浓度亦愈大。

这样，在射流边界层上所形成的可燃混合物在不同位置处它们的组成比例显然是不同的。我们用研究层流扩散火焰所做的类似分析可以得到：在着火时气流中稳定的燃烧区（即火焰前锋）是位于混合物的组成比例相当于理论完全燃烧时化学当量比的表面上。由此可见，燃烧区的位置完全由湍流扩散的条件来决定，燃烧速度则由其扩散速度来确定。

现假设在某一截面上可燃气体与空气浓度分布如图 5-31 所示，在离开射流轴心线某一定距离的 A 点形成了化学当量比的混合物，在同一截面上通过这些点所组成的圆即形成了燃烧区（火焰前锋），在每个截面上通过这些相应的圆即组成了伸长的圆锥形扩散火焰焰锋（见图 5-32）。通过扩散进入燃烧区的氧气与可燃气体发生反应，释出相应的热量，而燃烧生成的燃烧产物则向燃烧区（火焰）两侧扩散。所以，在火焰内部是可燃气体与燃烧产物的混合物，没有氧气；而在火焰外侧则是燃烧产物和氧气（空气）的混合物，没有可燃气体。

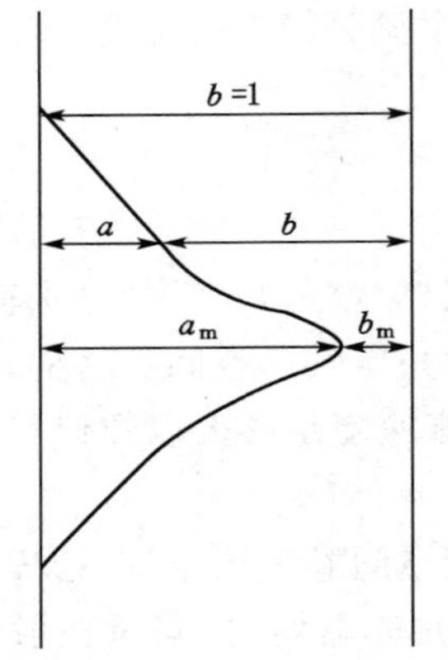

图 5-30　射流主体段中任一截面上可燃气体浓度分布曲线

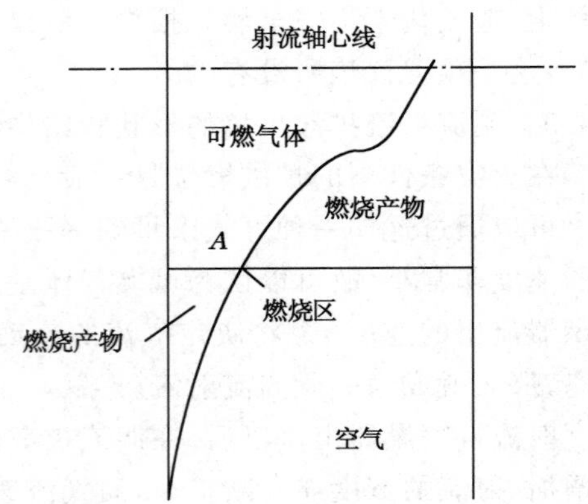

图 5-31　湍流扩散火焰的形成

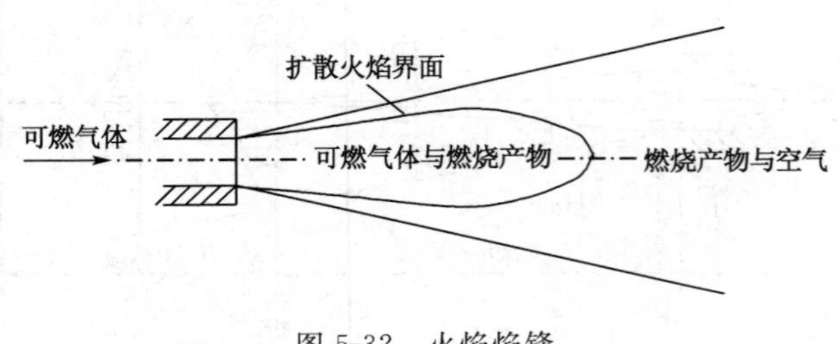

图 5-32　火焰焰锋

图 5-33 给出了火焰形状与高度随射流速度增加而变化的实验结果。从图 5-33 中可以看出，在流速比较低时，亦即处于层流状态时，火焰高度随流速的增加大致成正比提高，而在流速比较高时，亦即处于湍流状态时，火焰高度几乎与流速无关。

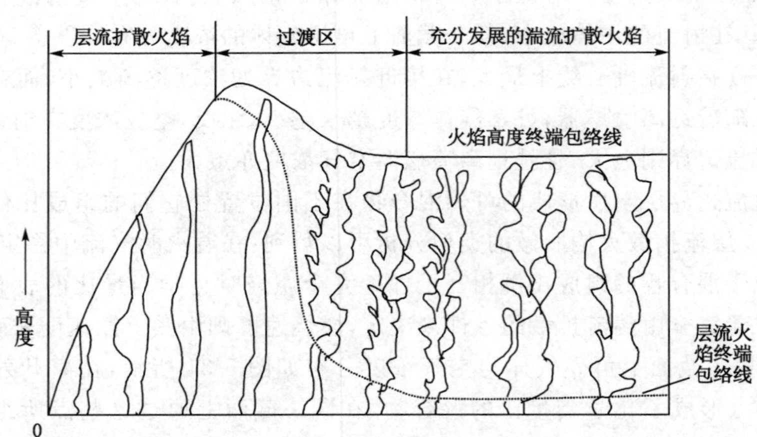

图 5-33　火焰形状及高度随射流速度增加的变化

在图 5-33 中还表示出扩散火焰由层流状态转变为湍流状态的发展过程。从图中可看出，层流扩散火焰焰锋的边缘光滑、轮廓显明、形状稳定，随着流速（或 Re 数）的增加，焰锋高度几乎成线性增高，直达到最大值；此后，流速的增加将使火焰焰锋顶端变得不稳定，并开始颤动。随着流速进一步的提高，这种不稳定现象将逐步发展为带有噪音的湍流刷状火焰，它从火焰顶端的某一确定点开始发生层流破裂并转变为湍流射流。由于湍流扩散，燃烧加快，迅速地使火焰的高度缩短，同时使由层流火焰破裂转为湍流火焰的那个破裂点向喷燃器方向移动。当射流速度达到使破裂点十分靠近喷口，亦即达到充分发展的湍流火焰条件后，速度若再进一步提高，火焰的高度以及破裂点长度 S 都不再改变而保持一个定值，但火焰的噪音却会继续增大，火焰的亮度亦会继续减弱。最后在某一速度下(该速度取决于可燃气的种类和喷燃器尺寸)，火焰会吹离喷管下。

扩散火焰由层流状态过渡为湍流状态一般发生在 Re 数为 2 000～10 000 的临界值范围内。过渡范围这样宽的原因是气体的黏度与温度有很大的关系，绝热温度相对高的火焰可以预期在相对高的 Re 数下进入湍流。相反，绝热温度相对低的火焰将会在相对低的 Re 数下进入湍流。

实验还发现，扩散层流火焰高度与氧和可燃气的化学当量比有关。1 mol 的可燃气所需要的氧气的摩尔数越多，其扩散火焰高度越高；反之，其扩散火焰高度就越低。

环境中氧含量减少时，火焰高度增加。

5.4.4　扩散火焰的长度

Hawthorne 等人根据对尺寸变化影响的研究得到了火焰长度、管子尺寸和流速之间的简单关系。图 5-34 表示内气流 A 和外气流 B 的混合过程，图中仅画出了管子 1 的情况，管子 2 的情况与之类似。

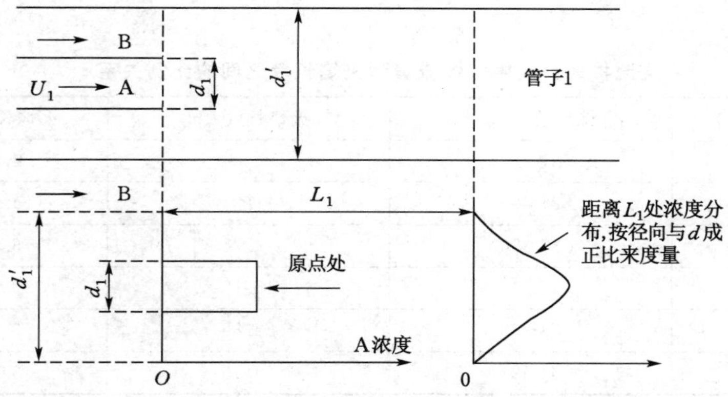

图 5-34　射流混合过程中尺寸的变化

假定 A 气流对这两种尺寸管子来说最初都占有相同的总面积份额，且气流 A 和 B 的速度比相同。如图 5-34 所示，开始混合点处的 A 浓度具有矩形分布，而在距离 L_1 或 L_2 处具有曲线分布。L_1 和 L_2 是按照这两种管子的中心线处的浓度相同来选定的。在每根管子中，任一区内两种气流的混合速率都与混合方向相垂直的面积以及与该面积相垂直的浓度梯度成正比，且其比例常数就是扩散常数 D。对于到 L_1 和 L_2 点完成的混合过程来说，所涉及的面积比为 d_1L_1/d_2L_2，其中 d_1 和 d_2 可以取内管或外管的直径。因为在下游相应距离处的浓度曲线是以正比于直径的尺度来度量，所以浓度梯度比就等于$(1/d_1)/(1/d_2)$。从而，在两种管子出口到相应点 L_1 和 L_2 处的混合速率比变为 D_1L_1/D_2L_2。在该体系中，单位时间内两管中已混合的 B 气体量之比等于流量比，即 $d_1^2U_1/d_2^2U_2$，其中 U_1 和 U_2 分别是管子 1 和管子 2 中气流 B 的速度。为了达到所假定的使点 L_1 和 L_2 处中心线浓度相等这一条件，已混合的气量比必须等于混合速率比。因此：

$$\frac{L_1D_1}{L_2D_2}=\frac{d_1^2U_1}{d_2^2U_2} \tag{5-76}$$

或：

$$L\propto d^2U/D \tag{5-77}$$

在层流火焰情况下，混合过程受分子扩散过程所支配，扩散系数与管子尺寸及气流速度无关。于是从式(5-77)得出，达到特定混合程度的长度 L 应于流量 d^2U 成正比。

在湍流火焰的情况下，系数 D 表示湍流混合系数或涡流扩散系数，它具有与分子扩散系数相同的因次，即(长度)^2/时间或长度/速度，但它与微观流体质点的运动有关，而与分子运动无关。涡流扩散系数是湍流尺度和强度的乘积，而管内的湍流尺度 L 与直径 D 成正比，而湍流强度与平均速度 U 成正比，因此，从式(5-77)得出：

$$L\propto \mathrm{d}^2U/\mathrm{d}U \text{ 或} \propto d \tag{5-78}$$

式(5-77)和式(5-78)揭示了层流火焰和湍流火焰之间的明显差别。前一关系式说明层流火焰的长度与气体速度和喷嘴面积成正比；而后一关系式说明湍流火焰长度仅与喷口的直径成正比。

表 5-5 是 Burke 和 Schumann 实验测得的空气中甲烷层流火焰的气体流量和火焰长度的数据。在实验中，甲烷从内管流入较粗的管中，在粗管中空气以相同的平均速度流动，燃烧时空气是过量的。

表 5-5　　层流扩散火焰中气体流量和火焰长度之间的比例关系

空气流量/(cm^3/h)	甲烷流量/(cm^3/h)	火焰长度/cm	火焰长度/甲烷流量
382 050	21 225	8.56	4.03×10^{-4}
509 400	28 300	11.36	4.01×10^{-4}
673 540	37 356	14.78	3.96×10^{-4}
834 850	46 412	18.78	3.97×10^{-4}
1 049 930	58 298	22.86	3.92×10^{-4}
1 163 130	64 524	25.15	3.90×10^{-4}

第6章 液体燃烧

液体是物质存在的一种形态,分子量较低的物质在温度低的情况下是固体,随着温度的升高会依次变成液体和气体,但是日常使用的很多材料在温度的影响下会发生化学变化——热分解,而不是形态的变化。举两个简单的例子,如1个大气压下,甲醇在温度低于−98 ℃时是固体,在−98～65 ℃是液体,高于65 ℃则变成气体;而木材在常温下是固体,受热后,其化学成分将热分解成一些液体和气体。

液体燃烧引起的火灾在我国消防行业中被称为B类火灾。美国曾经有一个统计数据给出了液体火灾中,液体燃料的种类及其造成人员伤亡事故的比例,见表6-1。

表6-1　液体燃料造成的人员伤亡事故

可燃液体	汽油	打火机油	烹调油	酒精	黏合剂	油漆稀释剂	溶解剂	煤油	其他油类
事故比例	68.4	5.3	4.4	4.0	1.9	1.9	1.9	1.6	10.6

液体燃料的着火与气体的着火区别不是太大,但是有一点例外,就是液体燃料必须首先蒸发,形成足够浓度的可燃蒸气,燃料蒸气的浓度至少达到着火浓度的下限才能发生着火,这个观点实际上直到1931年才被人们所最终证明。根据液体燃料蒸发与汽化的特点,可将其燃烧形式分为液面燃烧、灯芯燃烧、蒸发燃烧和雾化燃烧四种。

液面燃烧是直接在液体燃料表面上发生的燃烧。若液体燃料容器附近有热源或火源,则在辐射和对流的影响下,液体表面被加热,导致蒸发加快,液面上方的燃料蒸气增加。当其与周围的空气形成一定浓度的可燃混合气、并达到着火温度时,便可以发生燃烧。在液面燃烧过程中,若燃料蒸气与空气的混合状况不好,将导致燃料严重热分解,其中的重质成分通常并发生燃烧反应,因而冒出大量黑烟,污染严重。它往往是灾害燃烧的形式,例如油罐火灾、海面浮油火灾等。在工程燃烧中不宜采用这种燃烧方式。

灯芯燃烧是利用的吸附作用将燃油从容器中吸上来在灯芯表面生成蒸气然后发生的燃烧。这种燃烧方式功率小,一般只用于家庭生活或其他小规模的燃烧器,例如煤油炉、煤油灯等。

蒸发燃烧是令液体燃料通过一定的蒸发管道,利用燃烧时所放出的一部分热量(如高温烟气)加热管中的燃料,使其蒸气,然后再像气体燃料那样进行燃烧。蒸发燃烧适宜于黏度不太大、沸点不太高的轻质液体燃料,在工程燃烧中有一定的应用。

雾化燃烧是利用各种形式的雾化器把液体燃料破碎成许多直径从几微米到几百微米的小液滴,悬浮在空气中边蒸发边燃烧。由于燃料的蒸发表面积增加了上千倍,因而有利于液体燃料迅速燃烧。雾化燃烧是液体燃烧工程燃烧的主要方式。

6.1 液体的蒸发

一切物质都是在不断地运动着,蒸发也是物质运动的一种形式。物质由液态变为气态的过程成为气化。蒸发和沸腾都是液体的气化现象,但蒸发一般指低于沸点的条件下在液体表面进行的气化,而沸腾则指液体在沸点时的剧烈气化。蒸发只在液体的表面进行,而沸腾时液体的表面和内部同时进行强烈的气化,因而液体出现翻滚现象。

蒸发是液体表面分子运动的表现。在常温下,一切有自由表面的液体一直都在进行蒸发,不过速度有快有慢。如果将一种液体放进密闭容器中,从液体表面蒸发出的分子便会逐渐聚积在容器内的蒸气层中。这些分子中也有少量由于撞击其他分子或器壁而又重新进入液体。在开始阶段,由于从表面逸出的分子多于返回液体的分子,容器内液体的蒸气压逐渐上升。温度保持不变时,容器内液体气压的上升是有限度的。当蒸气压达到某一定值时,单位时间内从液面逸出分子的数量恰好等于返回液面分子的数量,此时液相与气相保持相对的气液平衡(称为动态平衡),这种现象我们称之为饱和状态。此时的蒸气称为饱和蒸气,饱和蒸气产生的压力称饱和蒸气压,有时也简称蒸气压。一种物质在一定温度下的饱和蒸气压值是不变的,例如,水在 20 ℃时的饱和蒸气压为 2.33 kPa。各种纯物质液体在不同温度下的饱和蒸气压可在标准手册中查阅到。

由于液体燃料必须首先蒸发,形成足够浓度的可燃蒸气才能燃烧,因此液体的蒸气压对液体的着火来讲十分重要。蒸气压除了与液体自身的性质有关外,还是温度的函数。对纯物质来说,饱和蒸气压只决定于液体的性质和温度,与该物质在气相、液相中的数量无关,例如在纯物质的气液平衡系统中抽去若干蒸气,液体将自动蒸发一部分,以恢复原有的压力而达到平衡。反之,如自外界加入一部分该蒸气,则将有部分蒸气凝结,最后仍将恢复到原来的饱和蒸气压。

然而,对于不纯物质如石油产品时,液体的蒸气压不仅决定于液体的组成和温度,而且还和系统中蒸气和液体的数量比例有关。当平衡的气液相容积比例增大时,由于液体中轻质组分大量蒸发而使液相中轻质组分的浓度降低,蒸气压因而也随着降低。

温度升高时,分子的平均动能增加,具有逸出液体表面能力的分子数也增加。同时,由于膨胀而使液体分子间的引力减弱,具有较小能量的分子也可能从液体逸出。这两种因素同时作用的结果,使单位时间内从单位表面上逸出的分子数大为增加。因此,只有在更高的蒸气压力下,才能达到液体与蒸气的平衡。所以液体的饱和蒸气压总是随着温度的升高而显著增大。克劳修斯—克拉佩龙方程,可用来计算不同温度下物质的蒸气压:

$$\frac{\mathrm{d}p}{\mathrm{d}T}=\frac{\Delta H}{T(V_2-V_1)} \tag{6-1}$$

式中,ΔH 为液体的蒸发潜热,V_1 为 1 mol 该物质的液相容积,V_2 为气相容积。如已知该物质的蒸发潜热,且其蒸气服从理想气体,由于 V_1 远远小于 V_2(即:$V_2-V_1\approx V_2$)则上述方程经积分后可得

$$\ln\frac{p_2}{p_1}=\frac{\Delta H}{R}\left(\frac{1}{T_1}-\frac{1}{T_2}\right) \tag{6-2}$$

式中,R 为气体常数;p_1、p_2 为该液体在绝对温度 T_1、T_2 时的饱和蒸气压值。此方程还可以

写为：

$$\ln p^0 = -\frac{L_V}{RT} + C \tag{6-3}$$

或，

$$\lg p^0 = -\frac{L_V}{2.303RT} + C' \tag{6-4}$$

式中，p^0 为平衡压力，Pa；T 为温度，K；L_V 为蒸发热，J/mol；C、C' 为常数；R 为气体常数，值等于 8.314 J/(K · mol)。表 6-2 为几种常见有机化合物的 L_V 和 C' 值。

表 6-2　几种常见有机化合物的 L_V 和 C' 值

化合物	分子式	L_V/(J/mol)	C'	温度范围/℃
正-戊烷	n-C_5H_{12}	27 567	9.611 6	−77～191
甲苯	$C_6H_5CH_3$	35 866	9.844 3	−28～31
甲醇	CH_3OH	37 531	10.764 7	−44～224
乙醇	C_2H_5OH	40 436	10.952 3	−31～242
苯	n-C_6H_6	34.052	9.958 6	−37～290
正-癸烷	n-$C_{10}H_{22}$	45 612	10.373 0	17～173

许多物质的蒸气并不是理想气体，因此克拉佩龙方程的误差比较大，此时安托尼(Antoine)方程的结果比较准确可靠，即

$$\lg p = a - \frac{b}{t+c} \tag{6-5}$$

式中，p 为该烃在 t ℃时的蒸气压，a、b、c 均为常数。对于每种不同的烃，这些常数均有不同值，它们可以在一些理化手册中找到。

也可以用三个实测的蒸气压值来确定三个常数，然后用它来计算其他温度下的蒸气压值。例如，在一般压力下的正戊烷，安托尼方程为：

$$\lg p = 5.986\,2 - \frac{1\,075.8}{t+297.1} \tag{6-6}$$

式中，p 的单位为 kPa，t 的单位为℃。

对于纯的烃类物质(即分子中只有 C 和 H 两种元素)，Butler 等人给出了一个通用的经验公式用以预估液体的蒸气压：

$$\ln p = 10.6(1 - T_b/T) \tag{6-7}$$

其中，T_b 是该物质的沸点，K。当液体的蒸气压等于外界的大气压时，液体开始沸腾，与此相应的液体温度称为该液体的沸点。液体的蒸发能在任何温度下进行，但外界气压不变时，沸腾却只能在一定的温度下发生。纯物质均有固定的沸点。

6.2　液体的闪点和燃点

6.2.1　液体的闪点

当液体温度较低时，由于蒸发速度很慢，液面上蒸气浓度小于爆炸下限，蒸气与空气的

混合气体遇到火源是点不着的。随着液体温度升高，蒸气分子浓度增大，当蒸气分子浓度增大到爆炸下限时，蒸气与空气的混合气体遇火源就能闪出火花，但随即熄灭。这种在可燃液体的上方，蒸气与空气的混合气体遇火源发生的一闪即灭的瞬间燃烧现象称为闪燃。在规定的实验条件下，液体表面能够产生闪燃的最低温度称为闪点。液体发生闪燃，是因为其表面温度不高，蒸发速度小于燃烧速度，蒸气来不及补充被烧掉的蒸气，而仅能维持一瞬间的燃烧。

液体的闪点一般要用专门的开杯式或闭杯式闪点测定仪测得(见图 6-1)。采用开杯式闪点测定仪时，由于气相空间不能像闭杯式闪点测定仪那样产生饱和蒸气—空气混合物，所以测得的闪点要大于采用后者测得的闪点。开杯式闪点测定仪一般适用于测定闪点高于 100 ℃的液体，而后者适用于闪点低于 100 ℃的液体。

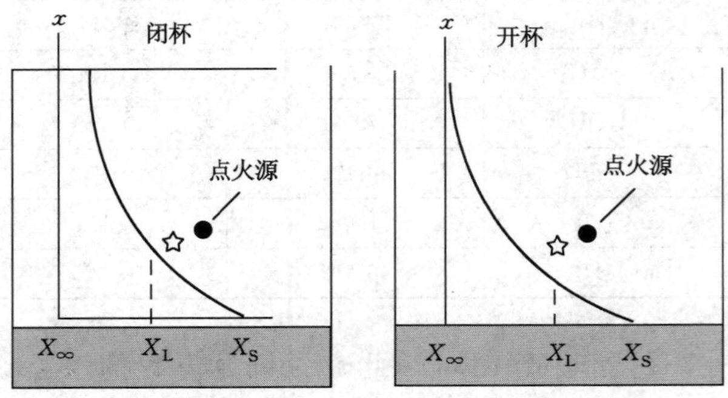

图 6-1　闭杯和开杯闪点实验中燃料蒸气的浓度分布

根据 NFPA 30 标准的划分，闪点稳定低于 37.8 ℃的液体为易燃液体，高于 37.8 ℃的液体为可燃液体。

一般地说，可燃液体多数是有机化合物。有机化合物根据其分子结构不同，分成若干类。同类有机物在结构上相似，在组成上相差一个或多个系差。这种在组成上相差一个或多个系差且结构上相似的一系列化合物称为同系列。同系列中各化合物互称同系物。

同系物虽然结构相似，但分子量却不相同。分子量大的分子结构变形大，分子间力大，蒸发困难，蒸气浓度低，闪点高；否则闪点低。因此，同系物的闪点具有以下规律：

(1) 同系物闪点随分子量增加而升高；

(2) 同系物闪点随沸点的升高而升高；

(3) 同系物闪点随比重的增大而升高；

(4) 同系物闪点随蒸气压的降低而升高；

(5) 同系物中正构体比异构体闪点高；

(6) 随燃烧热(以 mol 为单位)的增大而提高。

碳原于数相同的异构体中，支链数增多，造成空间障碍增大使分子间距离变远，从而使分子间力变小，闪点下降。

可以采用下面的公式粗略估算闪点：

$$T_{FP}=0.739T_b-0.00484\Delta h_c-46.6 \tag{6-8}$$

式中，T_{FP} 为闪点，℃；T_b 为液体的沸点，℃；Δh_c 为燃烧热，kJ/mol。

在一些特殊应用中，某些燃料除了上述的闪点外，还存在一个上闪点。它对应于燃料蒸气和空气的混合气体处于着火极限上限时的温度。可以举例来说明这个着火极限的上限，将一根点燃的火柴投进一个处于室温的汽油罐中，这个汽油罐内的油气处于平衡状态。如果混合气体是真正处于平衡状态的，既没有搅动也没有通风，则可以观察到火柴的火焰会熄灭。而如果在这个汽油罐中通入空气，燃料蒸气的浓度降不在着火极限之上，此时就会发生爆炸。

Hasegawa 和 Kashiki 测量一些燃料的上闪燃点，并给出下面的经验公式：

$$T_u = UTL + 6.4 \tag{6-9}$$

其中，T_u 为上闪燃点，UTL 为着火温度极限的上限值，表 6-3 给出了部分燃料着火温度的上下限。该公式的误差大概为±5.3 ℃。

表 6-3　燃料着火温度的上下限

燃料	温度下限/℃	温度上限/℃	燃料	温度下限/℃	温度上限/℃
丙酮	−18	7	乙醇	13	43
苯	−12	16	烷	−4	26
二硫化碳	−30	25	苯乙烯	31	62
环己烷	−17	15	丁酮	−7	22

6.2.2　液体的燃点

要保证稳定的燃烧，液体的温度需要进一步提高，能够维持稳定燃烧的最低温度就是液体的燃点。液体的燃点必须采用开杯实验测量，因为闭杯实验中，会由于氧气的消耗导致无法得到稳定的燃烧。目前对实验中需要火焰稳定存在的时间还没有统一的说法，有的实验采用 5 s 这一标准。

闪点和燃点所对应的燃烧过程是不一样的（图 6-2）。闪燃所对应的火焰是预混火焰，火焰可以快速地传播；而稳定燃烧所对应的火焰是扩散火焰。因此，闪点和燃点之间不存在对应的函数关系。一般的，闪点低于 40 ℃的液体的燃点比其闭杯实验测得的闪点高 3～10 ℃。一些燃料的燃点比闪点高得多，如一些航空燃料和润滑油，有的甚至高 180 ℃。而某些醇类，闪点和燃点非常接近。

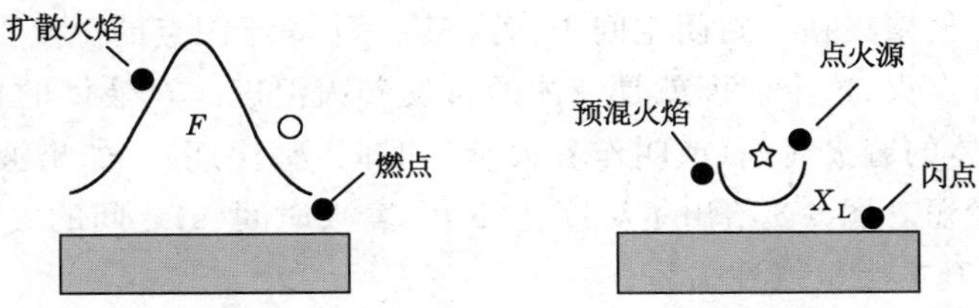

图 6-2　液体的着火和闪燃

将有关液体燃烧的各温度排个序，有：

闪点＜燃点＜液体表面温度＜沸点＜蒸气自发着火温度＜绝热火焰温度

比较有意思的是，如果液体稳定的燃烧，其表面温度比液体的燃点高，但比沸点稍低些。如果液体处于蒸发状态而不燃烧，其表面温度降稍低于环境温度，这是由于蒸发属于吸热过程。

表 6-4 给出了一些液体的相关温度、蒸发潜热和燃烧热。

表 6-4　液体燃烧的有关参数

燃料	分子式	闪点/K		沸点/K	自发着火温度/K	绝热火焰温度/K	燃烧下限/%
		闭杯	开杯				
甲烷	CH_4	—	—	111	910	2 226	5.3
丙烷	C_3H_8	—	169	231	723	2 334	2.2
正丁烷	C_4H_{10}	—	213	273	561	2 270	1.9
正己烷	C_6H_{14}	251	247	342	498	2 273	1.2
正庚烷	C_7H_{16}	269	—	371	—	2 274	1.2
煤油	$\sim C_{14}H_{30}$	322	—	505	533	—	0.6
苯	C_6H_6	262	—	353	771	2 342	1.2
萘	$C_{10}H_8$	352	361	491	799	—	0.9
甲醇	CH_3OH	285	289	337	658	—	6.7
乙醇	C_2H_5OH	286	295	351	636	—	3.3
丙酮	C_3H_6O	255	264	329	738	2 121	2.6
汽油	—	228	—	306	644	—	1.4

6.3　液体的自燃

前文已经说明，液体的燃烧必须蒸发出足够浓度的可燃蒸气才行，而液体的蒸发速度会随着温度的升高而加快，因此液体的着火与温度有关。但是，如果将液体蒸发出来的可燃蒸气移走，由于达不到饱和蒸气压，那么液体将持续蒸发，此时可能由于蒸气浓度达不到着火极限而无法着火。因此，仅仅提高液体的温度并不能保证其最终会自发着火，这与气体的着火有所不同。

6.3.1　单个液滴的着火

可燃液体的蒸气聚集在一封闭空间中，若在某一个高于闪点的温度下，自发的着火而不需要外界能量进行点火，这个温度就是液体的自发着火温度。在液体的自发着火温度实验中，还可以测出液体的着火时间(或叫作着火延迟时间、感应期)。如果液体的温度较高，则着火时间 t_{ig} 会比较短。图 6-3 给出了温度 T(K)和着火时间(s)之间的关系。图中数据很明显地表明，与 $1/T$ 基本上呈线性关系。

尽管对单个液滴着火的问题研究时间相当长，但至今还没有统一的认识。1954 年，Nishiwaki 研究了单个液滴在燃烧炉石英丝上的着火。数据表明，对于某一固定温度，液滴的着火时间可以表示为：

$$t_{ig}=a+bD \tag{6-10}$$

其中，D 为液滴的直径；a、b 为与燃料有关的常数，a 实际上反映了液滴蒸发的时间。研究还发现，对于两滴液滴也有相似的情况，而且，如果液滴间的距离是直径的 4～5 倍时，着火时

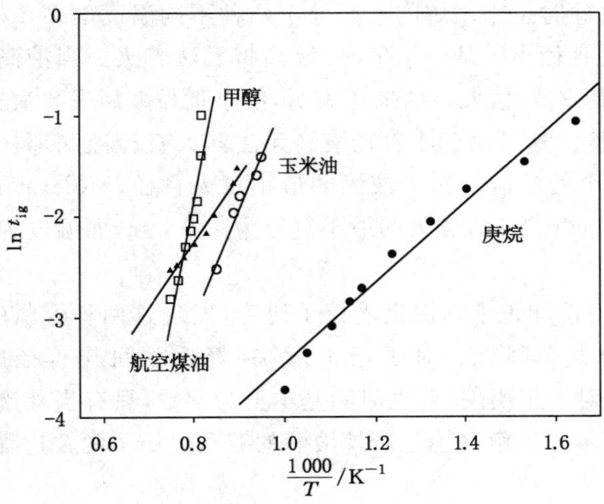

图 6-3　单个 1.5 mm 液滴自燃着火时间

间最短。

Masdin 和 Thring 也给出了相似的关系：

$$t_{ig}=a+cD\exp(E/RT) \tag{6-11}$$

式中，c 为常数；E 为活化能；R 为通用气体常数。这个关系式给出了点燃时间与液滴直径和温度的关系，但是不能用于高分子石油产品。

Taylor 和 Burgess 给出了高分子石油产品小液滴的着火温度和液滴直径之间的经验关系：

$$T_{ig}=\frac{76.6}{D}+218 \tag{6-12}$$

式中，D 为液滴直径，mm；T_{ig} 为着火温度，℃。

Wong 等人研究了单个液滴在强迫对流的热空气中着火的情况。图 6-4 给出了有关正

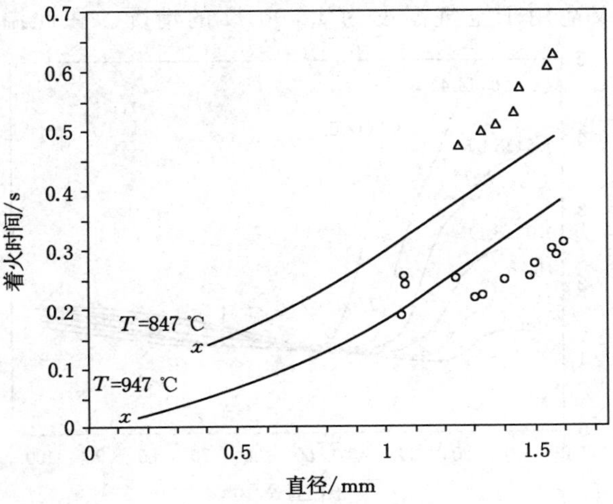

图 6-4　正十六烷液滴直径对着火时间的影响

十六烷的研究结果，实验时正十六烷的液滴处于两种不同温度的 2 m/s 流速的气流中。值得注意的是，当液滴的直径小于某一个值时，液滴将无法着火。当液滴发生着火时，液滴的直径一般比初始直径的 90%稍大。结果还表明，使小直径液滴发生着火的空气最低温度要高于直径比较大的液滴。这是由于小直径液滴无法向大直径液滴那样蒸发出较多的蒸气。以上关系仅适用于单个的液滴。对于液滴的最小着火直径，Molero 和 Blas 发现对于石油产品的液滴，当温度为 600 ℃时，着火的最小直径为 1.0 mm，而温度为 800 ℃时，最小的着火直径为 0.5 mm。

Saitoh 等人对正庚烷和正十六烷也进行了研究，发现这两种燃料的最低着火温度会随着燃料液滴直径的增大而降低。对于正十六烷，着火时间与直径成正比，关系类似与 Nishwaki 的结论。而对于正庚烷，着火时间基本上为常数，只有当液滴的直径很小时，着火时间才会变长。Tanabe 等人解释说正庚烷液滴的着火经历了两个过程：先是 480 ℃时冷焰反应，后为热着火。

6.3.2 液雾的着火

在某些高压管道破裂后，可燃液体会变成雾状从破裂处喷出，遇火则可能发生燃烧。一些雾化装置可以将液体雾化成 5～300 μm 的液滴。液雾可以用参数 C 值的大小进行分类：

$$C=\frac{\text{液滴间距}}{\text{液滴直径}}\quad\begin{cases} C>10\text{，液雾表现为单个液滴的性质} \\ C\approx 10\text{，液滴间的相互作用明显，燃烧时火烯包围了整个液雾} \\ C<5\text{，非常稠密的液滴，不常见}\end{cases}$$

Wong 等人的研究表明，C 值并不是影响液雾燃烧的唯一几何因素，液滴的直径也非常重要。他们认为液雾的自发着火可以有三种方式：① 局部着火，直径较大的液滴着火与单个液滴着火的情况类似，邻近液滴间的相互作用比较小；② 全面着火，直径较小的液滴，其影响区域覆盖了许多液滴，液滴的行为与单个液滴的不同，火焰会包含其他一些液滴，但是内部的液滴由于缺少氧气而不会着火；③ 均匀着火，直径更小的液滴，在高温环境下，先蒸发后着火，与均匀的可燃蒸气燃烧情况类似。

在图 6-5 中，用 L、G 和 H 标明了三个区域，曲线上的数字是燃气比，括号中的是 C 值大小。图中的数据仅仅适用于空气温度为 1 500 K 的情况。在此温度下，液滴直径小于

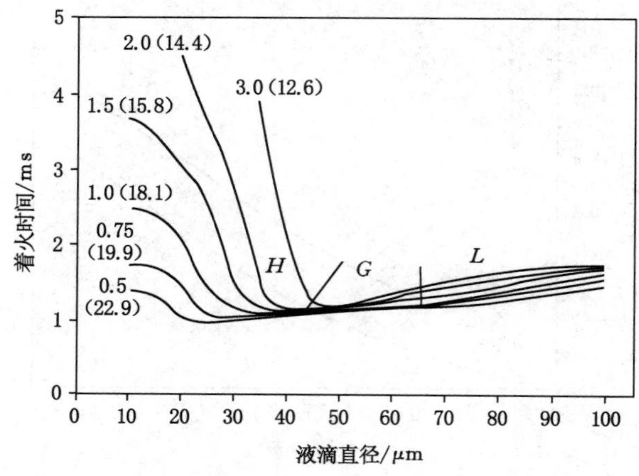

图 6-5　庚烷液雾在空气中的着火状态

25～40 μm 时处于均匀着火区，具体的数值还依赖于化学计量比和液滴的间距。空气的温度对均匀着火区所要求的液滴最小直径有影响，在 1 300 K 时，液滴直径可达到 70 μm 以上，而在 1 800 K 时，只有 20 μm 以下。

Rah 等人研究了正十二烷的着火时间与氧气浓度之间的关系，见图 6-6。结果是着火时间与氧气浓度近似符合 $t_{ig} \propto C_{O_2}^{-0.5}$。

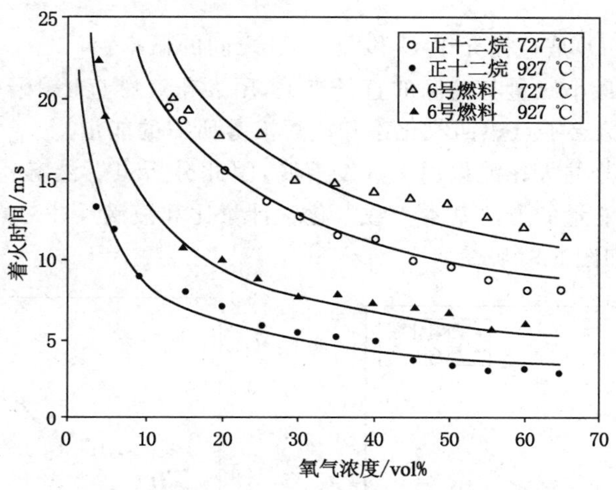

图 6-6　氧气浓度对着火时间的影响

Hiroyasu 测定了液雾在高温高压条件下的自发着火时间，得到如下经验关系：

$$t_{ig} = Ap^{B}\varphi^{C}\exp(D/T) \tag{6-13}$$

式中，p 是压力，atm；φ 是燃气比；T 是温度，K；A、B、C、D 为常数，取值见表 6-5。

表 6-5　**A、B、C、D 的取值**

燃料	A	B	C	D
轻质燃油	0.276	−1.23	−1.60	7 280
庚烷	0.748	−1.44	−1.39	5 270
十二烷	0.845	−1.31	−2.02	4 350
十六烷	0.872	−1.24	−2.10	4 050

6.4　液体的点燃

6.4.1　液雾的点燃

液雾是悬浮在空气中的液体细小颗粒（一般＜200 μm）的集合体。实验研究表明，直径 10 μm 以下的液雾着火行为与同样液体燃料蒸气的着火行为一样，而直径大于 40 μm 的液雾着火时，每个液滴都燃烧产生火焰。如果液滴间的距离比较远，火焰可能不能进行传播，因此，在这种情况下存在一个着火极限的问题。对于直径小于 10 μm 的液雾，液滴中心间的平均极限间距是液滴直径的 22 倍，而直径大于 40 μm 的液雾，极限间距是液滴直径的 31

倍。液雾也可以发生爆炸，不过出现的概率很小。

实际液雾中的液滴直径是不一致的，为此，可采用“有效直径”来描述液雾中液滴的直径。有效直径的定义方法有很多种，这里采用当量比表面直径(Sauter mean diameter)D_{32}：

$$D_{32}=\frac{\int_0^{\infty}D^3 n(D)\mathrm{d}D}{\int_0^{\infty}D^2 n(D)\mathrm{d}D} \tag{6-14}$$

式中，D 是直径，m；$n(D)$是直径介于 D 和 $D+\mathrm{d}D$ 之间的概率。

点燃液雾需要的最小能量与液滴的直径有关，用火花点燃直径 10～30 μm 的液雾所需的能量最小。图 6-7 给出了点燃四氢化萘和庚烷液雾所需的能量。

由于仅有很少部分的火花能量用于蒸发液滴，因此分析点燃液雾所需最小能量的方法与点燃气体所需最小能量的方法基本一致。化学计量比和液滴尺寸对点火能量的综合影响见图 6-8(四氢化萘)和图 6-9(庚烷)。

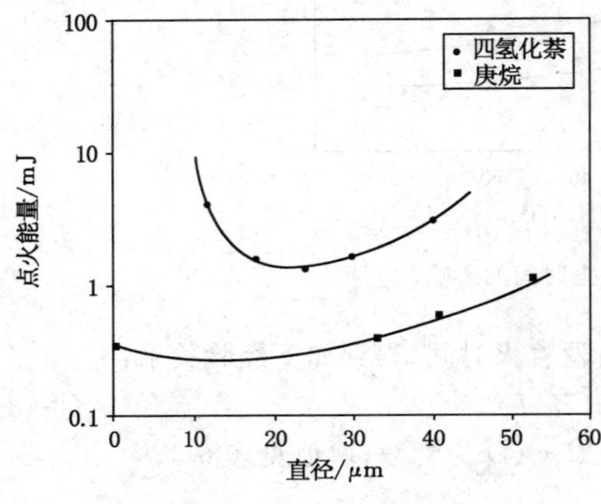

图 6-7　液滴直径对点火能量的影响

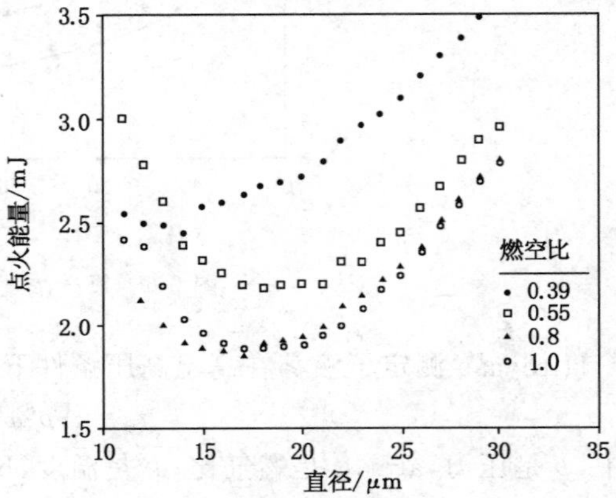

图 6-8　化学计量比对点火能量的影响(四氢化萘)

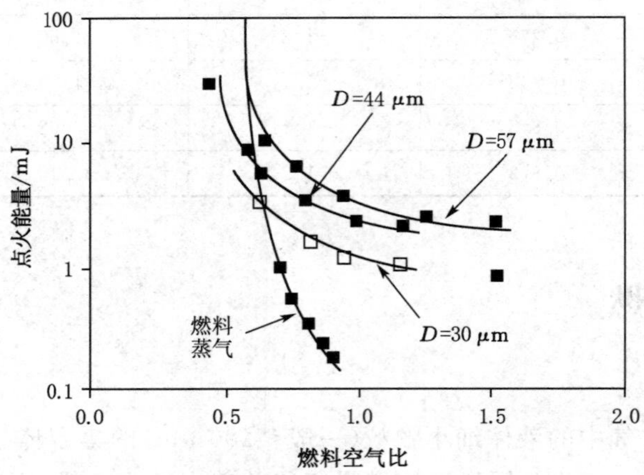

图 6-9　化学计量比对点火能量的影响(庚烷)

当液滴直径大于等于 40 μm 时(见图 6-10)，Ballal 和 Lefebvre 给出最小点火能量与直径的关系为：

$$MIE \propto D_{32}^{4.5} \tag{6-15}$$

他们还发现，火花的电极间距对点火所需能量的影响也很大。图 6-11 说明电火花点燃 40 μm 航空煤油液雾所需的最小点火能量与点燃其蒸气所需的最小点火能量几乎相同。

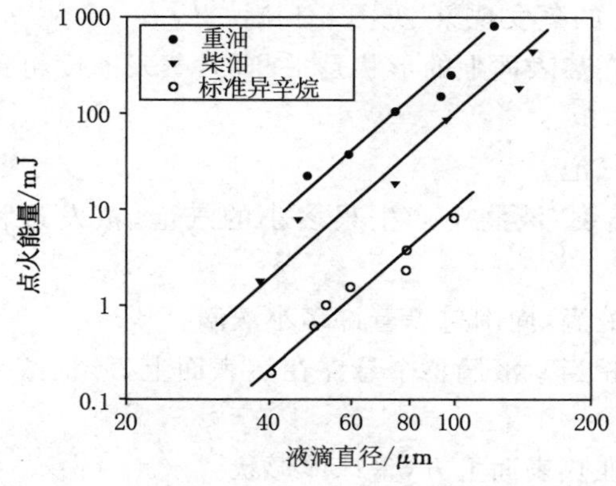

图 6-10 较大的液滴直径对最小点火能量的影响

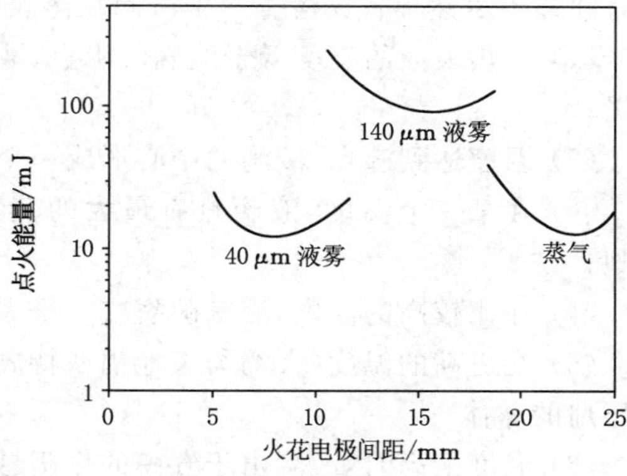

图 6-11 火花电极间距对点火能量的影响

最小点火能量还与温度有关，而且温度对液雾点火能量的影响要比对气体点火能量的影响大得多，如图 6-12 所示。

在煤油液雾的点火实验中发现，火花持续时间对最小点火能量的影响很大。当液雾的速度在 20～50 m/s 时，至少需要电火花维持 35～80 μs。如果火花的持续时间比最佳值增加或减少 2 倍，则点火能量需要增加 50%。

如果液雾具有较快的流速，那么最小点火能量就要变大。SubbaRao 等人发现煤油液雾的速度大于 30 m/s 后，最小点火能量将持续增大。

液雾的燃烧也存在着火的极限。研究表明，直径 10 μm 以下的液雾，其着火下限与相同温度的蒸气基本相同。对于直径较大的液雾，着火下限的变化特点与燃料的种类有关。图 6-13 说明四氢化萘(闪点为 71 ℃)的着火下限随直径的增大而降低，但是煤油的着火下限随直径的增大而升高。

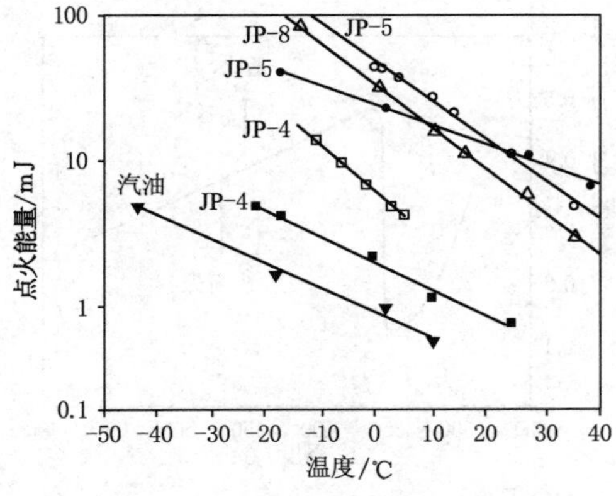

图 6-12 温度对几种燃料液雾的最小点火能量的影响

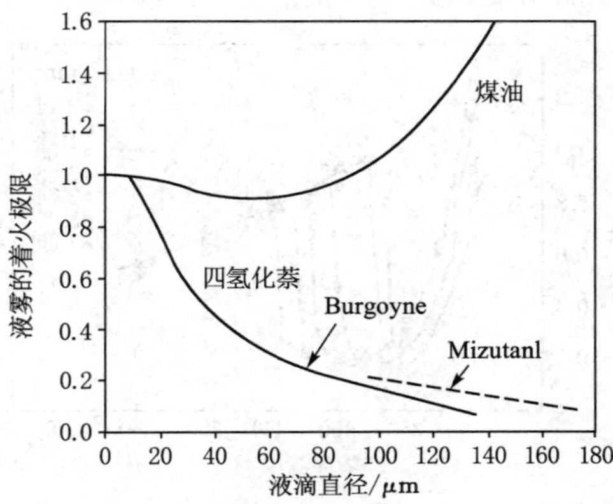

图 6-13 燃料液滴直径对着火极限的影响

有关液雾着火下限的研究目前还不够深入，另外采用不同的实验设备也会得到不一样的结果。

6.4.2 液雾(滴)在热表面上的着火

大多数着火现象中，点燃时间一般会随着温度的升高而缩短，但是液滴在热表面上的着火时间却不尽然。首先考查一下液滴在热表面上的蒸发现象(见图 6-14)：

(1) 若热表面的温度低于液滴的沸点，液滴在热表面上的形状是平凸的，蒸发速度也比较慢；

(2) 温度达到沸点，液滴的中心形成一个蒸气泡；

(3) 在某一个温度，液滴具有最大的蒸发速度，液滴中产生很多小的气泡，蒸发过程剧烈；

(4) 在比较高的温度，液滴破裂成一个大的液滴，周围包裹着许多小液滴；

(5) 在更高的温度(大约与莱地福斯特温度相当)，液滴整个悬浮在热表面上，形状像一个压扁的球体；

(6) 温度最高时，液滴由于气膜的作用悬浮在热表面上方，呈球体形状。

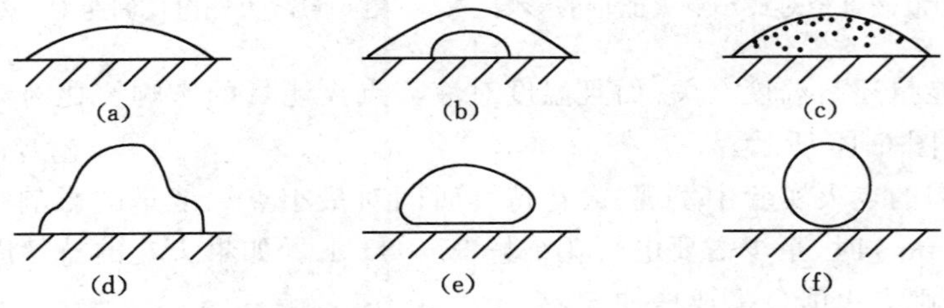

图 6-14 燃料液滴在热板上蒸发的状态

以上 6 种蒸发状态有助于解释液滴蒸发时间和温度之间的关系。图 6-15 给出了液滴着火时间和热表面温度之间的关系。从图中可以看出，在某一个温度下，液滴的着火时间最短，而后着火时间的突然变长是由于液滴与热表面不再直接接触造成的。

液滴能否着火还与其尺寸有关，可用液滴的质量或直径表示，着火的极限尺寸取决于热表面的温度，见图 6-16。

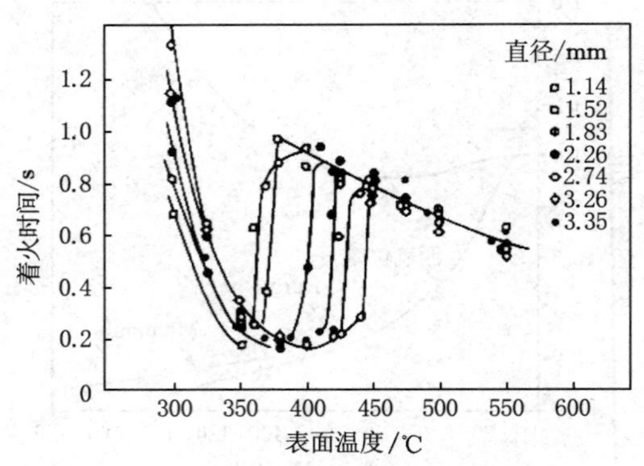

图 6-15 十六烷液滴在热板上的着火示意图

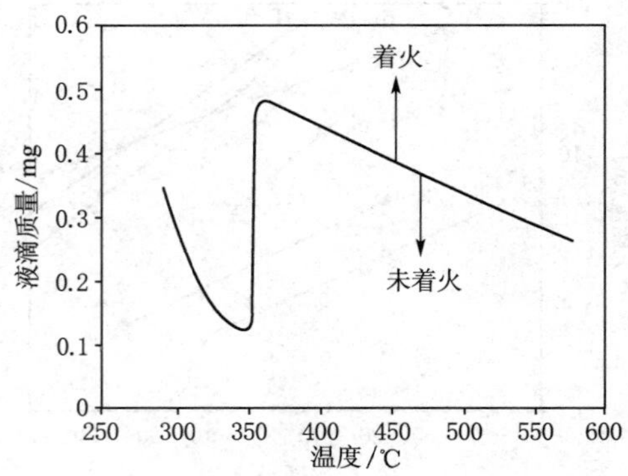

图 6-16 十六烷液滴着火的极限质量与热表面温度

对于大多数的碳氢燃料，如果仅考虑温度对着火的影响，可将着火分为四种情况，见图6-17。表6-6给出了十二烷的具体温度界限。

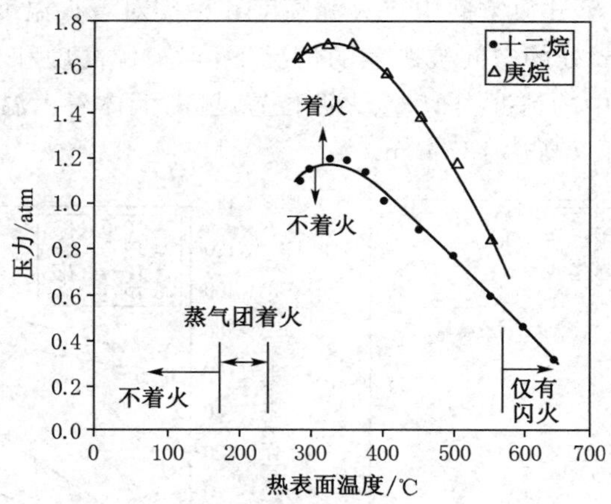

图6-17 2 mm液滴在热表面上的着火状态

表6-6 十二烷液滴着火情况与温度的关系

温度/℃	着火情况
＜200	无法着火
200～290	蒸气团着火：液滴存在时无法着火，但是当液滴完成蒸发后立即着火，火焰呈圆锥形并且有黑烟生成
290～650	大气压力高于某一个值时可以着火
＞650	液滴仍处于蒸发状态时无法着火，有时在完成蒸发后会发生闪燃

以上结论适用于2 mm直径的液滴，对于其他压力和直径的情况，可以假设压力和直径的乘积为常数。

Sommer将癸烷液滴竖直向上紧贴着，但不接触地流过金属热板，发现点燃53 μm癸烷液滴的最低表面温度为800 ℃，而点燃104 μm癸烷液滴的最低表面温度为820 ℃。实验发现了一个有趣的现象：在最低着火温度下，液滴发生着火时，板不是紧贴着液滴的飞行路径，而是与之保持一定的水平间距。如果液滴的直径比较小，最佳间距是0.2 mm，直径较大时，最佳间距是0.4 mm。这是因为，如果间距过小的话，燃料的浓度太大使得着火困难。

总的来说，对于不会发生冷焰现象的燃料，要使其单个液滴在热表面上发生着火，表面的温度一般要比液滴自发着火的温度高200～300 ℃。

6.4.3 液池的着火

6.4.3.1 液体温度大于等于闪点

Atkinson和Eklund研究了两种航空燃料在开放空间和上部空间被遮盖两种情况下的着火性能。JP-4和JP-5燃料装在直径250 mm的燃烧盘中，分别用小的火焰、10 J能量的电火花和一根热的镍铬合金丝点燃。

在开放的环境中，实验观察到这两种燃料蒸发行为的明显区别。JP-4燃料表面上方25 mm处会存在一个稳定的燃料蒸气层，而没有观察到对流作用使得蒸气向上运动。JP-5燃料的蒸气压要比JP-4低得多，在燃料表面上方不存在稳定的蒸气层，由于对流引起的向上运动的蒸气柱非常明显。实验结果表明，当温度达到燃料的闪点后，在液体表面上方25 mm处可以发生着火。随着点火源位置的升高，要发生着火就必须使液体的温度高于其闪点温度。图 6-18 给出了开放空间中点火源高度和种类对着火温度的影响。

在液体上部 300 mm 处的空间被遮盖的情况下，点火源高度和种类对着火温度的影响见图 6-19。与开放空间中的情况类似，点火源位置越高，液体着火温度就越高。JP－4 用电火花点燃时，点火位置可以高达 127 mm。

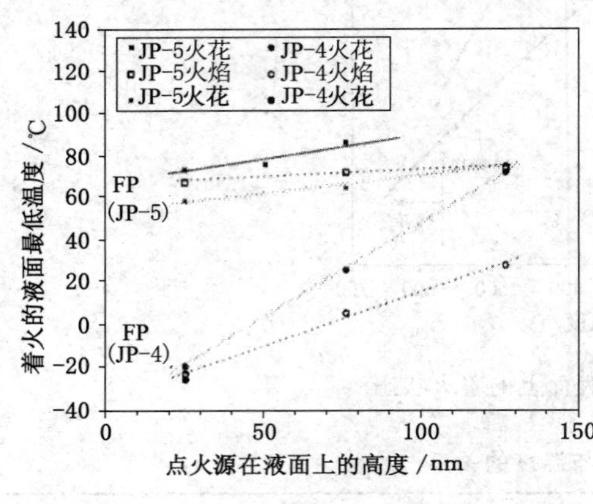

图 6-18　点火源高度及种类对无遮盖液体着火的影响示意图

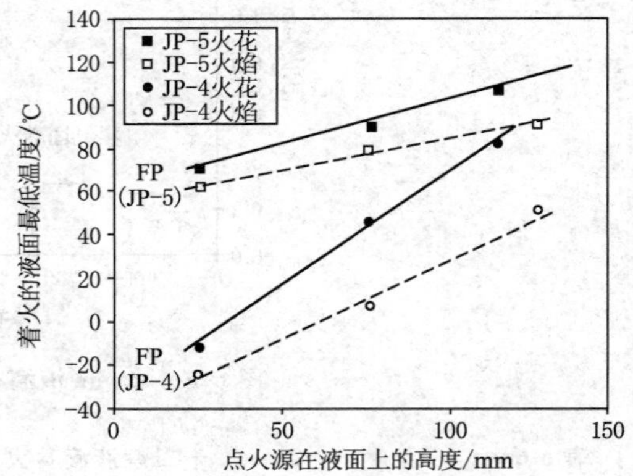

图 6-19　点火源高度及种类对有遮盖液体着火的影响

他们还研究了风速对着火性能的影响。点火源放置在下风方向液池的边缘，稍微高于液池的表面。图 6-20 说明，在风速不大的情况下，风速对着火的影响不是特别大，虽然也提高了着火所需的温度。同样的，由于火焰可以加热临近区域的液体，因此有时候像航空燃料这样的混合液体着火时的温度比闪点稍低。

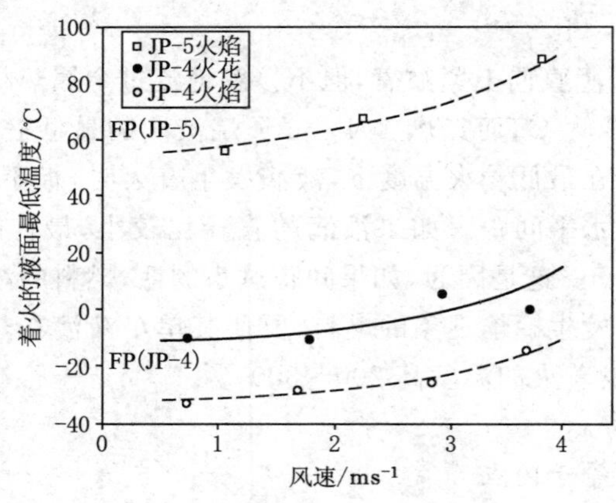

图 6-20　风速对液体着火的影响

如果液体的温度高于闪点，在静止的空气中，可燃液体上方较大的柱状区域中放置点火源的话，可以很容易地将其点燃。如果存在横向的风，蒸气从燃料表面上升形成一个薄的边界层，而不是燃料蒸气柱。此时，燃料浓度在液体表面最高，并且随高度单调下降。点火能够发生的位置将位于燃料蒸气浓度达到着火下限的高度以下。

6.4.3.2 液体温度低于闪点

一般的,如果液体的温度低于其闪点,则用一个较小的点火源是无法使液体发生闪燃或着火的。但是,如果使用较大的点火源,并将其放在液体表面使其可以对液体加热,情况会如何?如果点火源足够强大,附近的液体将被加热,温度升高,但是离点火源稍远处的液体仍然保持原来较低的温度。此时,液体存在的温度差将引起对流流动,这将使点火源附近的热量带到较远的地方。假设液池的面积比直接加热区域的面积大得多,液体稳定的升高可以忽略不计,闪燃是不会发生的。

因此,有时容易导致一个错误的观点,即闪点比环境温度高得多的液体是点不着的。可以举一个简单的反例:煤油蒸气很难用火柴点燃,但是如果装上一根灯芯,则很容易就可以将煤油灯点亮。这个现象可以用“约束加热”来解释。在没有灯芯时,火柴加热了部分燃料蒸气,但它们很快就离开加热区;在有灯芯时,灯芯的表面张力约束了燃料的流动,灯芯内的燃料将被加热至较高的温度,并使燃料发生着火。Robert 研究发现,异戊醇着火时,灯芯表面的温度比液体的沸点稍高,说明灯芯中的有效液面仅比灯芯表面稍低。同时,他还发现,液体的蒸气只能在灯芯 20 mm 范围内点燃。

Glassman 等人在煤油中加入少量的增稠剂,并使混合物的闪点不发生变化,再用一个小火源去点火,结果纯的煤油不能着火,而加入增稠剂的混合物被点燃了。这是由于,煤油的流动被限制了,使得热量不会随煤油流出加热的区域。

经常有报道说焊接一些“空”的存有重油残渣的油罐发生了燃烧或爆炸事故,尽管这些重油的闪点大大高于环境温度。其原因有以下几点:

(1) 一些高黏性的油类的薄层受热时无法产生对流将所受热量传递出去,这种油料层可视为“灯芯”。

(2) 从油罐中取出化验的样品不能真实地反映可能着火的成分。轻质的组分可能已经蒸发了,在化验的样品检测不出来。

(3) 油罐的某些部位可能在焊接作业前的“放气”后继续释放出液体或蒸气。

6.5 液体的辐射引燃

液体的温度如果高于其闪点,那么用电火花、小火焰或其他局部热源可以比较容易地点燃。这些局部热源不会大面积地加热液体本身。但是,当液体的初始温度低于闪点时,有一种方法可以使液体点燃,那就是热辐射。通常,热辐射源是与液体临近但不接触的燃烧物体。本节我们分别讨论较厚的液体和较薄的液体层的情况。对于厚液体层,其理论研究方法与固体可燃物着火的分析方法类似,可参考本书后续的相关章节。如果液体溅落在固体表面形成薄薄的液体层,其着火情况比较特殊。

6.5.1 厚液体层的热辐射引燃

Putorti 等人用锥形量热计实验研究了发动机机油在热辐射作用下的着火。机油的厚度分别为 10 mm、15 mm 和 42 mm,实验没有发现液层厚度对着火的影响。图 6-21 是机油在不同热流密度下的着火时间。实验采用的两种机油的着火时间差别不是很大,根据实验数据可以推断出 SAE30 机油的临界着火热流密度是 1.20 kW/m^2,而 SAE50 机油的临界着火热流密度是 1.21 kW/m^2。

Wu 等人也进行了类似的研究，同样没有发现液层的厚度对着火的影响。他们还研究了原油的热辐射引燃。原油是一系列碳氢化合物的混合物，各成分的沸点相差很大，其中的轻质组分在加热过程中很容易蒸发出去。实验结果表明：预先蒸发掉 12% 的样品的临界着火热流密度大约是 1 kW/m²，蒸发掉 20% 的样品的临界着火热流密度大约是 4 kW/m²。没有蒸发或预先蒸发掉 8% 的样品的临界着火热流密度是负值，见图 6-22。

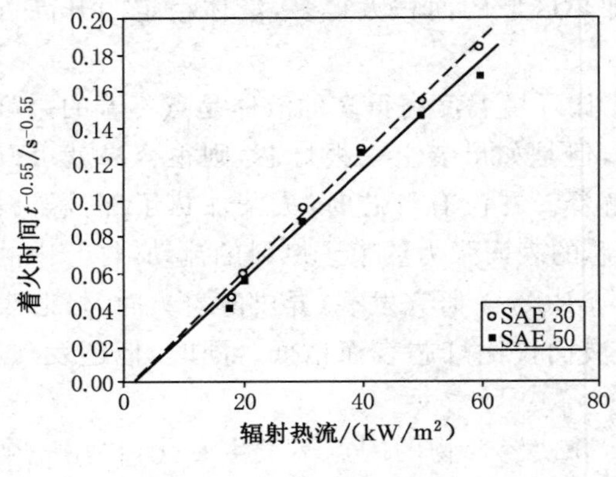

图 6-21　厚机油层的着火时间

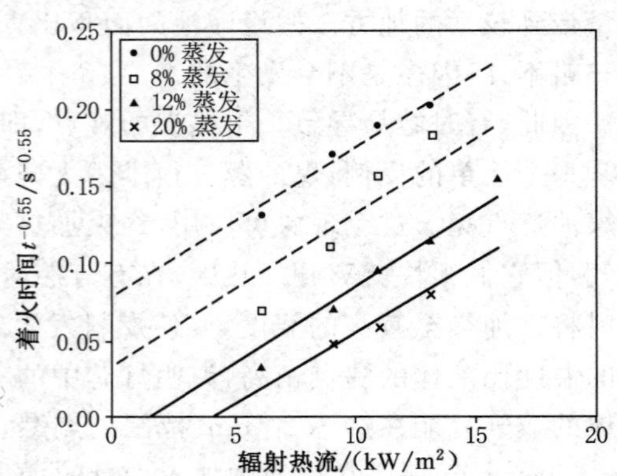

图 6-22　原油热辐射引燃的着火时间

这个现象与原油的闪点有关。图 6-23 给出了采用闭杯闪点实验得到原油的闪点随蒸发量的变化情况。结果说明，原油的闪点与蒸发量大小呈线性关系。如果环境温度在 23 ℃左右，蒸发量小于 9% 的原油的闪点低于环境温度。因此，着火的临界热流密度为负说明此时的液体的闪点低于环境温度。Wu 和 Torrero 还认为，液体厚度大于 6 mm 就可以看作热厚性的材料。

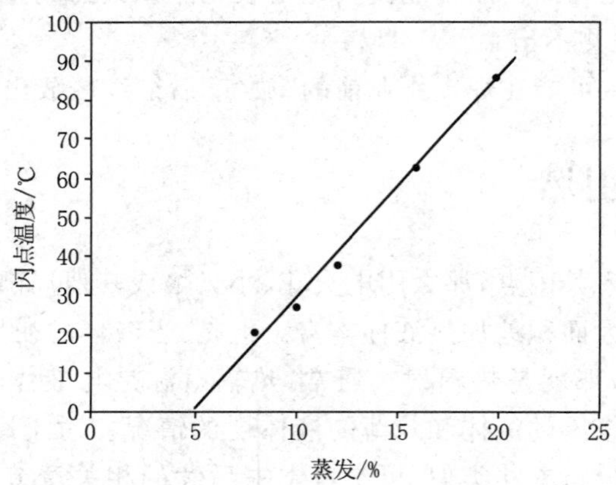

图 6-23　原油的闪点与蒸发量之间的关系

6.5.2　薄液体层的热辐射引燃

如果液体溅落在固体表面，如地板上，有可能发生两种情况：① 由于存在“围堰区”，液体的表面积受到限制；② 不存在“围堰区”，或溅落液体的量比较少，则溅落液体的表面积受溅落量、表面张力、液体的黏性、固体表面的粗糙程度和孔隙性质控制。另外，如果固体面是倾斜的或被包裹，则液体会聚集在位置低的地方。

Modak 的实验研究证明许多常见油料的热物理性质基本一致，因此在给定的热流密度和液层厚度条件下，表面温度随时间的变化关系也基本相同。如果液层的厚度用"溅落的液体体积/形成的表面积"来计算，对于光滑、非吸收性的固体表面（如钢材和环氧树脂包裹的水泥），液体溅落后形成的厚度基本上是一个定值，而与液体溅落的量无关，见表 6-7。对于普通的未进行包裹的混凝土，计算出来的液层有效厚度将偏厚，因为计算时并没有考虑混凝土的吸收作用。

表 6-7　　平滑、非吸收性表面上液体的有效厚度

液体种类	2 号燃油	涡轮机油	SAE 30 润滑油	阻燃的液压油
溢出厚度/mm	0.22	0.34	0.75	0.84

Modak 也进行了着火时间的理论分析。他认为，当液体的表面温度达到着火温度时液体就发生着火。

6.6　液体可燃物的火灾蔓延

6.6.1　液池(罐)火

6.6.1.1　液池(罐)火的燃烧速度

可燃液体一旦着火并完成液面上的传播过程之后，就进入稳定燃烧的状态。液体的稳定燃烧一般呈水平平面的"池状"燃烧形式，因此，有时将这种燃烧形式称为液池火（pool fires）。

液体燃烧速度有两种表示方式，即质量速度和线速度。线速度 v 的定义是单位时间内燃烧掉的液层厚度。可以表示为

$$v=\frac{H}{t} \tag{6-16}$$

式中，H 是液体燃烧掉的厚度(mm)；t 是液体燃烧所需时间(h)。

燃烧的质量燃烧速度[kg/(m² · h)]是指单位时间内单位面积燃烧的液体的质量，可以表示为

$$G=\frac{m}{s \cdot t} \tag{6-17}$$

式中，m 是燃烧消耗的液体的重量；s 为燃烧面积(m^2)；t 是燃烧时间(h)。

图 6-24 是液体燃烧速度测定装置示意图。测定时，容器和滴定管中都装满可燃液体，液体因燃烧而逐渐下降，但可利用滴定管逐渐上升而多出的液体来补充烧掉的液体，使液面始终保持在 0—0 线上。记录下燃烧时间和滴定管上升的体积，即可算出可燃液体的燃烧速度。

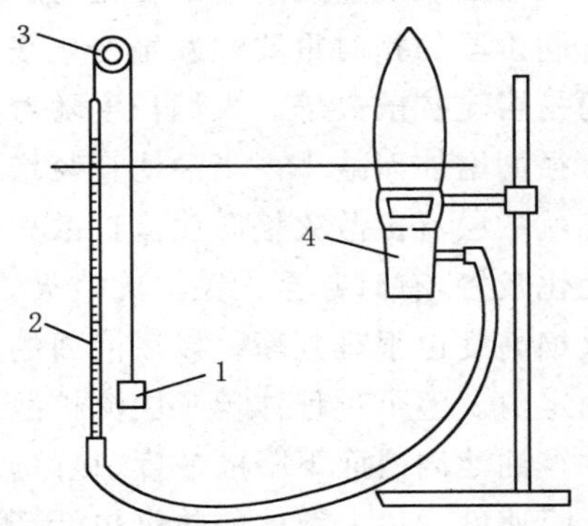

图 6-24　液体燃烧速度测定装置

1——重锤；2——滴定管；3——滑轮；4——直径为 62 mm 的石英容器

液体燃烧的质量速度 G 还可表示为

$$G=\frac{\dot{Q}''}{L_v+c_p(T_2-T_1)} \tag{6-18}$$

式中，G 为液面燃烧的质量速度，kg/(m^2·h)；$\dot{Q}''$为液体接收到的热量，kJ/(m^2·s)；L_v 为液体的蒸发热，(kJ/kg)；c_p 是液体的平均比热容，kJ/(kg·K)；T_2 为燃烧时的液面温度，℃；T_1 是液体的初温，℃。

从式(6-18)可以看出，初温 T_1 升高，燃烧速度加快。这是因为初温高，液体预热到 T_2 所需的热量就少，从而使更多的热量用于液体的蒸发。

液体通常盛装于圆柱形立式容器中，在这种液池(罐)火中，一般常用液面的下降速度表示液池火的燃烧速度(单位时间、单位面积上的燃料消耗量)，而且得出了图 6-25 所示的规律。

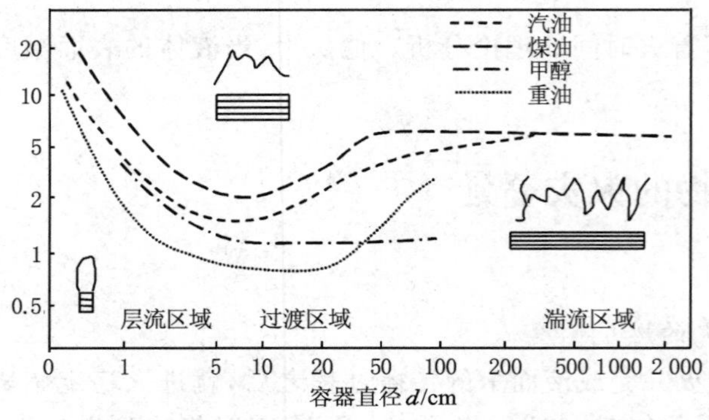

图 6-25　液面下降速度与油池直径的关系

随着液池直径的变化，火焰有三种燃烧状态：液池直径小于 0.03 m 时，火焰为层流状态，燃烧速度随直径增加而减小；直径大于 1 m 时，火焰呈充分发展的湍流状态，燃烧速度为常数，不受直径变化的影响：直径介于 0.03～1.0 m 的范围内时，随着直径的增加，燃烧状态逐渐从层流状态过渡到湍流状态，燃烧速度在 0.1 m 处到达最小值，之后燃烧速度随直径增加逐渐上升到湍流状态的恒定值。

液面燃烧速度随直径变化的关系可由火焰向液面传热的三种机理中，每种传热机理在不同阶段的相对重要性发生变化来解释。如果没有外界热源存在，当油池直径较小时，形成的是层流扩散火焰。火焰长度随着油池直径的增大而变短。因此液面的下降速度随着油池直径的增加而减小。当油池直径增大到某一范围之后，这个范围与液体燃料的性质有关，火焰就从层流扩散火焰向湍流扩散火焰过渡。在过渡区域中，液面的下降速度随油池直径的变化较慢，有时甚至无关。此时火焰中有大量的黑烟产生，火焰渐渐向湍流扩散火焰转变，火焰高度也很难判断。以后液面的下降速度又随油池直径的增加而增加，并最终趋于某个固定值。整个过程体现了层流扩散火焰向湍流扩散火焰转变的特点。

油池内液面下降的速度，显然应当等于传入液体的热量引起的液体蒸发而导致的液面下降速度。传入液体的热量包括：① 从容器的器壁向液体的传热；② 液面上方的高温气体向液体的对流传热；③ 火焰及高温气体向液体的辐射传热等几部分。下面作一近似分析：

由于容器器壁与火焰根部相距很近，器壁的温度可取为液体的温度(T_L)。这样在器壁附近，气体中的温度差可取为 T_F-T_L，其中 T_F 为火焰温度。从器壁向液体传导的热流量

可用下式表示

$$q_{cd}=k\pi d(T_F-T_L) \tag{6-19}$$

这里，d 为油池直径，k 为热传导系数。

液面上方的高温气体通过对流作用向液体传入的热流量可用下式表示

$$q_{cv}=h\frac{\pi d^2}{4}(T_F-T_L) \tag{6-20}$$

这里，h 为对流换热系数，一般与油池直径 d 有关系。

火焰与高温气体向液体的辐射热流量可用下式表示

$$q_{ra}=\frac{\pi d^2}{4}\sigma(\varepsilon_F\varphi_F T_F^4-\varepsilon_L T_L^4) \tag{6-21}$$

这里，假设高温气体的温度等于火焰的温度。σ 为斯蒂芬—波兹曼常数，ε_F 为火焰及高温气体的辐射率，φ_F 为火焰及高温气体对液面的形态系数，ε_L 为液体的辐射率。

显然这些热流量的总和应当等于液体蒸发所需要的热量与液体本身升温所需热量之和，即

$$q_{cd}+q_{cv}+q_{ra}=\frac{\pi d^2}{4}v_L\rho_L L_V+c_{pl}\left(M_L-\frac{\pi d^2}{4}v_L\rho_L\right)(T_L-T_\infty) \tag{6-22}$$

这里，ρ_L 是液体的密度，L_V 是液体的蒸发潜热，v_L 是液面的下降速度，c_{pl} 是液体的比热容，M_L 为油池内液体的总质量，T_∞ 为液体的初温。这样液面的下降速度可表示为：

$$v_L=\frac{q_{cd}+q_{cv}+q_{ra}-c_{pl}M_L(T_L-T_\infty)}{\frac{\pi d^2}{4}\rho_L[L_V-c_{pl}(T_L-T_\infty)]} \tag{6-23}$$

将式(6-22)代入式(6-23)得

$$v_L=\frac{\left[\frac{4k}{d}(T_F-T_L)+h(T_F-T_L)+\sigma(\varepsilon_F\varphi_F T_F^4-\varepsilon_L T_L^4)-c_{pl}M_L(T_L-T_\infty)\right]}{\rho_L[L_V-c_{pl}(T_L-T_\infty)]} \tag{6-24}$$

当 d 很小的时候，式(6-24)分子的第1项相对较大，所以有 v_L 与 d 近似成正比的关系。当 d 很大时，式(6-24)分子的第1项相对较小，所以有 v_L 与 d 近似无关系。这些证明了图6-25结果是合理的。

Burgess 等人对大圆池($d>1$ m)中烃类液体的燃烧实验所得到的结果表明在大直径液池火灾中，辐射传热是最重要的传热方式，并得出了辐射占主导作用时液体的极限直线燃烧速度 v_∞，如表6-8所示。并可用下式计算直线燃烧速度 v_t，即

$$v_t=v_\infty(1-e^{-Kd}) \tag{6-25}$$

式中，K 为常数，d 为液池直径。

表6-8　一些池状液体稳定燃烧时的极限速度

液体名称	液化石油气	正丁烷	正乙烷	二甲苯	甲醇
v_∞/(mm/min)	6.6	7.9	7.3	5.8	1.7

从表6-8可以看出，虽然其中有深冷液体(液化石油气)，但它们的极限燃烧速度是比较接近的。不过甲醇的极限燃烧速度很小，这是因为其蒸发潜热值较大，而其火焰的辐射率较低。

大多数实际液体火灾为湍流火焰。在这种情况下，油面蒸发速度较大，火焰燃烧剧烈。由于火焰的浮力运动，在火焰底部与液面之间形成负压区，结果大量的空气被吸入形成激烈翻卷的上下气流团，并使火焰产生脉动，烟柱产生蘑菇状的卷吸运动，使大量的空气被卷入。

6.6.1.2　油罐火灾

可燃液体的蒸气与空气在液面上边混合边燃烧，燃烧放出的热量会在液体内部传播。由于液体特性不同，热量在液体中的传播具有不同的特点，在一定的条件下，热量在液体中的传播会形成热波，并引起液体的沸溢和喷溅，使火灾变得更加猛烈。原油一类的可燃液体其组成复杂，各组分的物理化学性质均不同。如这类液体的沸点不是固定的，而是具有一定的温度范围。我们将原油中最轻的烃类沸腾时的温度，称为原油的初沸点；终沸点则是原油中最重的烃类沸腾时的温度，也是原油中最高的沸点。由不同比重不同沸点的所有馏分转变为蒸气的最低和最高沸点的温度范围称为沸程。与混合液体不同，各种单组分液体只有沸点而无沸程。

原油中比重最轻、沸点最低的一部分烃类组分是其轻组分；比重最大、沸点最高的一部分烃类组分则构成了原油的重组分。

单组分液体（如甲醇、丙酮、苯等）和沸程较窄的混合液体（如煤油、汽油等），在自由表面燃烧时，很短时间内就形成稳定燃烧，且燃烧速度基本不变。这类物质的燃烧具有以下几种特点：

（1）液面温度接近但稍低于液体的沸点

液体燃烧时，火焰传给液面的热量使液面温度升高。达到沸点时，液面的温度则不再升高。液体在敞开空间燃烧时，蒸发在非平衡状态下进行，且液面要不断地向液体内部传热，所以液面温度不可能达到沸点，而是稍小于沸点。

（2）液面加热层很薄

单组分油品和沸程很窄的混合油品，在池状稳定燃烧时，热量只传播到较浅的油层中，即液面加热层很薄。这与我们想象认为“液面加热层随时间不断加厚”是不符合的。图 6-26 是汽油和丁醇稳定燃烧时的液面下温度分布。

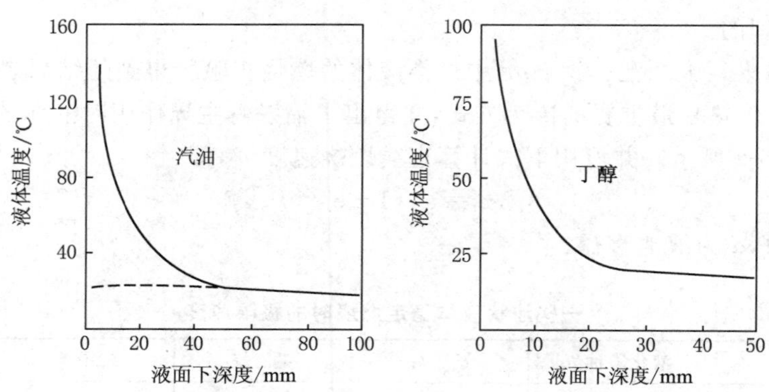

图 6-26　汽油和丁醇稳定燃烧时的液面下温度分布

液体稳定燃烧时，液体蒸发速度是一定的，火焰的形状和热释放速率是一定的，因此，火焰传递给液面的热量也是一定的。这部分热量一方面用于蒸发液体，另一方面向下加热液体层。如果加热厚度越来越厚,则根据傅里叶导热定律,通过液面传向液体的热量越来越少,而用于蒸发液体的热量越来越多,从而使火焰燃烧加剧。显然,这是与液体稳定燃烧的前提不符合的。因此,液体在稳定燃烧时,液面下的温度分布是一定的。

沸程较宽的混合液体,主要是一些重质油品,如原油、渣油、蜡油、沥青、润滑油等等,由于没有固定的沸点,在燃烧过程中,火焰向液面传递的热量首先使低沸点组分蒸发并进入燃烧区燃烧,而沸点较高的重质部分,则携带在表面接受的热量向液体深层沉降,形成一个热的锋面向液体深层传播,逐渐深入并加热冷的液层。这一现象称为液体的热波特性,热的锋面称为热波。

热波的初始温度等于液面的温度,等于该时刻原油中最轻组分的沸点。随着原油的连续燃烧,液面蒸发组分的沸点越来越高,热波的温度会由 150 ℃逐渐上升到 315 ℃,比水的沸点高得多。

热波在液层中向下移动的速度称为热波传播速度,它比液体的直线燃烧速度(即液面下降速度)快,如表 6-9 所示。在已知某种油品的热波传播速度后,就可以根据燃烧时间估算液体内部高温层的厚度,进而判断含水的重质油品发生沸溢和喷溅。因此,热波传播速度是扑救重质油品灾时要用到的重要参数。

表 6-9　热波传播速度与直线燃烧速度的比较

油品种类		热波传播速度/(mm/min)	直线燃烧速度/(mm/min)
轻质油品	含水<0.3%	7～15	1.7～7.5
	含水>0.3%	7.5～20	1.7～7.5
重质燃油及燃料油	含水<0.3%	—	1.3～2.2
	含水>0.3%	3～20	1.3～2.3
初馏分(原油轻组分)		4.2～5.8	2.5～4.2

含有水分、黏度较大的重质石油产品,如原油、重油、沥青油等,发生燃烧时,有可能产生沸溢现象和喷溅现象。

原油黏度比较大,且都含有一定的水分。原油中的水一般以乳化水和水垫两种形式存在。所谓乳化水是原油在开采运输过程中,原油中的水由于强力搅拌成细小的水珠悬浮于油中而成。放置久后,油水分离,水因比重大而沉降在底部形成水垫。

在热波向液体深层运动时,由于热波温度远高于水的沸点,因而热波会使油品中的乳化水气化,大量的蒸气就要穿过油层向液面上浮,在向上移动过程中形成油包气的气泡,即油的一部分形成了含有大量蒸气气泡的泡沫。这样,必然使液体体积膨胀,向外溢出,同时部分未形成泡沫的油品也被下面的蒸气膨胀力抛出罐外,使液面猛烈沸腾起来,就像“跑锅”一样。这种现象叫沸溢。

从沸溢过程说明,沸溢形成必须具备三个条件:

(1) 原油具有形成热波的特性,即沸程宽,比重相差较大;

(2) 原油中含有乳化水,水遇热波变成蒸气;

(3) 原油黏度较大,使水蒸气不容易从下向上穿过油层。如果原油黏度较低,水蒸气很容易通过油层，就不容易形成沸溢。

随着燃烧的进行，热波的温度逐渐升高，热波向下传递的距离也加大，当热波达到水垫时，水垫的水大量蒸发，蒸气体积迅速膨胀，以至把水垫上面的液体层抛向空中，向罐外喷射。这种现象叫喷溅。

一般情况下，发生沸溢要比发生喷溅的时间早得多。发生沸溢的时间与原油种类、水分含量有关。根据实验，含有1%水分的石油，经45～60 min燃烧就会发生沸溢。喷溅发生时间与油层厚度、热波移动速度以及油的燃烧线速度有关。可近似用下式计算：

$$\tau=\frac{H-h}{v_0+v_t}-KH \tag{6-26}$$

式中，τ为预计发生喷溅的时间，h；H为贮罐中油面高度，m；h为贮罐中水垫层的高度，m；v_0为原油燃烧线速度，m/h；v_t为原油的热波传播速度，m/h；K为提前系数，h/m，贮油温度低于燃点时取0，温度高于燃点时取0.1。

油罐火灾在出现喷溅前，通常会出现油面蠕动、涌涨现象；火焰增大、发亮、变白；出现油沫2～4次；烟色由浓变淡，发生剧烈的“嘶！嘶！”声等。金属油罐会发生罐壁颤抖，伴有强烈的噪声（液面剧烈沸腾和金属罐壁变形所引起的），烟雾减少，火焰更加发亮，火舌尺寸更大，火舌形似火箭。

当油罐火灾发生喷溅时，能把燃油抛出70～120 m。不仅使火灾猛烈发展，而且严重危及扑救人员的生命安全，因此，应及时组织撤退，以减少人员伤亡。

研究结果表明：飞溅高度和散落面积直径与油层厚度、油池直径有关，一般散落面积直径（D）与油池直径（d）之比均在10以上，即$\frac{D}{d}>10$。由于喷出来的燃油必须穿过已燃烧的池火，这样池火就点燃了喷出来的燃油，再加上雾化条件、供氧条件的改善，喷出来的燃油比油池中的油燃烧得更猛烈。导致火灾迅速扩大，如果在油池四周还有其他可燃物，并将被迅速点燃；如果在油池四周还有从事火灾扑救的人员和设备，必将造成很大的伤亡和损失。所以对油池火灾而言，一定要避免扬沸现象的发生，一定要研究发生扬沸之前的特征，做好预报工作，防止火灾的蔓延与扩大。图6-27所示为湍流型浮力扩散火焰。

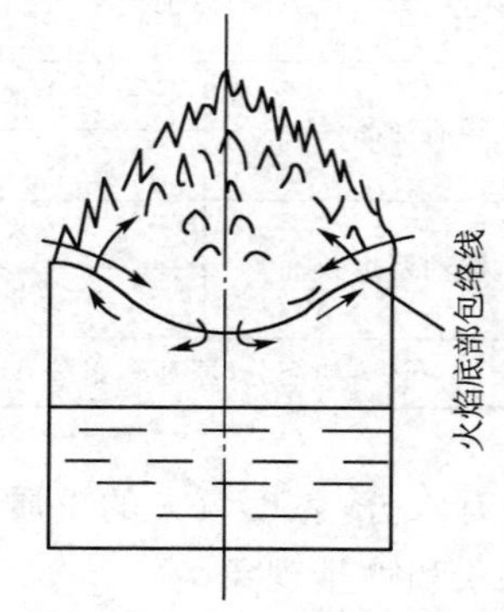

图6-27　湍流型浮力扩散火焰

6.6.2　液面火

海上的油轮事故，常导致液面火灾。所以研究液面火的蔓延规律，对于扑灭这种火灾具有重要意义。研究结果表明：可燃性液体的性质及周围环境条件，对液面火的蔓延速度影响很大。

在静止环境中液体的初温对火的蔓延速度影响显著。图6-28给出了甲醇液面火的蔓延速度与甲醇初温的关系，开始时甲醇液面火的蔓延速度随着甲醇初温的增高而加快，当温度超过某个值之后，液面火的蔓延速度趋于某个常数。这是因为甲醇的闪点为11 ℃，当温度达到20 ℃之后，在甲醇液面上方就形成了一定浓度的甲醇蒸气，该蒸气与空气混合后形成了具有一定混合比的预混可燃气,而这个预混可燃气的传播速度是一定的,表现出来就是甲醇液面火的蔓延速度趋于某个常数。这个常数值就是最大甲醇浓度与空气混合气的层流火焰传播速度。

火焰传播速度不同,火焰形状也不同,用纹影方法拍下来的甲醇液面火的火焰结构更不相同,图 6-29 为不同甲醇初温,给定时间间隔(距着火)时的纹影照片。从图 6-29 可以看出,火焰传播速度越快,火焰面的倾角就越大。

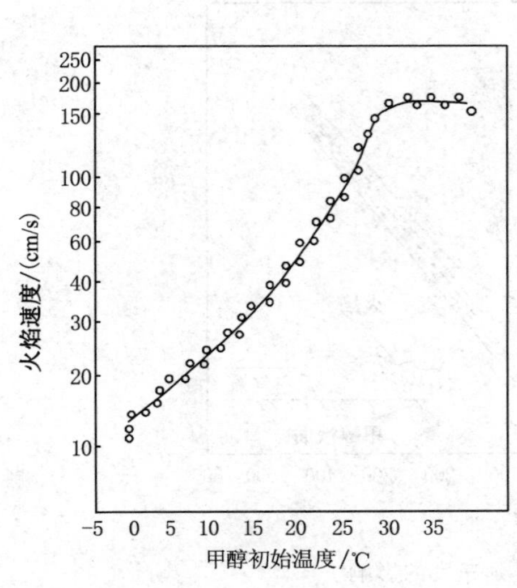

图 6-28 初温对火蔓延速度的影响

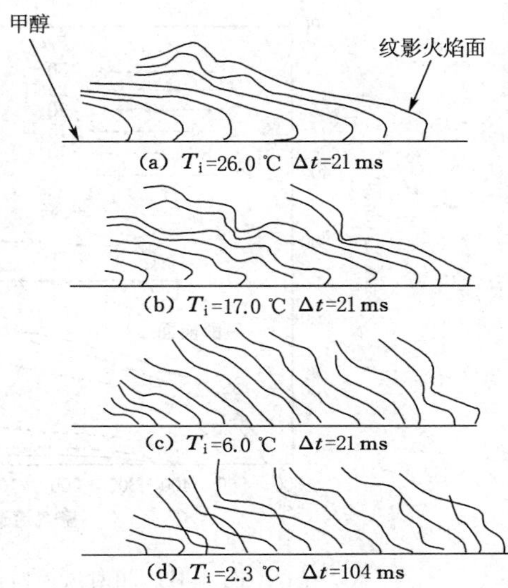

图 6-29 不同初温下甲醇液面火纹影照片

上述结果表明:火焰传播速度与温度有关,必然与传播过程有关。当甲醇初温低于闪点(11 ℃)温度时,形成的是扩散火焰。要维持液面火的蔓延,火焰前面的甲醇必须升温,以保证一定的蒸发速度。这样必须向火焰前面的液相甲醇传热,这样火焰前面的液相甲醇与火焰正下方的液相甲醇之间就产生了温差,这个温差就引起了表面张力差。在表面张力差的作用下产生了液相甲醇的表面流,使得温度高的液相甲醇流向火焰的前方,如图 6-30(a)所示。火焰的周期性变化[图 6-30(b)]就是因表面张力差引起的表面流的变化所致。

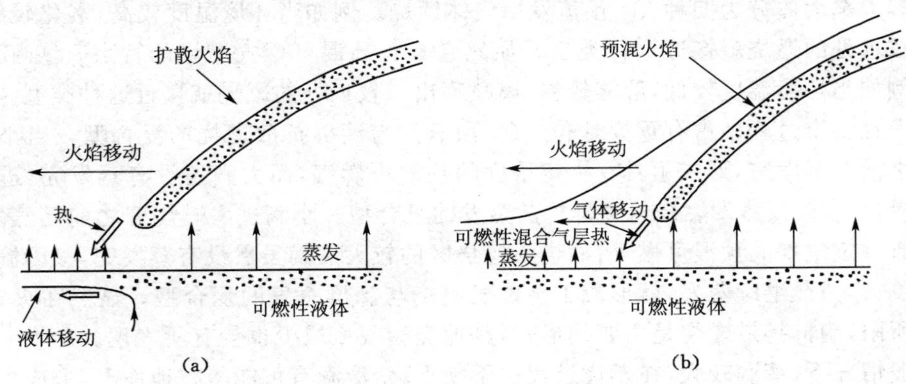

图 6-30 液体温度对传热过程的影响

甲醇液面火的这种蔓延特性对于其他可燃性液体也适用，具有普遍性。图 6-31 给出了在有相对速度条件下，液面火的蔓延情况。在逆风条件下，甲醇的初温影响显著。在顺风条件下，初温几乎没有什么影响，主要受风速的影响。这个结果当然与甲醇的蒸发速度有关，研究蒸发问题，必须研究传热问题。请读者一定掌握液面处的传热过程。另外还可看出：如果逆向以大于液面火蔓延速度数倍的风速吹来，就可将液面火扑灭。在扑救液面火灾时，不能顺着火焰方向吹风，否则火会越烧越旺。

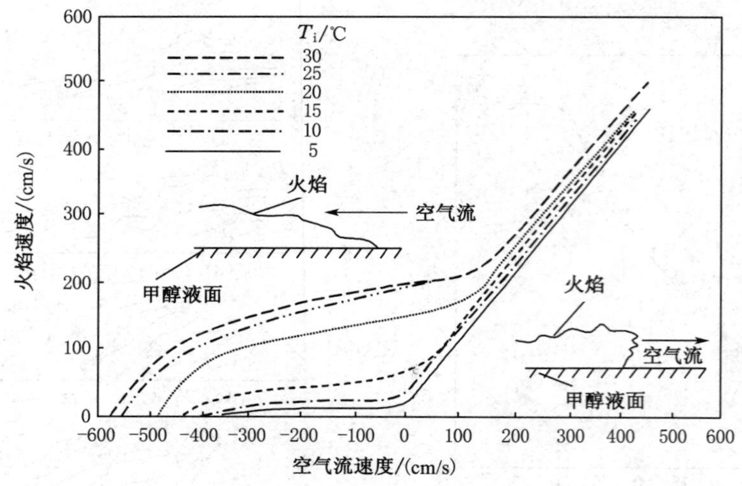

图 6-31　相对风速对液面火蔓延速度的影响

实际火灾中，液面并非静止不动，所以今后应研究运动液面对液面火蔓延速度的影响，以便更真实地描述液面火灾的蔓延规律。

6.6.3　液雾中的火蔓延

在钻井井喷火灾和液体燃料容器破裂后的火灾中，经常出现液雾中的火灾蔓延现象。在这种情况下因喷雾条件较差，雾化质量不高，液滴较大，而且大滴的比重也较高。形成的液雾火焰多为液群扩散火焰，为了使大家对这种火焰的特点有个概括了解，需要对液雾火焰做些说明。

液雾火焰大体分为四种：① 预蒸发型气体燃烧。例如当环境温度较高，雾化较细，离喷嘴出口较远处的燃烧就接近这种类型。显然它具有预混可燃气燃烧的特点。② 滴群扩散燃烧。例如当环境温度较低，液雾较粗，离喷嘴出口较近处的燃烧就接近这种类型。所以液滴的蒸发在整个过程中占有重要地位。③ 预蒸发与滴群扩散燃烧的复合型。当小滴进入燃烧区之前已蒸发完，形成了具有一定浓度的预混可燃气，而大滴还没有蒸发完，进行着滴群扩散燃烧。④ 预蒸发燃烧与滴群扩散蒸发的复合型。小滴进入燃烧区之前已蒸发完，形成了具有一定浓度的预混可燃气；而进入燃烧区的较大液滴虽然没有蒸发完，又因滴径过小而不能着火，只能继续蒸发，就形成了预蒸发燃烧与滴群蒸发的复合型。显然在火灾中，由于条件所限，滴群扩散燃烧是主要的形式，其他类型或多或少也会有所表现。

一般情况下，液滴较大，在燃烧过程中不断下落，液滴有可能落在地面上，形成含有可燃性液体的固面，同时引起可燃性固面上蔓延的火灾。如果是海上砖井台，则可能在水面上形成可燃性液面，又可出现沿可燃性液面蔓延的火灾。如果可燃性液体在某处集合，又可能出现油池火，所以必须同时注意综合效应。

为了说明滴群扩散燃烧的基本特性，可将滴群扩散燃烧模型简化（图6-32）。即一个初始滴径均匀液滴与气流之间没有相对运动的一维液雾火焰。如果初始气流环境温度不太高，但比液滴温度高，则应考虑对液雾的预热作用。此处高温燃气一侧也对液雾有个预热作用，这样就形成了滴群的预热蒸发区。显然液体本身的蒸发特性，环境温度等对该区有很大影响，如果温度升高到某一个温度以上，可能出现已蒸发的蒸气与空气混合气的着火，形成预混火焰。然后液滴又着火，形成扩散火焰。可见随着条件的不同，有着不同的多相燃烧机理。

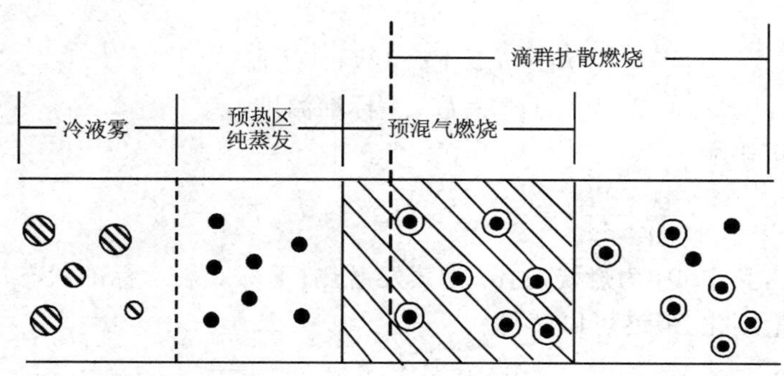

图6-32　简化的滴群扩散燃烧模型

如果不能形成预混火焰，只有滴群扩散燃烧，就是我们要讨论的情况。此时虽然没有预混燃烧，但蒸发对气相流动是有影响的，不过仍可假设液滴与气流间没有相对运动，滴径均匀。

这样一维两相火焰的总体连续方程为：

$$\rho_\varepsilon u = m = \text{常数} \tag{6-27a}$$

或

$$(\rho_g + \rho_L)u = m = \text{常数} \tag{6-27b}$$

这里 ρ_g 为气相的密度，ρ_L 为液相的密度，ρ_ε 为气液两相的总密度，u 为气液两相的平均速度，m 为气液两相的质量通量。

气相连续方程为：

$$\frac{\mathrm{d}(\rho_g u)}{\mathrm{d}x} = \bar{\rho}_L \frac{\pi d}{4} k_f N \tag{6-28}$$

令

$$z = \frac{\rho_g}{\rho_\varepsilon}$$

可得

$$\frac{\mathrm{d}z}{\mathrm{d}x} = \frac{\bar{\rho}_L \frac{\pi d}{4} k_f N}{m} \tag{6-29}$$

这里，$\bar{\rho}_L$ 为液相的平均密度，d 为液滴直径，k_f 为扩散燃烧的蒸发常数，N 为液滴在单位容积内的数目。

两相一维火焰的能量方程为：

$$\frac{\mathrm{d}}{\mathrm{d}x}[\rho_{g}uh_{g}+\rho_{L}uh_{L}]=\frac{\mathrm{d}}{\mathrm{d}x}\left(\lambda\frac{\mathrm{d}T}{\mathrm{d}x}-\sum h_{i}\rho_{g}Y_{i}v_{i}\right)\tag{6-30}$$

两端同除以 $\rho_{g}u=m$,并积分可得:

$$zh_{g}+(1-z)h_{L}+\frac{1}{m}\left(-\lambda\frac{\mathrm{d}T}{\mathrm{d}x}-\sum h_{i}\rho_{g}Y_{i}v_{i}\right)=\text{常数}\tag{6-31}$$

这里下标 i 表示第 i 种组分,h_i 为第 i 种组分的焓值,Y_i 为第 i 种组分的质量百分数,v_i 为第 i 种组分的运动速度。所以有:

$$h_{g}=\sum Y_{i}h_{i}$$

$$h_{i}=h_{i,0}+c_{p}(T-T_{g,0})$$

$$h_{L}=h_{L,0}+c_{p,L}(T_{L}+T_{L,0})$$

$$T_{g,0}=T_{L,0}=\text{标准温度}$$

这样式(6-31)又可写为

$$\frac{\lambda}{m}\left(\frac{\mathrm{d}T}{\mathrm{d}x}\right)=z(c_{p}T-Q')-z_{0}(c_{p}T_{g,0}-Q'_{0})\tag{6-32}$$

这里,$Q'=Q_{F}+q_{v}$,其中 Q_F 为燃烧热,q_v 为蒸发潜热;下标 0 表示标准状态。

若将上式无量纲化,最终可以解得

$$m\propto\left(\frac{1}{d_{0}}\right)\left(\frac{1}{\sqrt{\rho_{L}}}\right)\left(\frac{\lambda}{c_{p}}\right)(\sqrt{p\overline{M}_{0}})\tag{6-33}$$

这里,$\overline{M}_0$ 为标准状态下混合气的平均分子量。

上述结果表明:滴群扩散燃烧火焰的质量蔓延速度随着液滴尺寸的减少而增大,其他物性参数和环境压力对质量蔓延速度也有较大影响。如果要考虑粒径的空间分布情况,可以想象到结果会更合理真实,但也会更复杂。不过从估算的角度出发,采用最简单的模型是可行的。

第7章 固体燃烧

在建筑环境中大多数引发火灾的燃料都是固体材料，固体材料的火灾危险性特别复杂，因为它取决于很多因素，包括几何形状、方位性和材料的化学性质及其所处的环境条件等。表面接收到的热通量和空气中的氧浓度是两个最重要的环境因素。

根据各类可燃固体的燃烧方式和燃烧特性，固体燃烧的形式大致可分为五种：① 蒸发燃烧。硫、磷、钾、钠、蜡烛、沥青等可燃固体，在受到火源加热时，先熔融蒸发，随后蒸气与氧气发生燃烧反应，这种形式的燃烧一般成为蒸发燃烧。樟脑，萘等易升华物质，在燃烧时不经过熔融过程，但其燃烧现象也可看作是一种蒸发燃烧。② 表面燃烧。可燃固体（如木炭、焦炭、铁、铜等）的燃烧反应是在其表面由氧和物质直接作用而发生的，称为表面燃烧。这是一种无火焰的燃烧，有时又称之为异相燃烧。③ 分解燃烧。可燃固体，如木材、煤、合成塑料、钙塑材料等，在受到火源加热时，先发生热分解，随后分解出的可燃挥发份与氧发生燃烧反应，这种形式的燃烧一般称为分解燃烧。④ 熏烟燃烧（阴燃）。可燃固体在空气不流通，加热温度较低、分解出的可燃挥发份较少或逸散较快、含水分较多等条件下，往往发生只冒烟而无火焰的燃烧现象，这就是熏烟燃烧，又称阴燃。⑤ 动力燃烧（爆炸）。指可燃固体或其分解析出的可燃挥发份遇火源所发生爆炸式燃烧，主要包括可燃粉尘爆炸、炸药爆炸、轰燃等几种情形，其中，轰燃是指可燃固体由于受热分解或不完全燃烧析出可燃气体，当其以适当比例与空气混合后再遇火源时，发生的预混燃烧。例如能析出一氧化碳的赛璐珞、能析出氰化氢的聚氨酯等。

上述各种燃烧形式的划分不是绝对的，有些可燃固体的燃烧往往包含着两种或两种以上的形式。例如，在适当的外界条件下，木材、棉、麻、纸张等的燃烧会明显地存在分解燃烧、阴燃、表面燃烧等形式。

7.1 固体可燃物着火的一般过程

固体着火和燃烧涉及复杂的化学和物理过程。与液体着火过程相同的是大部分固体物质在燃烧之前也会发生气化，这个气化过程实际上是复杂分子组分的受热降解，也称为热解。这些可燃性气体必须快速从表面释放出来，并在材料表面达到足够的浓度，与空气混合形成可以被点燃的可燃混合气。与液体不同的是，在室温下固体燃烧没有明显的蒸气压。

当燃料固体表面附近的可燃混合气达到着火的浓度时，若存在点火源，就可以发生着火，此时的着火类似于液体的闪燃。除非可燃蒸气的生成速率能维持连续的燃烧，否则在固体表面的燃烧将终止。此时的温度正好类似于液体的着火点。如果可燃气体能被加热到自燃温度，则没有点火源也能发生着火现象。这类似于可燃气体或液体的自燃温度，被称为固体的自燃。

绝大多数可燃固体由于外界的加热而发生的着火一般都出现在气相中，即固体受热产生的可燃挥发物扩散在周围环境中发生了着火和燃烧。一般来说,固体无外乎通过热传导、热对流和热辐射这三种方式中的一种或几种来获得热量。图 7-1 给出了固体可燃物着火的一般过程。

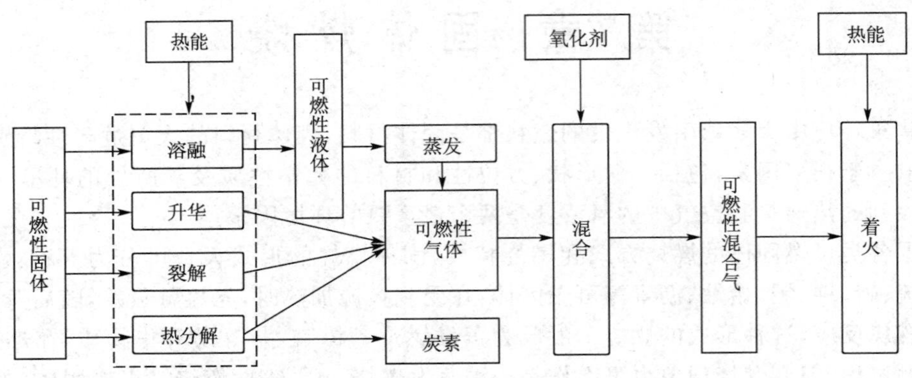

图 7-1　固体可燃物着火的一般过程

固体可燃物可以由于受外部热源的加热或自身发热而着火燃烧。尽管在理论上不是很严密,但通常可以认为当可燃固体受外界热源作用,表面温度升高达到其着火温度时固体可燃物发生着火。因此,当外界热源的温度低于该固体的着火温度时,我们可以很快断定,这样的热源是不会引燃该可燃固体的。然而,对于阴燃和自燃的固体,一般没有固定的温度来描述其着火过程的特点。可燃固体可以在环境温度较低的情况下,由于自身的发热而着火燃烧(如煤炭的自燃),几乎所有的有机固体均有自热的可能。

我们可以将固体可燃物的着火过程细分成几个阶段,并考虑控制固体着火的有关因素,见图 7-2。

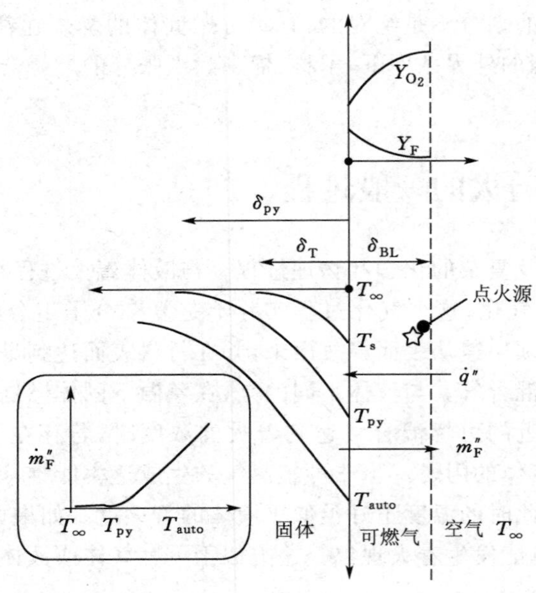

图 7-2　固体着火过程中的有关控制因素

首先，固体被加热，温度升高至某个值时，固体产生热解产物，其中含有气态的可燃成分。此分解出可燃气体成分的过程可以用阿伦尼乌斯方程来描述，即

$$\dot{m}'''_{\mathrm{F}}=A_{\mathrm{s}}\mathrm{e}^{-E_{\mathrm{s}}/(RT)} \tag{7-1}$$

其中，A_{s} 和 E_{s} 是固体的特性参数。方程(7-1)是关于温度的非线性方程。当温度达到临界温度 T_{py}时，有浓度足够的燃料蒸气可以燃烧。

对于在厚度方向上加热固体的情况，从固体受热平面逸出的燃料质量流量可用下式计算，

$$\dot{m}''_{\mathrm{F}}=\int_{0}^{\delta_{\mathrm{py}}}A_{\mathrm{s}}\mathrm{e}^{-E_{\mathrm{s}}/(RT)}\,\mathrm{d}x \tag{7-2}$$

其中，是加热的临界厚度。假设，当固体表面温度未达到 T_{py}时，燃料蒸气没有显著的变化；温度达到 T_{py}时，燃料质量流量足够保证燃料蒸气可以被点燃。

接着，释放出来的可燃蒸气在周围空间中扩散，与空气混合。对于点燃这种情况，点火源必须放在可燃混合气体的浓度大于其燃烧极限下限的位置才能点燃可燃混合气；对于自燃这种情况，除了可燃混合气的成分接近化学计量比外，还需要有足够体积的可燃混合气体的温度达到其自燃温度(300～500 ℃)。如果固体是被辐射加热的，则表面或边界面必须能够将可燃混合气的温度加热到热自燃的温度，一般的，此时的表面温度要比点燃时的表面温度 T_{py}高。对于可炭化的材料，其表面会在气相着火前发生氧化，特别是在固体自燃或加热热流较低的情况中出现。Spearpoint 就观察到当有点火源存在时，厚木块可以在 8 kW/m^2 的热辐射作用下被点燃。实际上，此时的点燃能量还要把木块自身炭化所放出的热量加上，即使没有外部的点火源，表面炽热的炭也能将可燃混合气点燃。这是炭化材料着火的重要机理之一，但在后续的分析中，我们暂不考虑其影响。在典型的情况下，燃料蒸气以湍流状态的自然对流与周围的空气混合，经过一段时间接触到点火源，同时固体表面温度进一步的升高。

一旦可燃混合气接触到点火源，化学反应需要进行一段时间以达到“热爆炸”或着火条件。

固体的着火时间 t_{ig} 可以由以上三个阶段的时间相加得到：

$$t_{\mathrm{ig}}=t_{\mathrm{py}}+t_{\mathrm{mix}}+t_{\mathrm{chem}} \tag{7-3}$$

其中，t_{py}为热传导使得固体温度达到的时间，t_{mix}为可燃气和氧气扩散或迁移至点火源的时间，t_{chem}为可燃混合气在点火源处进行化学反应并发生着火的时间。

一般来说，在正常氧气条件，无气相阻燃成分时，化学反应时间 t_{chem}非常短暂，约为 10^{-4} 秒量级，往往可以忽略不计。

t_{mix}与气体的扩散有关，气体从固体表面扩散穿过厚度为 δ_{BL} 的边界层。若流动是湍流状态，采用努塞尔数的表达式来表示此时的流动与传热关系，

$$\frac{h_{\mathrm{c}}l}{k}=0.021(GrPr)^{2/5}, GrPr>10^{9} \tag{7-4}$$

其中，Gr 为格拉晓夫数，对于气体有 $Gr=g[(T_{\mathrm{s}}-T_{\infty})/T_{\infty}](l^3/v^2)$；$Pr$ 为普朗特数，$Pr=v/\alpha$；α 和 v 分别是气体的热扩散系数和运动黏度系数。对流换热系数 h_{c} 与气体的导热系数 k 有关，近似地有，

$$h_{\mathrm{c}}\approx\frac{k}{\delta_{\mathrm{BL}}} \tag{7-5}$$

假设,加热表面的长度 $l=0.5$ m,表面温度 $T_s=325$ ℃,空气温度 $T_\infty=25$ ℃,由方程(7-4)、(7-5),并带入典型值,可得,

$$Pr=0.69$$
$$\alpha=45\times10^{-6}\ \mathrm{m^2/s}$$
$$v=31\times10^{-6}\ \mathrm{m^2/s}$$
$$k=35\times10^{-3}\ \mathrm{W/(m\cdot K)}$$
$$Gr=1.29\times10^{9}$$
$$\frac{\delta_{BL}}{l}=0.0126$$
$$\delta_{BL}=6.29\times10^{-3}\ \mathrm{m}$$

气体扩散 δ_{BL} 所需时间可由下式计算,

$$\delta_{BL}=\sqrt{Dt_{mix}} \tag{7-6}$$

式中,D 为扩散系数,典型值为 $1.02\times10^{-5}\ \mathrm{m^2/s}$,故有,$t_{mix}=3.9$ s。因此,气体混合时间也是比较短的。

将固体表面温度加热到 T_{py} 的时间,我们也可以估算出来。在这里我们暂不考虑热解和气化对传热的影响,仅仅考虑纯粹的热传导作用。热量穿透深度可以近似估算为,

$$\delta_T\approx\sqrt{\alpha t} \tag{7-7}$$

固体表面的净入射热流定义为 $\dot{q}''$。若不考虑相变和热解所需的热量,则由能量守恒关系,可以得到该导热问题的边界条件,

$$\dot{q}''=-\left(k\frac{\partial T}{\partial x}\right)_{x=0} \tag{7-8}$$

在热解时间内,近似有,

$$-\left(k\frac{\partial T}{\partial x}\right)_{x=0}\approx\frac{k(T_{py}-T_\infty)}{\delta_T} \tag{7-9}$$

所以,由方程(7-7)得,

$$t_{py}\approx k\rho c\left(\frac{T_{py}-T_\infty}{\dot{q}''}\right)^2 \tag{7-10}$$

其中,$k\rho c$ 为固体材料的热惯性,值越高,固体的温度越难以升高。

对于木材,$k\rho c$ 约等于 0.5,T_{py} 为 325 ℃,假设净入射热流为 20 kW/m²,由式(7-10)得,t_{py} 约为 113 s。通过比较可以发现,导热时间是其中最长的,决定了着火时间。一般的,导热性能与固体的密度有关,有 $k\rho c\propto\rho^2$,这就解释了为什么密度小的固体,如泡沫塑料着火得特别快。

根据以上分析,我们可以将 t_{py} 近似地认为就是固体的着火时间。如果采用式(7-10)估算固体材料的着火时间,需要知道该固体材料着火时的表面温度和 $k\rho c$ 的值。对于点燃的情况,表面温度要低些,对于自燃的情况,表面温度较高些。在入射热流较大的情况下,由于着火时间比较短,热解和相变过程所吸收的热量所占的相对比例较小,估算的着火时间比较准确,若入射热流较小,着火时间较长,则估算的着火时间可能误差较大。

7.2　热薄性和热厚性固体可燃物的着火

固体材料的着火需要材料表面释放出足够多的可燃蒸气与空气形成可燃混合气，同时还需要有点火源的存在。当可燃蒸气形成以后，可以用有效着火温度来衡量这种热物理条件。着火过程可根据热传导的热薄性与热厚性理论来讨论。

7.2.1　热薄性材料的着火

热薄性材料是一种在传热时可以忽略其内部热阻的材料，这种材料内部的温度梯度近似为0。根据前文的分析可知，如果某种材料的毕奥数远小于1，那么我们就认为它是热薄性材料。即：

$$Bi \equiv \frac{h_t d}{k} = 1.0 \tag{7-11}$$

式中，h_t 为表面总的传热系数，$W/(m^2 \cdot K)$；k 是固体材料的热导率，$W/(m \cdot K)$；d 表示材料特征厚度，m。

通常，特征厚度被定义为固体材料在热传递方向上的厚度。对于双面都暴露在热环境中的无限大平板，其特征厚度只是平板厚度的一半，即 $L/2$；而对于一面是绝热的无限大平板的特征厚度就是平板的厚度 L。如果毕奥数小于0.1，那么采用热薄性假设得到的最终结果的误差会小于5%。因此，毕奥数的值越小，准确度越高；毕奥数的值越大，准确度越低。

在火灾中，我们还可以这样分析：热薄性材料的厚度应该小于该时刻热渗透厚度，如图7-3所示。

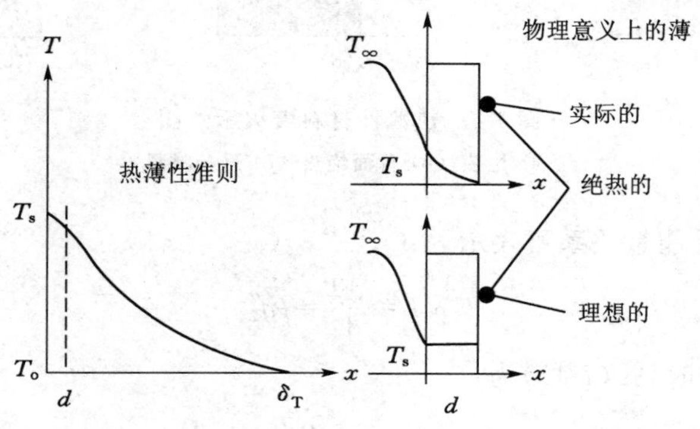

图7-3　热薄性假设

为使材料内部的温度梯度很小，需要满足条件，

$$d = \delta_T \approx \sqrt{\alpha t} \approx \frac{k(T_s - T_0)}{\dot{q}''} \tag{7-12}$$

或

$$Bi \equiv \frac{h_t d}{k} = \frac{h_t(T_s - T_0)}{\dot{q}''} \tag{7-13}$$

其中，T_s 是固体表面温度，T_0 为固体的初始温度。若热流 $\dot{q}''$ 来自对流换热，则式(7-13)

化为，

$$Bi=\frac{T_s-T_0}{T_\infty-T_s} \tag{7-14}$$

式(7-14)说明，如果材料可以看作热薄性的，则其内部温差一定远小于表面与环境的温差。采用固体材料着火的典型数据：k 为 0.2 W/(m·K)，T_s 为着火温度 325 ℃，$T_0=T_\infty=25$ ℃，$\dot{q}''=20$ kW/m²，得 $d=(0.2\times10^{-3})(325-25)/20=3$ mm。所以，一般可将 1 mm以下厚度的材料当作热薄性的来考虑，如纸张，纺织品，塑料膜等。

下面列举 3 个例子来说明热薄性材料的传热特点和着火时间分析。

例 1，材料是绝热的，表面施加热流 $\beta\dot{q}''_i$，其中 β 表示材料表面的吸收率。

例 2，材料在其前表面上有外来热流，且具有对流—辐射边界条件，它的背面是绝热的。实际的例子就是高隔热材料的表面覆盖有一层薄膜或织物。

例 3，材料前表面有热流，前后两个面均具有对流—辐射边界条件。典型的实例有：悬挂的织物或薄金属墙或隔墙。有关它们之间的差异可从图 7-4(a)～7-4(c)中看出。

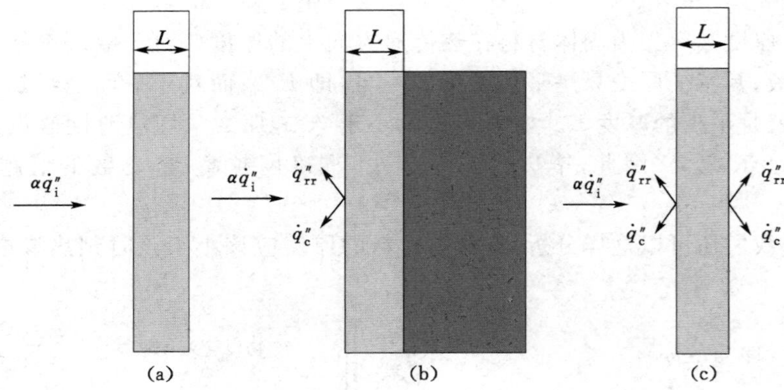

图 7-4　热薄性材料着火示意图

(a) 绝热；(b) 背面绝热；(c) 悬挂材料

对于例 1，表面的能量关系可表示为：

$$\rho cL=\frac{\mathrm{d}T}{\mathrm{d}x}=\beta\dot{q}''_i \tag{7-15}$$

当外加热流恒定不变时，式(7-15)为：

$$\Delta T_s=\frac{\beta\dot{q}''_i t}{\rho cL} \tag{7-16}$$

如果着火温度可知，则着火时间为：

$$t_{ig}=\frac{\rho cL\Delta T_{ig}}{\beta\dot{q}''_i} \tag{7-17}$$

总的来说，式(7-15)～式(7-17)仅仅提供了在材料温度显著增加之前，热薄性固体在非常短的时间内其升温速率的精确描述。当材料的温度增加到室温以上时，从材料表面产生的对流和再辐射热损失将大大增加。最后，在稳定条件时这些损失与传热量相等。

为了更精确地描述热薄性材料的传热特点，例 2 的边界条件设定为从材料暴露开始发生热损失，但背面是完全隔热的。此时，产生的热损失是由于热传导与表面对外辐射的

作用，

$$\dot{q}''_{\text{loss}}=\dot{q}''_{\text{c}}+\dot{q}''_{\text{rr}}=h_{\text{c}}(T_{\text{s}}-T_0)+\varepsilon\sigma(T_{\text{s}}^4-T_0^4)\equiv h_i(T_{\text{s}}-T_0) \tag{7-18}$$

h_{c} 在典型的自由热对流条件下，可以取典型值 15 W/(m² · K)。在式(7-18)中，非线性的表面辐射热损失被线性化处理，以解出该微分方程：

$$\dot{q}''_{\text{rr}}=\varepsilon\sigma(T_{\text{s}}^4-T_0^4)\equiv h_{\text{r}}(T_{\text{s}}-T_0) \tag{7-19}$$

方程(7-19)可通过线性的辐射热传递系数的相关方程解出，

$$h_{\text{r}}=\frac{\varepsilon\sigma(T_{\text{s}}^4-T_0^4)}{(T_{\text{s}}-T_0)}=\varepsilon\sigma(T_{\text{s}}^3+T_{\text{s}}^2T_0+T_{\text{s}}T_0^2+T_0^3) \tag{7-20}$$

式(7-20)表示了线性的热辐射传递系数通常与表面温度 T_{s} 有一个非线性的关系。对于实际工程而言，必须确定这个参数的合适的平均值。可能的解决办法就是线性化的处理，此时材料表面的能量关系可表示为：

$$\rho cL\frac{\mathrm{d}T}{\mathrm{d}x}=\beta\dot{q}''_i-h_i\Delta T \tag{7-21}$$

通过定义特征温升 ΔT_{c} 和特征时间 t_{c} 可使式(7-21)无量纲化。

$$\Delta T_{\text{c}}\equiv\frac{\beta\dot{q}''_i}{h_i} \tag{7-22}$$

$$t_{\text{c}}\equiv\frac{\rho cL}{h_i} \tag{7-23}$$

对于例 2，特征温升表示具有很好隔热背面的材料在稳定状态下的最高温升，假定在材料前表面发生的对流和辐射热损失速率与其吸收入射热通量的速率相同。将式(7-22)和式(7-23)代入式(7-21)中有：

$$\frac{\mathrm{d}\Delta T_{\text{s}}}{\Delta T_{\text{c}}-\Delta T_{\text{s}}}=\frac{\mathrm{d}t}{t_{\text{c}}} \tag{7-24}$$

取适当的边界值对式(7-24)积分，可有如下无量纲式：

$$\frac{\Delta T_{\text{s}}}{\Delta T_{\text{c}}}=1-\exp\left(-\frac{t}{t_{\text{c}}}\right) \tag{7-25}$$

对于例 3，材料表面的能量关系与例 2 有一点不同，这是因为例 3 的热量在其前、后表面均有热损失：

$$\rho cL\frac{\mathrm{d}T_{\text{s}}}{\mathrm{d}t}=\beta\dot{q}''_i-2h_{\text{t}}\Delta T_{\text{s}} \tag{7-26}$$

把式(7-22)和式(7-23)代入式(7-26)中，可得无量纲式：

$$\frac{\mathrm{d}\Delta T_{\text{s}}}{\Delta T_{\text{c}}-2\Delta T_{\text{s}}}=\frac{\mathrm{d}t}{t_{\text{c}}} \tag{7-27}$$

取合适的边界值对式(7-27)积分，可有如下无量纲式：

$$\frac{\Delta T_{\text{s}}}{\Delta T_{\text{c}}}=\frac{1}{2}\left[1-\exp\left(-\frac{2t}{t_{\text{c}}}\right)\right] \tag{7-28}$$

式(7-22)和式(7-23)代入式(7-15)中，可得例 1 的无量纲式：

$$\frac{\mathrm{d}\Delta T_{\text{s}}}{\Delta T_{\text{c}}}=\frac{\mathrm{d}t}{t_{\text{c}}} \tag{7-29}$$

对于例 1，可积分式(7-29)，采用合适的限定值可得：

$$\frac{\Delta T_{\text{s}}}{\Delta T_{\text{c}}}=\frac{t}{t_{\text{c}}} \tag{7-30}$$

三种热薄性材料的例子的无量纲化式表示于图 7-5 中，注意在初始阶段，三者都有相同的斜率，这是因为此时材料表面的热损失可以忽略。值得注意的是，例 3 中材料的温升大约只有例 2 中温升的 1/2，这是因为在例 3 中，材料前、后两个面都有热损失，而例 2 中的材料只有一面有热损失。

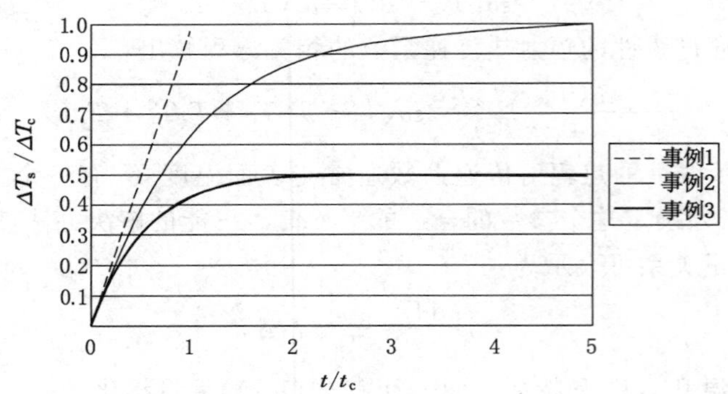

图 7-5 暴露于恒定入射热流中的热薄性材料的表面温度

以上分析方法仅适用于外加热流为恒定，总热传递系数恒定且性质稳定的材料。对于其他的边界条件，如变化的外加热流和变化的热传递系数，或材料的有关性质随温度变化时，一般需要对能量控制方程进行数值求解。

7.2.2 热厚性材料的着火

热厚性材料是指有足够厚度的材料，在进行传热分析时，可将其当作半无限大的固体进行考虑。在第 4 章中，我们已经进行了详细的分析，当材料的厚度 $L>4\sqrt{\alpha t}$ 时，可以假设为热厚性材料，工程上可将条件放宽。当在着火发生时，热渗透厚度 δ_T 小于等于材料的厚度 d，于是有，

$$d \geqslant \delta_T \approx \sqrt{\alpha t_{ig}} \tag{7-31}$$

一般的，材料的着火时间少于 300 s，α 的典型值为 2×10^{-5} m²/s，则由上式得，材料的厚度应大于等于 0.078 m。也就是说，当材料的着火时间为 300 s 时，只要其厚度大于 7.8 cm，就可以认为材料是热厚性的。

再假设图 7-5 中的材料均为热厚性的，我们做进一步的分析。

对于半无限大固体的表面外加一个恒定热流的情况而言，事例 1 中表面温度随着时间的变化可表示为：

$$\Delta T_s = \beta \dot{q}''_i \sqrt{\frac{4t}{\pi k\rho c}} \tag{7-32}$$

式中，$\beta \dot{q}''_i$ 表示被材料表面吸收的入射热流；$k\rho c$ 是材料的热量惯性[(W/m² · K)² · s]，热量惯性决定了材料表面温升速率和相应的着火时间的材料性质。热量惯性越小，材料表面升温越快，越容易被点燃。对于固体材料，材料的热导率与其密度是近似成比例的，材料的热量惯性是材料容积密度的函数，因此低密度的材料加热升温速度比高密度材料要快。

对于事例 2，随着时间变化，材料表面温度可表示为：

$$\Delta T_s = \frac{\beta \dot{q}''_i}{h_t}\left[1-\exp\left(\frac{h_t^2 t}{k\rho c}\right)\cdot \operatorname{erfc}\left(\sqrt{\frac{h_t^2 t}{k\rho c}}\right)\right] \tag{7-33}$$

确定一个合适的特征温升和合适的特征时间，可作无量纲化处理。这个特征温升与热薄性材料相同，即式(7-22)。特征时间与热薄性不同：

$$t_c=\frac{k\rho c}{h_t^2} \tag{7-34}$$

代入以上式子中，可得事例1中传热条件下的无量纲式：

$$\frac{\Delta T_s}{\Delta T_c}=\sqrt{\frac{4t}{\pi t_c}} \tag{7-35}$$

事例2条件下无量纲式为：

$$\frac{\Delta T_s}{\Delta T_c}=\left[1-\exp\left(\frac{t}{t_c}\right)\cdot \operatorname{erfc}\left(\sqrt{\frac{t}{t_c}}\right)\right] \tag{7-36}$$

事例1的解是式(7-36)的短期极限解，而长期极限解，即对应例3的传热条件，也能表示成无量纲化公式：

$$\frac{\Delta T_s}{\Delta T_c}=1-\left[\frac{\pi t}{t_c}\right]^{-1/2} \tag{7-37}$$

这些热厚性材料的无量纲解描述于图7-6中。注意当$t/t_c \to 0$时，事例2的解收敛于事例1的解，而当$t/t_c \to \infty$时，事例2的解收敛于事例3的解。还应指出，当$t/t_c=0.013$时短期(事例1)的极限偏离事例2的准确解有10%，并且会随着时间的增长而增大误差。因此，式(7-32)和式(7-35)所表示的短期解会随着时间的增长而失去精确性。从传热学可知，这是当温度升高时，暴露表面的对流和辐射热损失迅速增加造成的。事例1的情况是没有涉及这些热损失的。如图7-6所示。

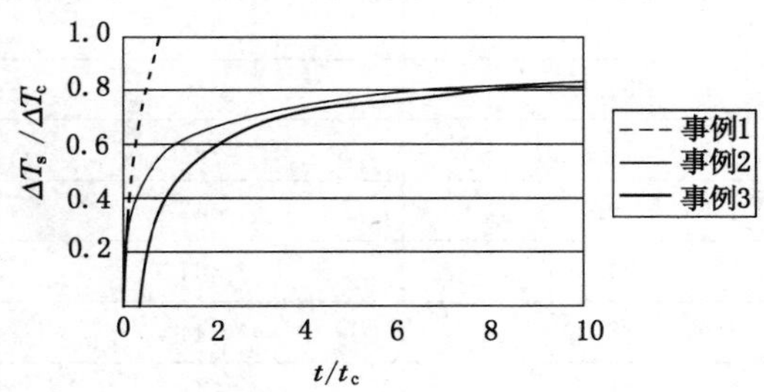

图7-6 暴露于恒定外加热流中的热厚性材料的表面温度

类似地，当$t/t_c>2.0$时，长期解(事例3)与精确解(事例2)的误差在10%范围内。且当$t/t_c>10.0$时，长期解(事例3)与精确解(事例2)的误差在1%范围内。

以上讨论的关于热厚性材料的解是基于恒定的外加热流和恒定的材料性质得出的。对于热流变化和与温度有关的材料性质发生变化时，一般说来必须采用数值求解。

7.3 固体可燃物的着火判据

着火温度、质量损失速率、热释放速率是几种常见的固体可燃物着火判据。

7.3.1 着火温度判据

各种固体有其自己的着火温度这一概念曾被广泛接受，这种观点认为只要固体达到这一温度就开始着火。随着研究的深入,这一结论已被证明是不够严密的。就着火温度而言,有两种意思,一是试样所处环境温度,二是试样表面在着火时刻所达到的温度。近来在指固体的着火温度时一般指后者。这是因为后者比较实用,对某种材料而言,此着火温度相对固定,且使试样发生着火的环境温度一般不是我们所处的环境温度。在真实的火灾或现代的着火实验中,试样表面主要是通过辐射的作用加热的,对流换热相对较弱,有时甚至起到冷却的作用。当然,准确测量试样表面的温度是非常困难的,许多研究者为此付出了艰苦的努力。

研究表明大多数固体可燃物的着火温度分布在 300～500 ℃之间。固体材料的热惯性差别较大,有的达到 100 倍以上,由于固体温度的变化主要取决于热惯性的大小,这说明不同材料的着火时间会有较大不同。

根据着火过程中的不同表现,固体还可以分为可软化熔融的固体和可炭化的固体。大多数塑料制品属于可软化熔融的固体,对于这些固体,实验证实其着火温度相对比较固定。

大多数的天然有机材料是炭化材料,木材是其中研究得最多的一种。Li 和 Drysdle 的研究表明在低热流条件下,木材的着火温度 Tig 比较高,而在较高热流条件下,木材的着火温度较低一些,且比较稳定,见表 7-1。

表 7-1　　一些木材的着火温度(存在点火源)

木材种类及其密度	热流密度/(kW/m²)	着火温度/℃	着火时间/s
红杉(280 kg/m³)	15.4	450	583
	19.7	431	216
	24.0	365	57
	28.7	346	30
	31.7	354	23
白梧桐(350 kg/m³)	15.4	497	684
	19.7	442	176
	24.0	364	60
	28.7	344	39
	31.7	340	29
白松(360 kg/m³)	15.4	446	1 094
	19.7	411	257
	24.0	397	95
	28.7	387	48
	31.7	375	32
红木(540 kg/m³)	15.4	465	850
	19.7	427	324
	24.0	364	90
	28.7	360	60
	31.7	353	38

有关木材着火温度的研究结果比较复杂,其中最主要的因素是木材在低热流条件下会发生灼热燃烧,即发生快速的氧化反应,此时试样的表面温度往往会有上百摄氏度的跃升。

当热流低于一定值时，炭化材料先发生灼热燃烧，有时会进一步产生有焰燃烧。凡是发生灼热燃烧的固体均不具有固定的着火温度。另一个因素是材料本身会产生热量。在高热流条件下，木材很快着火，其自热产生的热量可以忽略不计，但在低热流且经过较长时间的情况下，木材表面的温度会在自热产生的热量的作用下升高。天然有机物还包含一些水分，水分的增加也提高其着火的温度。

以上的研究说明，对于可熔融的固体，可认为其着火温度是一个比较固定的值，而炭化材料的着火温度并不是固定的。另外，对于热薄性固体，根据定义，其表面温度和内部温度差可忽略不计，因此计算它的平均温度就可以用来判断着火了。

7.3.2 质量损失速率判据

许多学者研究了材料发生闪燃或持续稳定燃烧时刻的质量损失速率。Melinek 提出了一个描述着火过程的简单的数学模型，在这个模型中试样的质量损失速率采用一级的阿伦尼乌斯反应式，即

$$\dot{m}'''(t)=(\rho(t)-\rho_c)A\exp\left(-\frac{E}{RT}\right) \tag{7-38}$$

式中，$\dot{m}'''$为体积质量损失速率，$g/(m^3\cdot s)$，ρ_c 为所有挥发分挥发后的密度。通过进一步求解温度方程，在试样厚度方向对质量损失速率项进行积分，可得单位面积上的质量损失。曲线先达到一个极大值，然后开始减小，这个减小是由于反应物的减少造成的。曲线的形状可以解释为什么试样仅接受比着火极限热流高一点的热流是难以维持长时间燃烧的现象。

对于热薄性固体，由于其温度近乎一致，所以可以有比较简单的求解方法。假设材料的反应遵循单步 0 阶阿伦尼乌斯方程，则

$$\dot{m}=-Am(0)\exp\left(-\frac{E}{RT}\right) \tag{7-39}$$

式中，A 是指数前因子(s^{-1})，$m(0)$是材料的初始质量(kg)，E 是活化能(kJ/mol)。

又，

$$m(0)=\rho(0)LS \tag{7-40}$$

式中，$\rho(0)$是材料的初始密度(kg/m^3)，L 是材料的厚度(m)，S 是材料的表面积(m^2)，那么，

$$\dot{m}''=A\rho(0)L\exp\left(-\frac{E}{RT}\right) \tag{7-41}$$

在这里着火前的密度或厚度变化均忽略不计。由于 A、E 和 ρ 是固定值，厚度 L 是会发生变化的，这说明对于热薄性材料，$\dot{m}''$和 T_{ig}之间不存在固定的关系。以上的分析假设对于特定的材料，$\dot{m}''$是恒定值且与实验条件无关。而实际上，这并不严密。

理论上求解着火的极限质量损失速率是非常困难的，现在多通过实验获得有关的数据。表 7-2 列出了一些学者的实验结果。表中有的材料对应了多个数据是取自不同的研究结果。

7.3.3 热释放速率判据

火焰的温度如果过低的话，火焰将无法维系。燃烧(着火)要能发生的话，就必须在试样的附近有一定体积的可燃气体，并维持一定的温度。此部分气体的热平衡分析表明，热释放速(等于材料的质量损失速率乘以燃烧热)控制了这一着火过程。表 7-3 利用有关数据计算出了材料着火时的热释放速率。

表 7-2　　着火时的最小质量损失速率(存在点火源)

材料种类		闪燃/[g/(m²·s)]	着火/[g/(m²·s)]
无氧材料	癸烷(液态)		0.6
	聚乙烯		1.3/1.9
	聚丙烯	0.6	1.2/2.2
	聚苯乙烯	0.55	0.4/1.0/3.0
含氧材料	乙烯		1.3
	PMMA	1.0	0.7/1.9/3.2
	聚甲醛	0.85	1.8/3.9
	木材		1.5/1.8/2.2/2.5/5.1

表 7-3　　材料着火时的热释放速率(存在点火源)

材料种类		着火时的质量损失速率/[g/(m²·s)]	燃烧热/(MJ/kg)	着火时的热释放速率/(kW/m²)
无氧材料	癸烷(液态)	0.6	44.2	26.5
	聚乙烯	1.3	43.2	56.2
	聚丙烯	1.2	43.2	51.4
	聚苯乙烯	1.0	39.7	39.7
含氧材料	PMMA	1.9	24.9	47.3
	聚甲醛	1.8	15.7	28.3
	木材	1.8	18.5	33.3

在前文中,含氧材料着火时的质量损失速率一般比无氧材料的要高,但是这些材料的燃烧热相对要小些,因此粗略的估计可以用一个极限热释放速率值来代表无氧材料和含氧材料着火所需的热释放速率。

Alpert 和 Khan 提供了一个简单的式子用来确定着火的临界热释放速率,

$$\dot{q}''=54\sqrt{D} \tag{7-42}$$

式中,D 为燃料的直径(m)。

第 8 章　火羽流与烟气流动

室内火灾发生以后，所有的燃烧都要经历一个重要的起始阶段，在这个阶段中，连续上升的气流将上浮到发生燃烧的可燃物上部空间，并进入周围还未被污染的空气当中。从可燃物起火，并经历可能存在的阴燃，一直持续到有焰燃烧阶段，直至发生轰燃前这段时间内，在可燃物上方形成稳定火焰区(Persistent Flame)、间歇火焰区(Intermittent Flame)和浮力羽流区(Buoyant Plume)(或称烟气羽流区)，如图 8-1 所示。通常称火焰区和浮力羽流区为火羽流(Fire Flame)。热烟气到达顶棚后，则会改变流动方向沿顶棚水平运动，形成顶棚射流(Ceiling Jet)。由于受顶棚和四周墙壁的限制，热烟气将在顶棚附近积聚形成热烟气层。当热烟气层下边界超过通风口上檐时，一部分热烟气从通风口排出。羽流区的烟气质量流量由可燃物的质量损失速率、燃烧所需的空气量及上升过程中卷吸的空气量三部分组成。在一定规模火灾条件下，可燃物的质量损失速率、燃烧所需的空气量是一定的，因此在一定高度上羽流的质量流量主要取决于羽流对周围空气的卷吸能力。

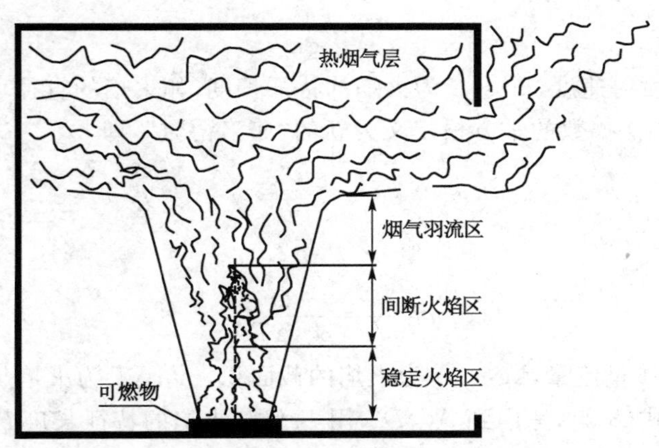

图 8-1　室内火灾热烟气发展过程图示

研究和掌握火羽流和顶棚射流的典型特征，可帮助人们分析火灾和烟气在建筑物中的发展和蔓延规律、科学合理地设置火灾探测器和自动灭火系统的喷头、进行有效的防排烟设计和建筑结构的受热稳定检验。此外，在火灾区域模拟方法中，火源热释放速率模型是能量守恒方程的源项，而热烟气层与冷空气层之间的能量交换主要通过羽流来实现。在一定的建筑结构和火灾规模条件下，烟气的生成量主要取决于羽流的质量流量，它是进行火灾模拟、火灾及烟气发展评价和防排烟设计的基础。

8.1 扩散火焰

8.1.1 火焰高度的无量纲分析

利用相似理论可以得到描述浮力流动的重要无量纲准数，通过进一步研究可获得火焰的基本特性，如火焰长度等。Zukoski 定义了一个描述浮力流动的无量纲热释放速率 $\dot{Q}^*$，其表达式如式(8-1)所示，他同时指出无量纲热释放速率 $\dot{Q}^*$ 实际上是弗洛德数的平方根。

$$\dot{Q}^* = \frac{\dot{Q}}{\rho_\infty c_p T_\infty \sqrt{gD} \cdot D^2} \tag{8-1}$$

式中，$\dot{Q}$ 为火源的热释放速率，kW；D 为火源的直径或当量直径，m；ρ_∞ 为环境空气的密度，kg/m^3；T_∞ 为环境空气的温度，K；c_p 为环境空气的比定压热容，kJ/(kg·K)；g 为重力加速度，$g=9.81\ m/s^2$。

弗洛德数 Fr 的表达式如式(8-2)所示。它是描述惯性力和浮力之间相互关系的无量纲参数。弗洛德数 $Fr=1$ 表明惯性力和浮力相平衡；较大的弗洛德数表明由燃烧器喷射的可燃气具有较高的初始动量，即可燃气具有较大的射流速度，属湍流射流火焰；而较小的弗洛德数表明由燃烧器喷射的可燃气具有较小的初始动量，火焰上升的动力主要是通过燃烧产生的浮力，属层流射流火焰或自然扩散火焰。液体可燃物在油盘中的燃烧以及堆积固体可燃物的燃烧属于后者。

$$Fr = \frac{u^2}{gL} \tag{8-2}$$

式中，u 为可燃气的喷射速度，m/s；L 为火焰的特征长度，如火焰的直径，m。

许多文献中将弗洛德数的平方根定义为新的"弗洛德数"，即

$$Fr = \frac{u}{\sqrt{gL}} \tag{8-3}$$

上式中令

$$u = \frac{\dot{m}}{\rho A} = \frac{\dot{Q}}{\rho c_p \Delta T A} \tag{8-4}$$

式中，$\dot{m}$ 为火焰处的质量流量，kg/s；A 为火焰的截面积，m^2；ΔT 为火焰与环境的温差，K。

将式(8-4)代入式(8-3)，考虑到 $A \propto D^2$，用 D 代替火焰的特征长度 L 可得到式(8-1)所示的无量纲热释放速率 $\dot{Q}^*$ 的表达式。由实验得出火焰高度 L 与无量纲热释放速率 $\dot{Q}^*$ 的关系，如表 8-1 所示。表 8-1 中的火焰高度是无量纲火焰高度 L/D。

表 8-1　　火焰高度与无量纲热释放速率的关系

范围	无量纲热释放速率 $\dot{Q}^*$	无量纲火焰高度 L/D
惯性力浮力	$\dot{Q}^* \leqslant 0.1$	$L/D \propto \dot{Q}^{*2/5}$
惯性力浮力(过渡状态)	$0.1 \leqslant \dot{Q}^* \leqslant 1.0$	
惯性力浮力	$0.1 \leqslant \dot{Q}^*$	$L/D \propto \dot{Q}^*$

上面的讨论只是针对轴对称火焰而言，火源形状呈圆形或方形。对于其他形状的火源，如长边比短边大得多的矩形，目前所能获得的资料很少。Hasemi 等(1989)对此做了研究，

他们发现，无量纲火焰高度值可采用一个修正的无量纲热释放速率 $\dot{Q}^*$ 来描述

$$\dot{Q}^* = \frac{\dot{Q}}{\rho_0 c_p T_0 g^{1/2} A^{3/2} B} \tag{8-5}$$

式中，A 和 B 分别为矩形火源的长边和短边。对于线形火源($B \to \infty$)，则可用单位长度上的热释放速率来表征无量纲热释放速率

$$\dot{Q}^* = \frac{\dot{Q}_l}{\rho_0 c_p T_0 g^{1/2} A^{3/2}} \tag{8-6}$$

式中，$\dot{Q}_l$ 为单位长度上的热释放速率，kW/m。

Jost(1939)建立一个简单的实验模型，在这个模型中，定义扩散火焰的顶端位于火焰轴线上。他采用了爱因斯坦扩散方程 $x^2 = 2D_s t$(式中，x 为分子在时间内运动的平均距离，D_s 为扩散系数)建立了一个平均时间，在这个时间内，分子通过空气从灯头边缘扩散到灯头轴线上，即 $t = R^2/(2D_s)$(式中，R 为燃烧器喷嘴的半径)。假设燃烧器喷嘴中的空气和燃料是以相同的速率 u 运动，在时间内空气的流动距离为 ut。根据前面的定义，火焰的高度为：

$$L = \frac{uR^2}{2D_s} \tag{8-7}$$

用体积流量 $\dot{V} = \pi R^2 u$ 代入式(8-7)，得：

$$L = \frac{\dot{V}}{2\pi D_s} \tag{8-8}$$

式(8-8)指出，火焰高度与体积流量成比例，实验证明该简单扩散模型是正确的。然而，浮力影响的层流火焰，其火焰高度 $L \propto \dot{V}^{0.5}$，说明层流喷射火焰模型并不适合扩散火焰的研究。

8.1.2　自然扩散火焰

湍流喷射火焰所伴随有较大的弗洛德数，相应的 $\dot{Q}^*$ 的量级为 10^6。这表明，燃料气流的动量决定了燃烧火焰的形式。对于液体及固体可燃物的火焰，浮力是其最主要的驱动力，符合 $\dot{Q} < 10^6$ 的数量级，一般称为自然扩散火焰。这种火焰与喷射火焰相比，在结构上更加没有规律，也更容易受外部因素(如空气流动)影响。

在分析自燃扩散火焰燃烧特性时，研究人员经常使用多孔可燃气体燃烧器模拟实际火源，这种研究方法对于易燃固体和易燃液体的燃烧火焰尤为适用。可燃气体由多孔燃烧器流出的速度很低，其火焰具有自然扩散火焰的基本特点，燃烧过程容易控制。由于可燃气体的质量流量可以预先测定，故可将其作为一个独立于火焰特性的变量处理，此外还可以很方便地按需要确定试验时间。

Corlett(1974 年)研究了多孔燃烧器火焰后发现，火焰结构随燃烧器直径的增大而变化，如图 8-2 所示。当燃烧器直径小于 0.01 m 时，产生的是层流火焰，但其高度比层流射流火焰高度要低得多，这是由于可燃气体的初始动量较小造成的。燃烧池直径在 0.03 m 到 0.3 m 之间时，燃烧器上方中部存在一可燃气体浓度很大的核，见图 8-2(b)和图 8-2(c)，这是由于火焰周围的氧气无法扩散到燃烧器的中心所致。当燃烧器的直径再增大时，火焰的脉动进一步加剧，可燃气核逐渐消失。

McCaffrey(1979 年)利用 30 cm^2 甲烷燃烧器进行火羽流试验，发现火羽流由以下三个不同部分组成：① 离燃烧器表面不远的区域，存在着持续的火焰，称为稳定火焰区；② 以一个近似恒定的流动速度间歇燃烧的区域，称为间歇火焰区；③ 浮力羽流区，它的显著特征

是，速度和温度随着高度的增加而递减，见图 8-3。

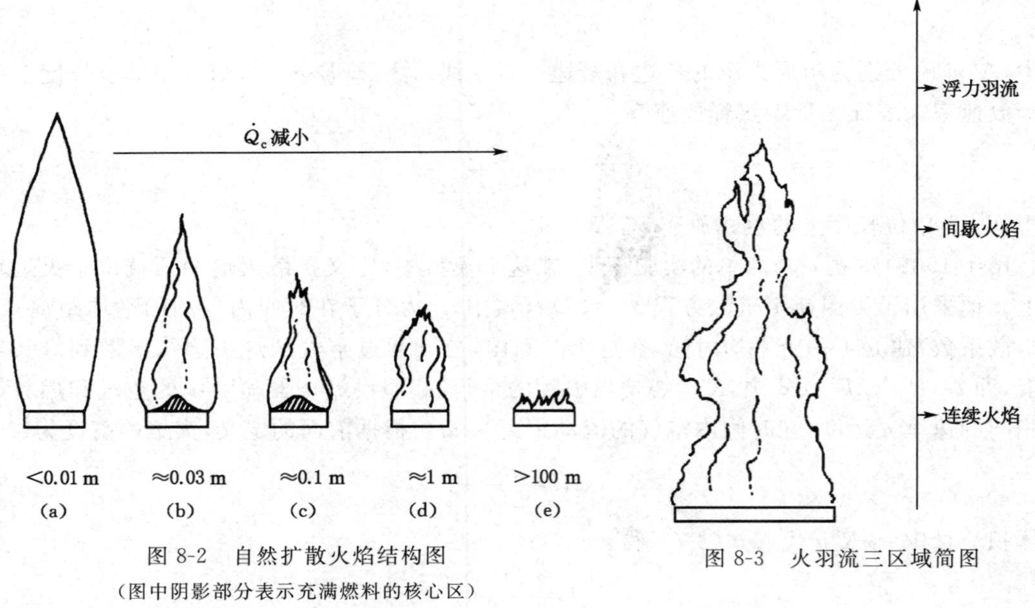

图 8-2 自然扩散火焰结构图

（图中阴影部分表示充满燃料的核心区）

图 8-3 火羽流三区域简图

尽管火羽流是密不可分的，但把浮力羽流区独立出来是比较合适，因为它更属于火灾工程学领域的研究范畴，包括火灾探测、烟气的流动与控制等。

8.2 火羽流的特征(自然扩散火焰)

图 8-4(a)给出了由可燃物燃烧产生的火羽流示意图。由于火灾的热反馈，燃烧生成的挥发物与环境空气混合形成扩散火焰。实验模拟时，经常使用多孔可燃气体燃烧器模拟实际火源。火焰的平均高度为 L。火焰两边向上伸展的虚线表示羽流边界，即由燃烧产物和卷吸空气构成的整个羽流的边界。环境空气以涡流形式快速穿过该边界进入浮力羽流区，在有烟燃烧时羽流的边界很容易分辨出来。

图 8-4(b)定性地给出了实验观察到的火羽流中心线上温度与环境温度之差 ΔT_0 和羽流平均速度 u_0 的分布曲线。在稳定火焰区内火焰的温度基本上是恒定的。由于燃烧反应的减弱和卷吸空气的冷却，在上部的间歇火焰区温度开始降低。平均速度 u_0 在火焰平均高度稍下方达到最大值，且随着高度的增加 u_0 不断减小。如果可燃物是多孔材料，并且有内部燃烧发生，那么可燃物表面的气体流速可能和图中表示的有所不同。火灾中火源的总的热释放速率 $\dot{Q}$ 可分为对流热流量 $\dot{Q}_c$ 和辐射热流量 $\dot{Q}_r$。多孔可燃物（如木垛）充分燃烧时，燃烧过程中产生的总热量的一部分被未燃烧的可燃物吸收；由于对流和辐射的作用，另一部分以对流或辐射能量流的形式从燃料中逸散。在液体池火和其他水平表面燃烧，以及容易发展的多孔堆垛燃烧中，如果燃烧释放出的挥发产物在燃料上方继续进行燃烧，那么，对流热流量 $\dot{Q}_c$ 仅相当于总热释放速率的 60%～70%。对流热流量 $\dot{Q}_c$ 被火焰上方的火羽流带走，而余下的辐射热流量 $\dot{Q}_r$ 向四周环境辐射。

在实际应用时，人们常假设热释放速率 $\dot{Q}$ 与理论热释放速率相同。理论释放率是指可

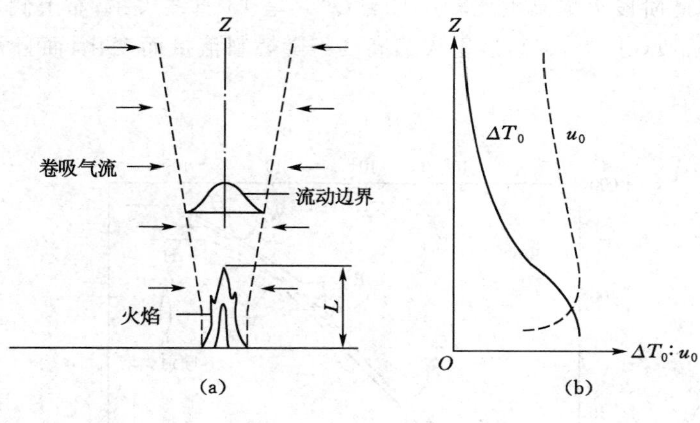

图 8-4
(a) 火羽流结构示意图;(b) 温度差 ΔT_0 和速度 u_0 在羽流轴线上的变化

燃物完全燃烧的热释放速率,单位为 kW,它等于单位时间内燃烧可燃物的质量(燃烧速率 kg/s)乘以单位质量的可燃物完全燃烧所释放出的热量(kJ/kg)。总热释放速率与理论热释放速率之比定义为燃烧效率,对于许多可燃物,例如甲醇和庚烷的池火燃烧,燃烧效率近似为 100%;但有些可燃物偏差很大,例如聚苯乙烯的燃烧效率大约是 45%,木垛的燃烧效率大约是 63%。

8.2.1 火焰高度

通过实验可以观察到,火焰区域下部的发光度看上去相当稳定,而上面部分却断断续续呈现出间歇性,有时还可以若隐若现地观察到有涡流结构形成。图 8-5 中定性地给出了火焰间歇性随可燃物表面以上高度的变化。图中说明了距离可燃物表面以上高度 z 与火焰间歇性函数 $I(z)$ 之间的关系,其中 $I(z)$ 是时间的函数。间歇性函数 $I(z)$ 的值随着高度的增大而由恒定值 1 逐渐减少,最终为零。平均火焰高度指的是间歇性函数 $I(z)$ 的值降为 0.5 时所对应的可燃物表面以上的火焰高度。根据火焰间歇性测定的平均火焰高度与肉眼观察所得到的平均高度基本一致(尽管略有偏小)。

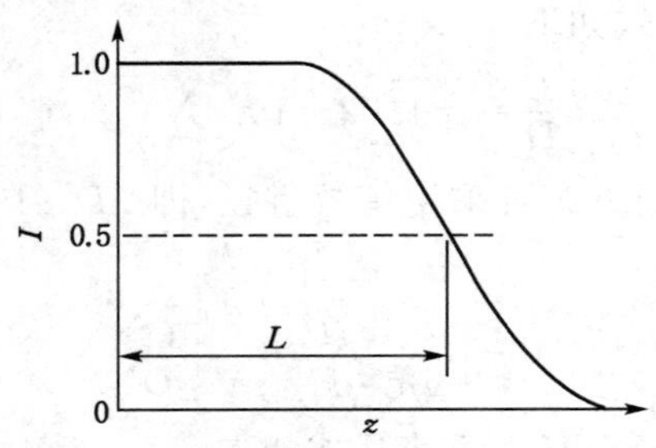

图 8-5 间歇性随高度变化示意图

平均火焰高度是一个非常重要的参数,可以用于区分化学反应区域和惰性羽流区域。目前已有多种关于火焰平均高度的表达式。图 8-6 给出了无量纲火焰高度 L/D 与无量纲热释放速率 $\dot{Q}^*$ 的相互关系,$\dot{Q}^*$ 的表达式如式(8-1)所示,图中横坐标 $\dot{Q}^{*2/5}$ 表示压缩水平刻度数。图 8-6 中的左下部分表示池火的无量纲火焰高度与无量纲热释放速率的关系;中间部分为过渡阶段，此阶段火焰高度比较小且与 $\dot{Q}^{*2/5}$ 呈 45°直线关系；右上侧为具有较高动量的湍流喷射火焰阶段($\dot{Q}^{*}>10^{5}$)，这里火焰高度不随燃料流量而变化，而且是火焰直径的几百倍。

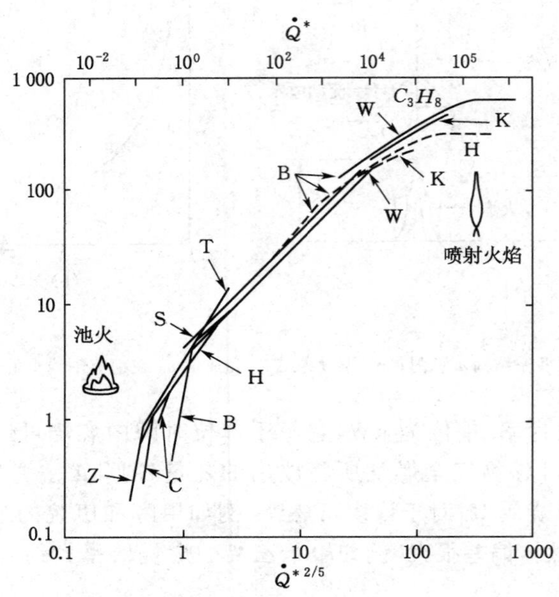

图 8-6　无量纲火焰高度与无量纲热释放速率间的关系

注：没有下标的大写字母对应于不同的研究人员的实验结果，如：B＝Becker 和 Liang，C＝Cox 和 Chitty，H＝Heskestad，K＝Kalghatgi，S＝Steward，T＝Thomas，W＝Hawthorne 等人，Z＝Zukoski。带有下标的大写字母代表化学符号

Heskestad 等分析了多种来源的实验数据，给出了如下描述无量纲火焰高度表达式

$$\frac{L}{D}=-1.02+3.7\dot{Q}^{*2/5} \tag{8-9}$$

实际上，上述关系的最初表达式如下

$$\frac{L}{D}=-1.02+15.6N^{1/5} \tag{8-10}$$

式中，D 为火源直径，对于非圆火源可采用等效直径，即 $\pi D^2/4$ 火源面积；N 为一无量纲参数，其定义式为

$$N=\left[\frac{c_p T_\infty}{g\rho_\infty^2 (H_c/r)^3}\right]\frac{\dot{Q}^2}{D^5} \tag{8-11}$$

将式(8-1)代入上式可得到 N 与 $\dot{Q}^*$ 关系表达式如下

$$N=\left[\frac{c_p T_\infty}{H_c/r}\right]^3\dot{Q}^{*2} \tag{8-12}$$

考虑不同燃烧区域可以准确地确定参数 N,$\dot{Q}^*$ 的值最早由 Zukoski 通过层流扩散火焰羽流的分析得到，后来 Heskestad 给出了在较大范围内改变环境温度条件下火焰高度的测量结果。无量纲热释放速率 $\dot{Q}^*$ 不能正确解释所观察到的火焰高度变化(随着环境温度的升高，火焰高度也会相应升高)，而参数 N 则可以解释上述现象。基于这个原因，可以认为 N 是

描述火焰高度变化更恰当的一个参数。

式(8-10)仅适用于液体池火和其他水平表面火的火焰，但不适用于 N 值高于 10^5 的高动量湍流喷射火焰。得到式(8-10)后，发现当火焰延伸到可燃物品贮藏堆垛上方的时候，该式还适合于大而且高的贮藏堆垛，但火焰的高度要从火的根部算起，即贮藏堆垛的底板。

将式(8-11)代入式(8-10)可得火焰高度的表达式如下

$$L=-1.02D+\xi\dot{Q}^{2/5} \tag{8-13}$$

式中参数 ξ 的表达式为

$$\xi=15.6\left[\frac{c_pT_\infty}{g\rho_\infty^2(H_c/r)^3}\right]^{1/5} \tag{8-14}$$

由于燃烧消耗单位质量空气所放出的热量(H_c/r)对于不同可燃物变化不大，故系数 ξ 的变化范围相应很窄。对于大部分气体和液体燃料，其 H_c/r 值约保持在 2 900～3 200 kJ/kg 范围之内。由此可得到在标准状态下(20 ℃，101 kPa) ξ 值的变化范围在 0.240～0.226 m/kW$^{2/5}$之间，因此可设定 $\xi=0.235$ m/kW$^{2/5}$。在一般情况下 $\xi=0.235$ 是合适的，除非环境条件较大地偏离标准状态，或者 H_c/r 值较大地偏离上述取值范围，如乙炔、氢(0.211)和汽油(0.200)。在标准状态下火焰高度表达式为

$$L=-1.02D+0.235\dot{Q}^{2/5} \tag{8-15}$$

式中，L、D 的单位为 m；$\dot{Q}$ 单位为 kW。Heskestad 认为上式适用范围为 7 kW$^{2/5}$/m$<\dot{Q}^{2/5}/D<$700 kW$^{2/5}$/m。

【例 8-1】 一个直径为 1.5 m 的甲醇托盘燃烧，其单位面积上的热释放速率为 500 kW/m^2。试计算在标准状态下(20 ℃，101 kPa)的平均火焰高度。

【解】 甲醇燃烧的低热值 $H_c=21\,100$ kJ/kg，与空气的化学当量比 $r=6.48$，由此可得 $H_c/r\approx3\,256$ kJ/kg。代入式(8-14)中，且取 $c_p=1.00$ kJ/(kg·K)，$T_\infty=293$ K，$g=9.81$ m/s^2 和 $\rho_\infty=1.20$ kg/m^3，可计算出系数 $\xi=0.223$ m/kW$^{2/5}$。火源热释放率为 $\dot{Q}=500\cdot\pi\cdot1.5^2/4\approx884$ kW。由式(8-13)计算出平均火焰高度 $L=-1.02\times1.5+0.223\times844^{2/5}=1.83$ m。

【例 8-2】 一个高 1.2 m、底为 1.07 m×1.07 m 的正方体的木材堆垛进行燃烧，在标准状态下，其总热释放率为 2 600 kW。试计算木材堆底部以上的平均火焰高度。

【解】 正方形火焰面积的当量直径为 $D=\sqrt{4\times1.07^2/\pi}\approx1.21$ m。因为木材的燃烧效率远不及 100%，选取一个可靠的 H_c 和 r 值较困难，这里假设一个典型的值 $\xi=0.235$。用式(8-15)可计算出木材底部以上的平均火焰高度 $L=-1.02\times1.21+0.235\times2\,600^{2/5}\approx4.22$ m。

图 8-7 给出了 Hasemi 等在矩形火源条件下获得的无量纲火焰高度 L/A 与无量纲热释放速率 $\dot{Q}^*_{mod}$ 关系的实验结果。

8.2.2 虚点源

认识虚点源对于预测羽流的形状和计算羽流的质量流量是十分重要的。图 8-8 给出了点火源和面(体)火源条件下浮力羽流的简化模型。对于点火源，羽流的起始点即为火源处；而面火源存在一个虚拟点源，火焰上方的羽流看上去好像发自这个点源，简称其为虚点源。早期研究中，假设火羽流边界与其中心轴线成 15°角向上扩张，对实际面积为 A_f 的火源，其虚点源位于火源下方的 $z_0=1.5A_f^{1/2}$ m 处。后来很多研究者指出，虚点源的实际位置取决于火源的热释放速率和火源直径。

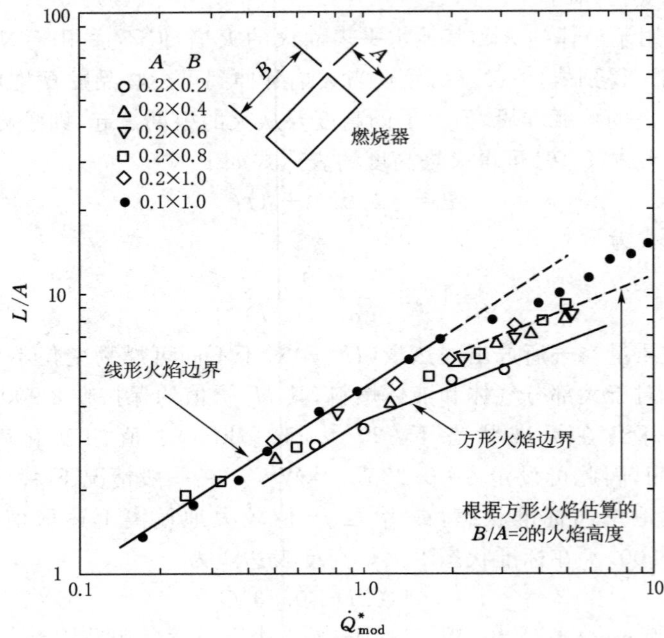

图 8-7 矩形火源条件下无量纲火焰高度与无量纲热释放速率之间的关系

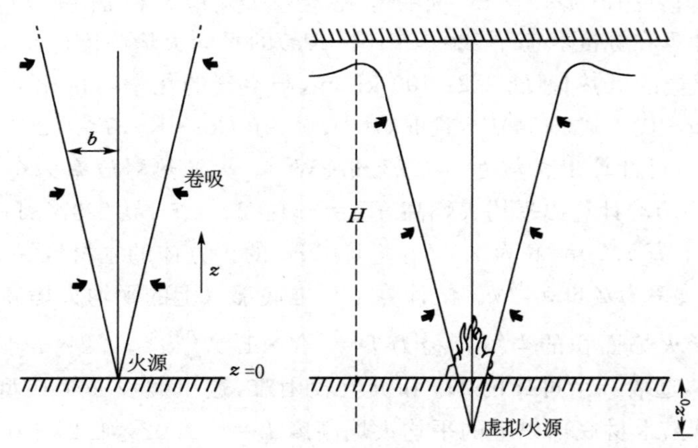

图 8-8 浮力羽流的简化模型

直径 0.16～2.4 m 的池火实验证明，通过虚点源方式得到的数据与 Heskestad 的理论模型是一致，其表达式为

$$\frac{z_0}{D}=-1.02+0.083\frac{\dot{Q}^{2/5}}{D} \tag{8-16}$$

式中，z_0 为火源底部表面到虚点源的距离，m；D 为火源直径或当量直径，m；$\dot{Q}$ 为火源的热释放速率，kW。

许多学者运用气体燃烧器和池火实验对羽流温度和卷吸流量进行了测定，并建立了多种形式的虚点源经验公式，其结果综合于图 8-9 中。从图中可以看出，尽管不同的研究者使用的方法不同，但所有的 z_0/D 与 $\dot{Q}^{2/5}/D$ 之间的关系却十分相似。由于曲线 1[式(8-16)]具有明确的理论基础，且形式简单，在所有虚点源的关系式中具有重要的地位，所以推荐使用曲线 1。

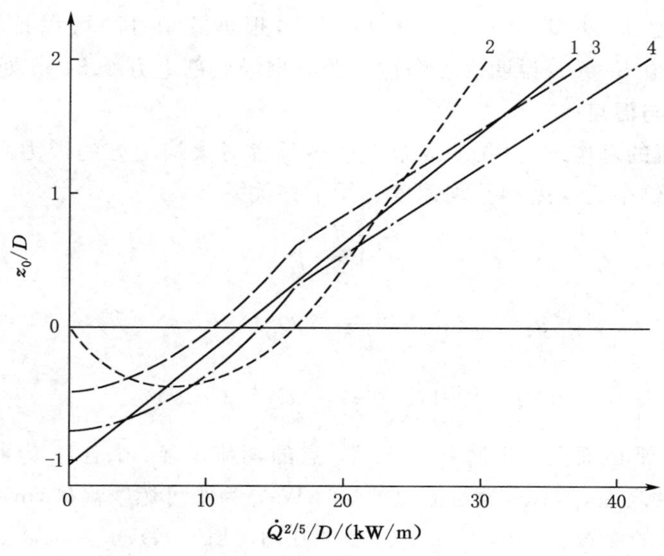

图 8-9　虚点源关系图示

对于较高的可燃物品贮藏堆垛可以根据平均火焰高度和对流热释放率的知识来计算虚点源的位置，其计算公式如式(8-17)所示。前面已经讨论过当火焰延伸到可燃物品贮藏堆垛上方的时候，火焰的高度要从火的根部算起，即贮藏堆垛的底板。平均火焰高度可由式(8-10)确定，这说明计算得到的 z_0 值是指距贮藏堆垛底板的距离。

$$z_0 = L - 0.175\dot{Q}_c^{2/5} \tag{8-17}$$

式中，L 为火焰高度，m；$\dot{Q}_c$ 为对流热流量，kW。

【例 8-3】　一个直径为 1.5 m 的甲醇托盘燃烧，其单位面积上的热释放速率为 500 $\mathrm{kW/m^2}$。试计算虚点源的位置。

【解】　将火源热释放率 $\dot{Q}=500\cdot\pi\cdot1.5^2/4\approx884$ kW，火源的直径 $D=1.5$ m 代入式(8-16)得 $\frac{z_0}{1.5}=-1.02+\frac{0.083\times884^{2/5}}{1.5}\approx-0.19$，解得 $z_0\approx-0.29$ m，说明虚点源位于可燃物表面下方 0.29 m 处。

【例 8-4】　用庚烷代替例 8-3 中的甲醇，庚烷单位面积上的热释放速率为 2 500 $\mathrm{kW/m^2}$。试重新计算虚点源的位置。

【解】　将火源热释放率为 $\dot{Q}=2\,500\cdot\pi\cdot1.5^2/4\approx4\,418$ kW，火源的直径 $D=1.5$ m 代入式(8-16)得 $\frac{z_0}{1.5}=-1.02+\frac{0.083\times4\,418^{2/5}}{1.5}\approx0.57$，解得 $z_0\approx0.85$ m，说明虚点源位于可燃物表面上方 0.85 m 处。

例 8-3 说明，在火源的热释放速率较低且直径相对大的燃烧中，计算出的 z_0 值一般为负值；而例 8-4 说明，在较高热释放速率的燃烧中 z_0 经常出现正值。

【例 8-5】　一个 3 m 高的可燃物贮藏罐堆垛燃烧，单位面积的热释放速率为

4 000 kW/m²，火灾处在发展阶段，热释放率达到了 1 500 kW。求虚点源的位置。

【解】 首先确定火焰高度，由 $\pi D^2/4=1\ 500/4\ 000=0.375\ \text{m}^2$，可求得火源的等效直径 $D\approx 0.69$ m。由式(8-15)可计算出火焰高度为 3.67 m(从贮藏堆垛底部算起)，它高出贮藏堆垛顶部 0.67 m。假设 $\dot{Q}_c=0.7\dot{Q}=1\ 050$ kW，根据式(8-17)可以计算出 $z_0=3.67-0.175\times 1\ 050^{2/5}\approx 0.84$ m。说明虚点源位于贮藏堆垛底部上方 0.84 m 处。

8.2.3 羽流速度与温度

运用理想羽流的基本理论(见 8.3 节)，许多学者对火焰上方的浮力羽流进行了实验研究，发现中心线上的平均温度和平均速度遵循下列关系

$$r_{\Delta T}=0.12\left(\frac{T_0}{T_\infty}\right)^{1/2}(z-z_0) \tag{8-18}$$

$$u_0=3.4\left(\frac{g}{c_p\rho_\infty T_\infty}\right)^{1/3}\dot{Q}_c^{1/3}(z-z_0)^{-1/3} \tag{8-19}$$

$$\Delta T_0=9.1\left(\frac{T_\infty}{gc_p^2\rho_\infty^2}\right)^{1/3}\dot{Q}_c^{2/3}(z-z_0)^{-5/3} \tag{8-20}$$

式中，$r_{\Delta T}$ 为羽流水平截面上温度降到 $0.5\Delta T_0$ 点的羽流半径，m；ΔT_0 为羽流中心线上的平均温度与环境温度之差，℃；$\dot{Q}_c$ 为对流热流量，kW；z 为距可燃物高度，m；z_0 为虚火源高度，m。将标准状态下的参数 $g=9.81\ \text{m/s}^2$、$c_p=1.0\ \text{kJ/(kg·K)}$、$\rho_\infty=1.2\ \text{kg/m}^3$、$T_\infty=293$ K 代入上式得

$$u_0=1.0\cdot\dot{Q}_c^{1/3}(z-z_0)^{-1/3} \tag{8-21}$$

$$\Delta T_0=25\cdot\dot{Q}_c^{2/3}(z-z_0)^{-5/3} \tag{8-22}$$

McCaffrey(1979 年)利用 30 cm² 甲烷燃烧器进行火羽流试验，并对羽流中心线上的平均速度和平均温度进行了测定，试验时的火源热释放速率为 14.4～57.5 kW，火焰的辐射热损失约为 15%。所得结果清楚地描述了火羽流的三个区域。在每个区域中，温度 ΔT_0、气流速率 $u_0/\dot{Q}_c^{1/5}$ 和 $z/\dot{Q}_c^{2/5}$ 之间都有确定的关系，其中是指距燃烧器表面的高度，具体情况如图 8-10 和图 8-11 所示。从图 8-11 可以看出，在稳定火焰区其平均温度基本不变，约为 800 ℃；进入间歇火焰区后随着高度的增加火焰温度逐渐降低，在间歇火焰区边缘温度降低至 320 ℃左右。Zukoski 等人建议，自然扩散火焰在平均火焰高度处温度可近似为 500～600 ℃，实际应用时可取 550 ℃作为火焰的最大垂直影响范围，例如火焰从窗口上浮的范围。

从图 8-10 可以看出，在稳定火焰区中心线上的平均速度随着高度的增加而增加，在间歇火焰区平均速度达到最大值，之后平均速度随着的高度的增加而下降。McCaffrey 发现平均速度的最大值与 $\dot{Q}_c^{1/5}$ 成正比，这一点可供设计水喷淋器时参考。如果火源的热释放速率太大，水喷淋液滴向下流动时有可能克服不了热烟气向上流动的动量，而使水接触不到可燃物，起不到应有的灭火作用。

火羽流的湍流强度是相当大的。在轴线上，George 等人提供的温度波动强度约为 $T'=\Delta T=0.38$，其中 T' 是温度波动的均方根。George 等人测量的中心线上的速度波动强度值约为 $u'/u_0=0.27$，而 Gengembre 等人的测量接近，其中是中心线上速度波动的均方根。基于上述原因，图 8-10 和图 8-11 中给出的是火羽流中心线上的平均速度和平均温度。

由上述实验结果总结出的羽流中心线上的平均速度表达式如式(8-23)所示，平均温度

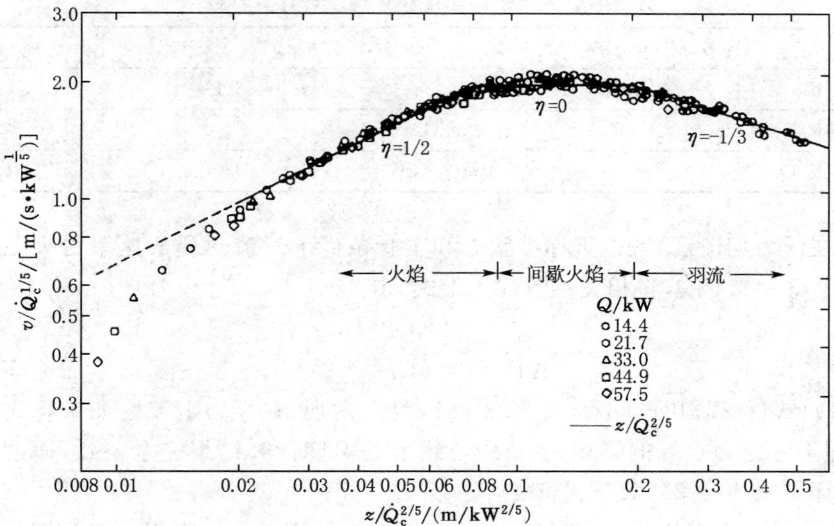

图 8-10　火羽流中心线上平均速度随高度变化的示意图

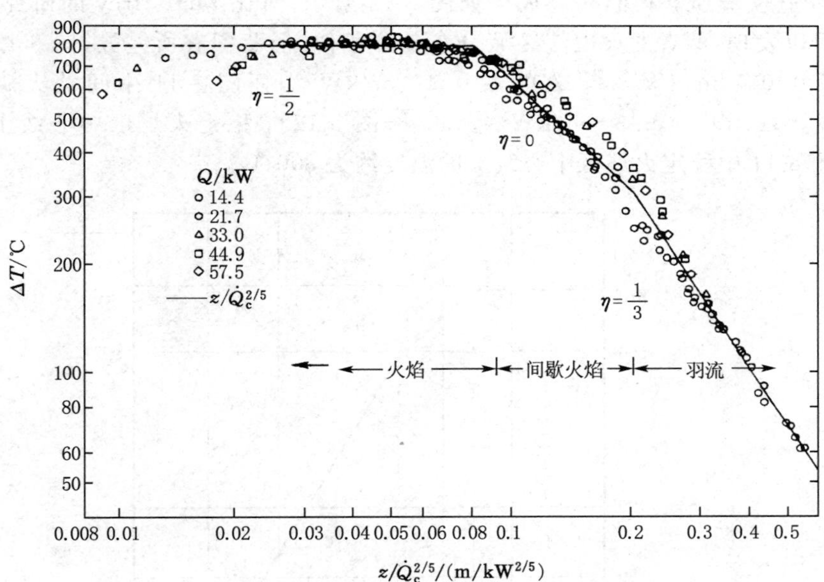

图 8-11　火羽流中心线上平均温度随高度变化的示意图

表达式如式(8-24)所示，式中的有关参数及其有效范围如表 8-2 所示。

$$\frac{u_0}{Q^{1/5}}=k\left(\frac{z}{Q^{2/5}}\right)^{\eta} \tag{8-23}$$

$$\Delta T_0=\frac{T_\infty}{2g}\cdot\left(\frac{k}{C}\right)^2\left(\frac{z}{Q^{2/5}}\right)^{2\eta-1} \tag{8-24}$$

表 8-2　　羽流中心线上平均速度和平均温度计算参数

区域	$z/\dot{Q}^{2/5}$/(m/kW$^{2/5}$)	k	η	C
稳定火焰区	<0.08	6.8 m$^{1/2}$/s	1/2	0.9
间歇火焰区	0.08～0.2	1.9 m/(kW$^{1/8}$·s)	0	0.9
浮力羽流区	>0.2	1.1 m$^{4/3}$/(kW$^{1/3}$·s)	−1/3	0.9

实际上在浮力羽流区，考虑到标准状态和实验条件下对流热释放速率占火源热释放速率的 85%，即 $\dot{Q}_c=0.85\dot{Q}$，将相关参数代入上式，得

$$u_0=1.23\cdot\dot{Q}_c^{1/3}z^{-1/3} \tag{8-25}$$

$$\Delta T_0=25\cdot\dot{Q}_c^{2/3}z^{-5/3} \tag{8-26}$$

对比式(8-21)、式(8-22)和式(8-25)、式(8-26)，我们发现，在浮力羽流区如果将火源作为点源来处理，即不考虑虚点源的影响，羽流中心线上的温度计算结果完全一致，而羽流中心线上的速度计算结果式(8-25)大于式(8-21)。

Tanaka 等(1985)在长 30 m、宽 24 m、高 26.4 m 的实验大厅内用甲醇为燃料研究了池火的火羽流中心线上的平均温度分布，实验用火源面积为 3.24 m^2、火源的热释放速率为 1.3 MW。上述实验所获得的研究成果如图 8-12 所示，对比 McCaffrey 的研究成果(见图 8-11)我们可以发现，两者的火羽流区域分布十分相似，但范围有所差异，图 8-12 中间歇火源区范围为 0.067 m/kW$^{2/5}$ $\leqslant z/\dot{Q}^{2/5}\leqslant$ 0.15 m/kW$^{2/5}$，而图 8-11 中间歇火源区范围为 0.08 m/kW$^{2/5}$ $\leqslant z/\dot{Q}^{2/5}\leqslant$ 0.30 m/kW$^{2/5}$。此外，图 8-12 中稳定火焰区中心线上的温度为 970 ℃，而图 8-11 中稳定火焰区中心线上的温度约为 800 ℃。

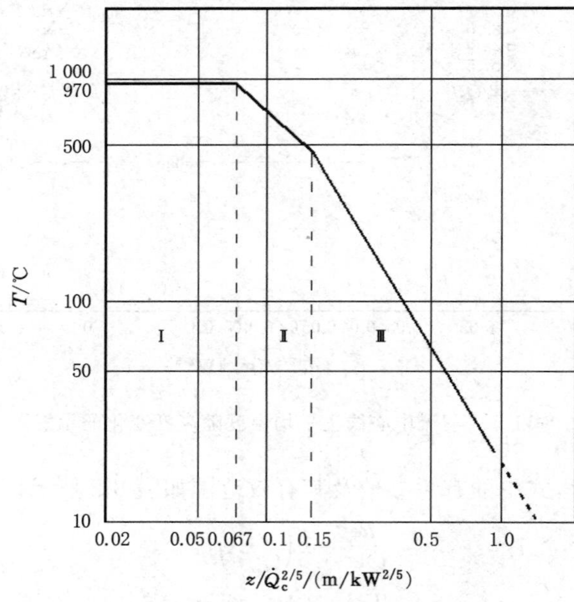

图 8-12　火羽流中心线上平均温度随高度的变化

英国性能化设计导则 BSI DD 240 中推荐了一种火羽流中心线上平均温度的计算公式，

见式(8-27)。对比 McCaffrey 的研究成果(见图 8-11)我们可以发现,两者的火羽流区域分布相同,但式(8-27)中稳定火焰区中心线上的温度为 980 ℃,与 Tanaka 的研究结果接近。

$$\Delta T_0=\begin{cases}980 & (z/Q^{2/5}<0.08)\\ 78.4(z/Q^{2/5}) & (0.08\leqslant z/Q^{2/5}<0.2)\\ 23.9(z/Q^{2/5})^{-5/3} & (0.2\leqslant z/Q^{2/5})\end{cases} \tag{8-27}$$

8.3　理想羽流

8.3.1　理想羽流及其基本假设

由于实际火羽流现象十分复杂,为了从理论上分析火羽流的基本特征和参数之间的相互关系,我们首先需要对实际火羽流进行简化,简化的羽流称为理想羽流。理想羽流的基本假设如下:

(1) 羽流为一从浮力点源出发的轴对称射流;

(2) 在羽流运动区域内,密度的变化与环境密度变化相比较小;

(3) 羽流边界上的空气卷吸速度与此处的垂直羽流速度成正比;

(4) 羽流高度上任一水平截面处的温度和速度分布具有相似性,呈帽形分布(见图 8-13),可表示为高斯分布的形式。

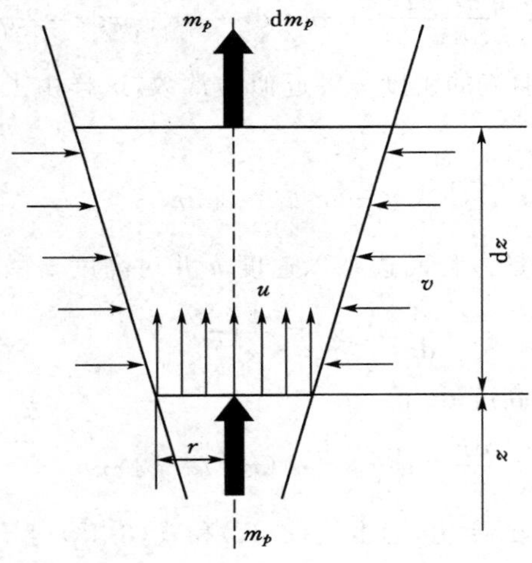

图 8-13　理想羽流微元示意图

8.3.2　理想羽流公式的推导

图 8-13 给出了高度为 z 处理想羽流微元示意图,由高度 z 到 $z+dz$ 产生的浮力差为

$$dF=g(\rho_\infty-\rho)(\pi r^2)dz \tag{8-28}$$

式中,ρ 为烟气羽流的密度,kg/m^3;ρ_∞ 为环境空气的密度,kg/m^3;z 为羽流高度,m;r 为高度处羽流的半径,m;g 为重力加速度,$g=9.81$ m/s^2。

通过高度 z 处羽流水平截面的质量流量为

$$\dot{m}_p=\pi r^2\rho u \tag{8-29}$$

式中，u 为羽流沿中心线的平均速度，m/s。

上述质量流量所携带的对流热流量为

$$\dot{Q}_c = \dot{m}_p c_p \Delta T = \pi r^2 \rho u c_p \Delta T \tag{8-30}$$

式中，$\dot{Q}_c$ 为羽流所携带的对流热流量，kW；ΔT 为羽流温度与环境温度之差，K。

由理想气体状态方程得

$$\Delta T = \frac{\Delta\rho}{\rho} \cdot T_\infty \tag{8-31}$$

上式代入式(8-30)得

$$\dot{Q}_c = \pi r^2 \rho u c_p \cdot \frac{\Delta\rho}{\rho} \cdot T_\infty \tag{8-32}$$

由上式整理得

$$\Delta\rho r^2 = \frac{\dot{Q}_c}{\pi u c_p T_\infty} \tag{8-33}$$

由理想羽流假设可知，羽流边界上的空气卷吸速度与此处的垂直羽流速度成正比，即 $v=\alpha u$，其中 α 近似为常数，约为 0.15。微元高度为 $\mathrm{d}z$ 的羽流侧壁的卷吸面积为 $2\pi r\mathrm{d}z$。则羽流通过微元高度为 $\mathrm{d}z$ 的质量流量增量为

$$\mathrm{d}\dot{m}_p = 2\pi r\mathrm{d}z \cdot \alpha u \cdot \rho \tag{8-34}$$

式(8-29)两边对 z 微分，并将式(8-34)代入得

$$\frac{\mathrm{d}\dot{m}_p}{\mathrm{d}z} = \frac{\mathrm{d}(\pi r^2 \rho u)}{\mathrm{d}z} = 2\pi r \cdot \mathrm{d}z \cdot \alpha u \cdot \rho / \mathrm{d}z = 2\pi\rho\alpha u r \tag{8-35}$$

由理想羽流假设可知，羽流的密度 ρ 可近似为常数，这样由上式整理得羽流流动的质量守恒方程

$$\frac{\mathrm{d}}{\mathrm{d}z}(r^2 u) = 2\alpha u r \tag{8-36}$$

式(8-29)的羽流质量流量方程两边乘以速度 u 并对高度 z 微分得

$$\frac{\mathrm{d}}{\mathrm{d}z}(\dot{m}_p u) = \frac{\mathrm{d}}{\mathrm{d}z}(\pi\rho r^2 u^2) \tag{8-37}$$

式(8-28)两边除以微元高度 $\mathrm{d}z$ 得

$$\frac{\mathrm{d}F}{\mathrm{d}z} = g(\rho_\infty - \rho)(\pi r^2) = g\Delta\rho\pi r^2 \tag{8-38}$$

由于动量的变化等于力的变化，则由式(8-37)和式(8-38)得

$$\frac{\mathrm{d}}{\mathrm{d}z}(\rho r^2 u^2) = g\Delta\rho r^2 \tag{8-39}$$

将式(8-33)代入上式得羽流流动的动量守恒方程

$$\frac{\mathrm{d}}{\mathrm{d}z}(r^2 u^2) = \frac{\dot{Q}_c g}{\pi u c_p T_\infty \rho} \tag{8-40}$$

为了求解质量守恒方程(8-36)和动量守恒方程(8-40)，假设半径 r 和速度 u 是高度 z 的函数，即

$$r = C_1 z^m \tag{8-41}$$

$$u = C_2 z^n \tag{8-42}$$

将式(8-41)和式(8-42)代入质量守恒方程(8-36)并整理得

$$C_1^2C_2(2m+n)z^{2m+n-1}=2\alpha C_1C_2z^{m+n} \tag{8-43}$$

上式中 $2m+n-1=m+n$，由此解得 $m=1$。将式(8-41)和式(8-42)代入动量守恒方程(8-40)并整理得

$$C_1^2C_2^2(2m+2n)z^{2m+2n-1}=\frac{\dot{Q}_c g}{\pi u c_p T_\infty \rho C_2}\cdot z^{-n} \tag{8-44}$$

上式中 $2m+2n-1=-n$，将 $m=1$ 代入，解得 $n=-\frac{1}{3}$，将其代入式(8-43)，整理得

$$\frac{5}{3}C_1^2C_2=2C_1C_2\alpha$$

由此解得 $C_1=\frac{6}{5}\alpha$。将 $m=1$、$C_1=\frac{6}{5}\alpha$ 代入式(8-41)可解得

$$r=\frac{6\alpha}{5}z \tag{8-45}$$

将 $m=1$、$n=-\frac{1}{3}$代入式(8-44)，整理得

$$\frac{48}{25}\alpha^2C_2^3=\frac{\dot{Q}_c g}{\pi c_p T_\infty \rho}$$

由此解得 $C_2=\left[\frac{25}{48\alpha^2}\cdot\frac{\dot{Q}_c g}{\pi c_p T_\infty \rho}\right]^{1/3}$，将 C_2 及 n 代入式(8-44)可解得

$$u=\left[\frac{25}{48\alpha^2}\cdot\frac{\dot{Q}_c g}{\pi c_p T_\infty \rho}\right]^{1/3}z^{-\frac{1}{3}} \tag{8-46}$$

如果取 $\alpha=0.15$ 代入上式，则

$$u=1.94\cdot\left[\frac{g}{c_p T_\infty \rho}\right]^{1/3}\dot{Q}_c^{\frac{1}{3}}z^{-\frac{1}{3}} \tag{8-47}$$

将上式代入式(8-29)，令 $\rho\approx\rho_\infty$，得羽流质量流量计算式为

$$\dot{m}_p=0.20\cdot\left[\frac{\rho_\infty^2 g}{c_p T_\infty}\right]^{1/3}\dot{Q}_c^{\frac{1}{3}}z^{\frac{5}{3}} \tag{8-48}$$

由 $\dot{Q}_c=\dot{m}_p c_p \Delta T$ 得出羽流温度与环境温度之差 ΔT 为

$$\Delta T=5.0\cdot\left[\frac{T_\infty}{g c_p \rho_\infty^2}\right]^{1/3}\dot{Q}_c^{\frac{2}{3}}z^{-\frac{5}{3}} \tag{8-49}$$

将标准状态下的参数 $g=9.81\ \mathrm{m/s^2}$、$c_p=1.0\ \mathrm{kJ/(kg\cdot K)}$、$\rho_\infty=1.2\ \mathrm{kg/m^3}$、$T_\infty=293\ \mathrm{K}$ 代入式(8-47)、式(8-48)和式(8-49)得

$$u=0.588\cdot\dot{Q}_c^{1/3}z^{-1/3} \tag{8-50}$$

$$\dot{m}_p=0.064\cdot\dot{Q}_c^{1/3}z^{5/3} \tag{8-51}$$

$$\Delta T=13.74\cdot\dot{Q}_c^{2/3}z^{-5/3} \tag{8-52}$$

8.3.3　理想羽流参数与实测结果的对比

对于小面积的圆形和矩形(长边长度<3 倍短边长度)火源，Zukoski 在实验的基础上提出了下面的羽流质量流量计算式

$$\dot{m}_p=0.21\cdot\left[\frac{\rho_\infty g}{c_p T_\infty}\right]^{1/3}\dot{Q}_c^{1/3}z^{5/3} \tag{8-53}$$

式(8-53)的适用条件为 $z\geqslant 10\cdot D$ 及 $z\gg L$，D 为火源直径，m；L 为火焰高度，m，可采用式(8-15)计算。上式中 $g=9.81\ \mathrm{m/s^2}$、$c_p=1.0\ \mathrm{kJ/(kg\cdot K)}$、$\rho_\infty=1.217\ \mathrm{kg/m^3}$、$T_\infty=$

289 K得

$$\dot{m}_p = 0.071 \cdot \dot{Q}_c^{1/3} z^{5/3} \tag{8-54}$$

对比式(8-51)和式(8-54)可以看出,理想羽流质量流量的推导结果和 Zukoski 的实验结果十分接近,两者相差仅 1%。

我们将理想流体沿轴线方向的羽流速度计算式(8-47)和温度计算式(8-49)与强羽流实验结果式(8-19)和(8-20)比较发现,基于弱羽流点源积分理论获得的理想羽流计算式和基于强羽流实验获得计算式形式上完全相同,但系数上有所差异。造成差异的主要原因如下:① 理想羽流速度和温度为羽流水平截面上羽流的平均速度和温度,而实验结果为羽流中心线上的速度和温度,由于速度和温度在羽流水平截面上呈帽形分布,中心线上的速度和温度大于平均速度和温度;② 根据理想流体的假设,在公式的推导过程中流体密度按常数处理,且 $\rho=\rho_\infty$,这与强羽流的实际情况是不符的;③ 在理想羽流推导中,卷吸系数按 $\alpha=0.15$ 取值,而根据强羽流的实验结果 α 约为 0.096 4;④ 在实际测量中传感器很难精确地定位于火焰羽流中心线上,或可能是因为使用不同类型的风速计(皮托管、双向流的探测器和多普勒风速计等)产生了不同的、固有的误差,从而导致实验结果具有一定的离散性和误差。

8.4 常见的羽流质量流量计算公式

8.4.1 羽流质量流量公式及适用范围

8.4.1.1 Zukoski 模型(1)

对于小面积的圆形和矩形 Zukoski 认为可以作为点源处理,其计算公式如式(8-54)所示,由于后来 Zukoski 有对该公式进行了修正,这里我们将其称为 Zukoski 模型(1)。

8.4.1.2 Zukoski 模型(2)

应用式(8-54)计算羽流质量流量时,计算结果往往与实验结果不符,因此 Zukoski 在式(8-55)中引进虚拟点火源,对式(8-54)的计算结果进行修正。

$$\dot{m}_p = 0.071 \cdot \dot{Q}_c^{1/3} \cdot (z-z_0)^{5/3} \tag{8-55}$$

应用式(8-55)时应注意 $z \geqslant 10 \cdot D$ 及 $z \gg L$ 的条件。

8.4.1.3 Thomas-Hinkley 模型

Thomas-Hinkley 在大量实验和理论工作的基础上,总结出 $z<10 \cdot D$ 条件下大面积火源羽流质量流量的计算公式,见式(8-56)。

$$\dot{m}_p = C_e \cdot z^{3/2} \cdot U \tag{8-56}$$

式中,C_e 为系数,kg/(s·m$^{5/2}$),对于很大的房间,但顶棚高度远离火焰表面的建筑物 $C_e=0.19$ kg/(s·m$^{5/2}$);对于很大的房间,但顶棚高度接近火焰表面的建筑物 $C_e=0.21$ kg/(s·m$^{5/2}$);对于小房间,$C_e=0.34$ kg/(s·m$^{5/2}$);U 为火源的周长,m,对于圆形火源 $U=\pi D$。

应用式(8-56)时应注意 $200<\dot{Q}<750$ kW/m^2 的条件,$\dot{Q}$ 为单位面积上的热释放速率,kW/m^2。此外还应注意,式(8-56)是在火源温度约为 980 ℃、火源热释放速率约为 30 MW 的大面积火源实验条件下获得的。

8.4.1.4 McCaffrey 模型

McCaffrey 通过甲烷扩散火焰的火灾实验(火源热释放速率为 14.4～57.5 kW)得出一

组分别描述稳定火焰区、间断火焰区及烟气羽流区的羽流流量的计算公式，见式(8-57)。该羽流流量计算公式被区域火灾模拟软件 CFAST 所应用。

$$\begin{aligned}&\text{在稳定火焰区：}\frac{\dot{m}_p}{\dot{Q}_c}=0.011\cdot\left(\frac{z}{\dot{Q}_c^{2/5}}\right)^{0.566} && 0.00\leqslant\frac{z}{\dot{Q}_c^{2/5}}<0.08\\&\text{在间断火焰区：}\frac{\dot{m}_p}{\dot{Q}_c}=0.026\cdot\left(\frac{z}{\dot{Q}_c^{2/5}}\right)^{0.909} && 0.08\leqslant\frac{z}{\dot{Q}_c^{2/5}}<0.20\\&\text{在羽流区：}\frac{\dot{m}_p}{\dot{Q}_c}=0.124\cdot\left(\frac{z}{\dot{Q}_c^{2/5}}\right)^{1.895} && 0.20\leqslant\frac{z}{\dot{Q}_c^{2/5}}\end{aligned}\tag{8-57}$$

8.4.1.5　NFPA 模型

NFPA 火灾防护手册中推荐了一个的羽流流量计算公式，见式(8-58)，该计算公式依据 FMRC(Factory Mutual Research Corporation)的火灾实验。

$$\begin{aligned}&\dot{m}_p=0.071\cdot k^{2/3}\cdot\dot{Q}_c^{1/3}\cdot z^{5/3}+0.0018\cdot\dot{Q}_c && (z>L)\\&\dot{m}_p=0.030\cdot\dot{Q}_c^{3/5}\cdot z && (z\leqslant L)\end{aligned}\tag{8-58}$$

式中，k 为系数，不同火源位置时系数的取值见表 8-3。

表 8-3　　不同火源位置时系数 k 的取值

火源位置	k	$k^{3/2}$	$0.071\cdot k^{3/2}$
不受墙体影响	1	1	0.071
靠近外墙角	0.75	0.83	0.059
一面靠墙	0.50	0.63	0.045
靠近内墙角	0.25	0.40	0.028

由表 8-3 可知，如果火源位置不受墙体影响 $k=1$，$0.071\cdot k^{3/2}=0.071$，此时式(8-58)和式(8-54)相比多 $0.0018\cdot\dot{Q}_c$ 项。

8.4.1.6　线形火源羽流模型

对于长边长度 $D>3\times$短边宽度的线形火源，英国性能化设计导则 BSI DD 240 中推荐了式(8-59)所示羽流质量流量计算公式。在 $z>2h$(h 为房间高度)条件下该公式常被应用于多室火灾模拟中的窗口烟气流动的模拟，例如着火房间的烟气通过窗口向相邻房间流动，形成窗口射流并卷吸周围空气，在相邻房间顶棚下方形成烟气层。

$$\begin{aligned}&\dot{m}_p=0.21\cdot\dot{Q}_p^{1/3}\cdot D^{2/3}\cdot z && (L<z<5D)\\&\dot{m}_p=0.071\cdot\dot{Q}_p^{1/3}\cdot z^{5/3} && (z>50)\end{aligned}\tag{8-59}$$

8.4.1.7　阳台溢流羽流模型

NFPA 92B 对于如图 8-14 所示的阳台烟气溢流情况，建议采用式(8-60)计算的烟气质量流量。

$$\dot{m}_p=0.36\cdot(\dot{Q}W^2)^{1/3}(z_b+0.25H)\tag{8-60}$$

式中，$\dot{Q}$ 为火源的热释放速率，kW；W 为烟气由水平流动向垂直流动过渡绕过阳台的宽度，m；z_b 为烟气羽流高过阳台顶棚的高度，m；H 为房间高度，m。

式(8-60)是根据比例模型实验结果整理出的用于预测阳台溢流羽流质量流量的近似计算公式。当 $z_b\geqslant 13W$ 时，式(8-60)计算的阳台溢流羽流的质量与轴对称羽流相当，此时可采用式(8-58)计算羽流的质量流量，但在应用时应注意 $z=z_b+H$。当阳台上有向下突出的阻挡烟气水平流动的挡烟垂壁时，溢流羽流宽度应为阳台宽度和挡烟垂壁高度之和。

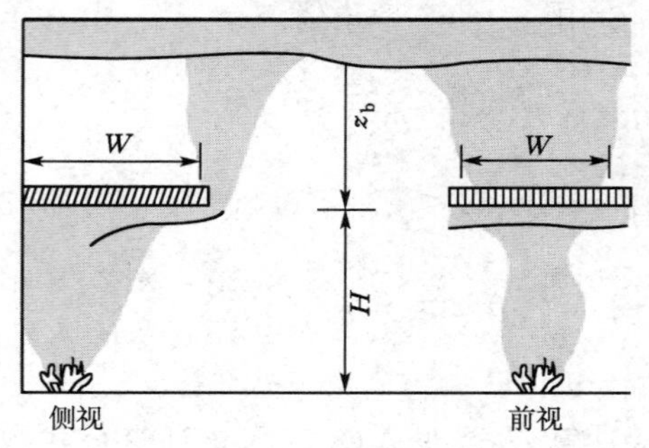

图 8-14　阳台烟气溢流羽流图示

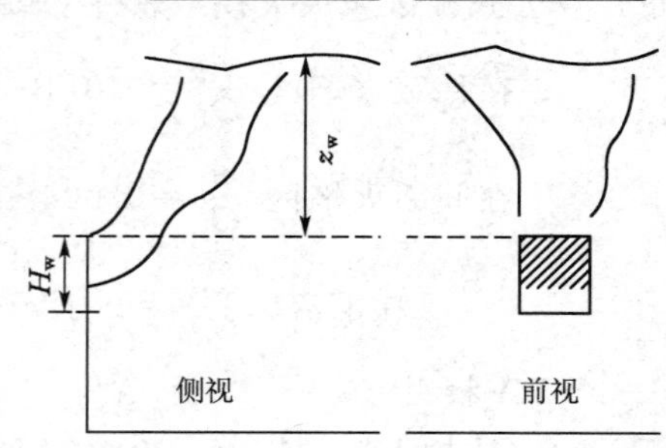

图 8-15　门窗羽流图示

8.4.1.8　门窗羽流模型

NFPA 92B 对于如图 8-15 所示的门窗羽流情况，建议采用式(8-61)计算的烟气通过门窗后在门窗上檐之上一定高度处的质量流量。

$$\dot{m}_p = 0.071\dot{Q}_c^{1/3}(z_w + a)^{5/3} + 0.001\ 8\dot{Q}_c \tag{8-61}$$

式中，z_w 为烟气羽流高出门窗上檐的高度，m；a 为等效高度，m，$a = 2.40b_w^{2/5}h_w^{1/5} - 2.1h_w$，$b_w$ 和 h_w 分别为门窗开口的宽度和高度，m。

房间发生轰燃后可燃物的燃烧状态多为通风控制燃烧，此时火灾的热释放速率与房间开口的通风因子密切相关。根据木材和聚氨酯的实验结果，具有单个通风口着火房间的热释放速率由下式所示，

$$\dot{Q} = 1\ 260b_w h_w^{3/2} \tag{8-62}$$

考虑到羽流的对流热流量 $\dot{Q}_c = 0.7\dot{Q} = 0.7 \times 1\ 260b_w h_w^{3/2}$，代入式(8-61)得轰燃后门窗羽流计算式如下。

$$\dot{m}_p = 0.68(b_w\sqrt{h_w})^{1/3}(z_w + a)^{5/3} + 1.59b_w h_w^{1/2} \tag{8-63}$$

8.4.2　边墙对羽流发展的影响

边墙对羽流发展的影响可简化为图 8-16 所示的四种情况。第一种情况为圆形火源边缘与墙相切，见图 8-16(a)。Zukoski 等人发现，圆形燃烧器背立于墙，只有圆周一点接触墙面，与远离墙面的火灾几乎表现得完全一致，仅仅减少 3%。在这种情况下墙面对羽流发展的影响可忽略不计。第二种情况为圆形火源靠近墙面，见图 8-16(b)。在这种情况下按照对称原理可将火源的热释放速率近似为原来 2 倍，而对应的质量流量减少为原来的 1/2。以式(8-54)的 Zukoski 模型为例，羽流的质量流量为：

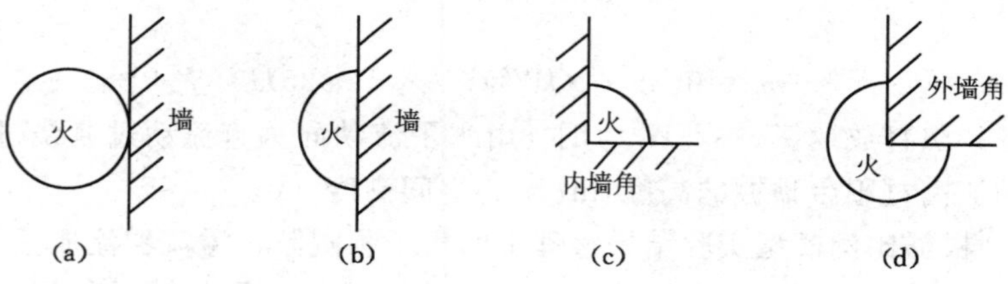

图 8-16　边墙对羽流发展的图示

$$\dot{m}_p = 0.5 \times 0.071 \cdot (2 \cdot \dot{Q}_c)^{1/3} z^{5/3} = 0.045 \cdot \dot{Q}_c^{1/3} z^{5/3} \tag{8-64}$$

第三种情况为圆形火源靠近内墙角，见图 8-16(c)。在这种情况下按照对称原理可将火源的热释放速率近似为原来 4 倍，而对应的质量流量减少为原来的 1/4。以式(8-54)的 Zukoski 模型为例，羽流的质量流量为：

$$\dot{m}_p = 0.25 \times 0.071 \cdot (4 \cdot \dot{Q}_c)^{1/3} z^{5/3} = 0.028 \cdot \dot{Q}_c^{1/3} z^{5/3} \tag{8-65}$$

第四种情况为圆形火源靠近外墙角，见图 8-16(d)。在这种情况下按照对称原理可将火源的热释放速率近似为原来 4/3 倍，而对应的质量流量减少为原来的 3/4。以式(8-54)的 Zukoski 模型为例，羽流的质量流量为：

$$\dot{m}_p = 0.75 \times 0.071 \cdot \left(\frac{4}{3} \cdot \dot{Q}_c\right)^{1/3} z^{5/3} = 0.059 \cdot \dot{Q}_c^{1/3} z^{5/3} \tag{8-66}$$

表 8-3 中第四列的系数值就是按上述原理计算得出。

8.4.3　风对羽流发展的影响

在开放空间或较大空间内，由于空气运动产生的火焰偏移与风速有非常大的关系。Raj 等人用油盘火研究了风速对羽流发展的影响，在总结前人研究工作的基础上得出：

当

$$\sin\theta = 1 \qquad 当\ V' < 1 \tag{8-67}$$

和

$$\sin\theta = (V')^{-1/2} \qquad 当\ V' > 1 \tag{8-68}$$

式中，θ 为羽流偏移的角度，见图 8-17(a)；V' 为等效风速，可由下式计算得出，

$$V' = V\left(\frac{2c_p T_\infty \rho_\infty}{\pi \rho_f \Delta H_c}\right)^{1/3} \tag{8-69}$$

式中，ρ_∞ 和 ρ_f 分别为环境空气的密度和羽流烟气的密度，kg/m^3；ΔH_c 为燃料燃烧时的燃烧热，kJ/kg，V 为无量纲速度，由 v/u^* 给出，v 为实际风速，u^* 为羽流速度，可近似为 $u^* = 1.9Q_c^{1/5}$，m/s。

甲烷的火羽流偏移角度 θ 与无量纲速度 V 之间的关系如图 8-17(b)所示。

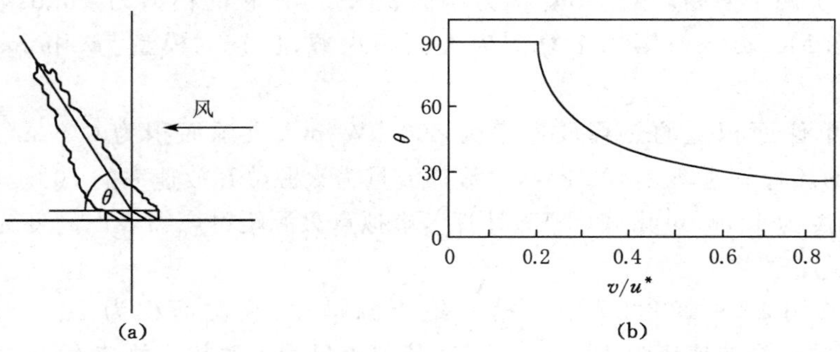

图 8-17

(a) 火羽流在风的作用下偏移情况图示；

(b) 甲烷的火羽流偏移角度 θ 与无量纲速度 V 之间的关系

在一个空旷的地点，如化工厂、油库及森林火灾，由于风产生的火焰偏移将使火灾的危险性扩大。在工厂规划时，应充分考虑当地常年主导风向对可能发生火灾的影响。一般条件下 2 m/s 的风速将会使火焰倾斜($\theta = 45°$)，同时接近地面的火的火焰将会引燃顺风侧地

面的燃料层，火焰的直接影响长度大约为 0.5D，这里 D 为燃烧直径。火焰在顺风向的扩展是一个应值得注意的问题，它可能引起直接的火焰蔓延，或是增加辐射热流量的数量级。此外，空气的运动将增大进入火羽流中的空气比率，尽管目前对此还没有量化成果，但一些实验表明这时可能在增大火焰偏移的同时降低火焰的长度。

8.4.4 有关羽流模型的对比

下面我们分别从羽流的质量流量、热烟气层温度及排烟体积流量三个方面对 Zukoski(1)、Zukoski(2)、NFPA、McCaffre 和 Thomas-Hinkley 羽流模型进行评价。羽流的质量流量可由上述羽流模型直接求出。在不考虑热烟气与墙体换热的条件下，热烟气层的温度可由下式近似计算：

$$T_g = \frac{\dot{Q}_c}{\dot{m}_p \cdot c_p} + T_0 \tag{8-70}$$

式中，T_g 为热烟气层温度，K；T_0 为环境温度，K；$\dot{Q}_c$ 为羽流的对流热流量，取火源热释放速率的 70%，kW；c_P 为热烟气的比定压热容，kJ/(kg · K)。

热烟气层的体积变化率为：

$$\dot{V} = \frac{\dot{m}_p \cdot T_g}{\rho_0 \cdot T_0} - \dot{V}_{vent} \tag{8-71}$$

式中，$\dot{V}$ 为热烟气层的体积变化率，m^3/s；$\dot{V}_{vent}$ 为排烟体积流量，m^3/s；ρ_0 为环境空气的密度，kg/m^3。

在稳定条件下，排烟体积流量为：

$$\dot{V}_{vent} = \frac{\dot{m}_p \cdot T_g}{\rho_0 \cdot T_0} \tag{8-72}$$

上述羽流模型中，Zukoski(1)、Zukoski(2) 和 NFPA 模型适用于小面积火源条件下的羽流质量流量计算，Thomas-Hinkley 模型适用于大面积火源条件下的羽流质量流量计算，McCaffrey 模型既适用于小面积火源也适用于大面积火源条件下的羽流质量流量计算。为此，我们设计了两个算例，第一个算例为小面积火源，比较的模型为 Zukoski(1)、Zukoski(2)、NFPA 和 McCaffrey；第二个算例为大面积火源，比较的模型为 Thomas-Hinkley 和 McCaffrey。

算例 1：单位面积上的热释放速率为 800 kW/m^2，火源面积为 0.5 m^2，火源直径为 0.8 m，火源的热释放速率为 400 kW，对流热流量为火源热释放速率的 70%，可燃物高度为 0 m。火焰高度为 1.76 m[由式(8-15)计算]，虚拟点火源距可燃物表面高度为 0.096 m[由式(8-16)计算]。

算例 2：选用 DIN 18232-5 中的第三组火源描述，火源面积为 20 m^2，火源直径为 8.05 m，火源的热释放速率为 12 000 kW，对流热流量为火源热释放速率的 70%，可燃物高度为 0 m。火焰高度为 4.91 m[由式(8-15)计算]。

由算例 1 得到的羽流的质量流量、热烟气层温度及排烟体积流量随冷空气层的高度变化如图 8-18～图 8-20 所示。由算例 2 得到的羽流的质量流量、热烟气层温度及排烟体积流量随冷空气层的高度变化如图 8-21～图 8-23 所示。

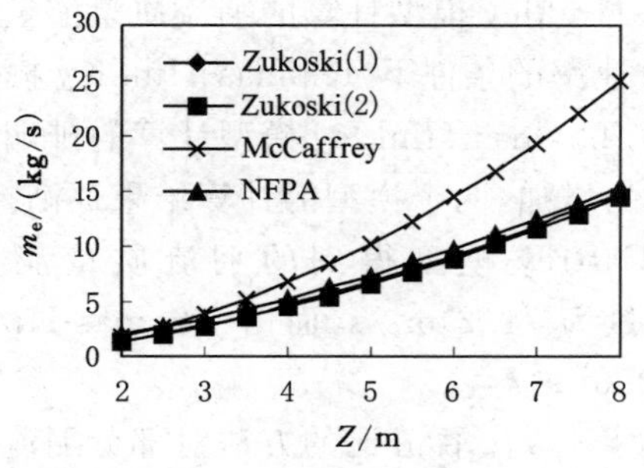

图 8-18　羽流质量流量对比(算例 1)

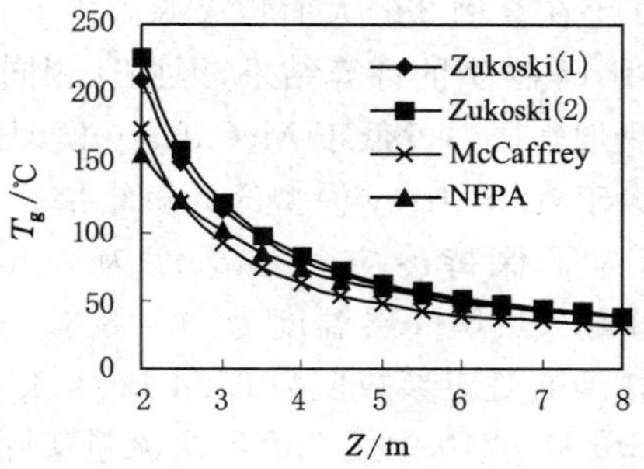

图 8-19　热烟气层温度对比(算例 1)

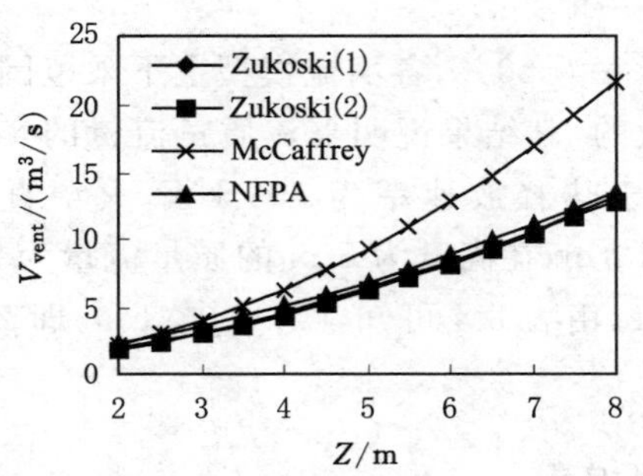

图 8-20　排烟体积流量对比(算例 1)

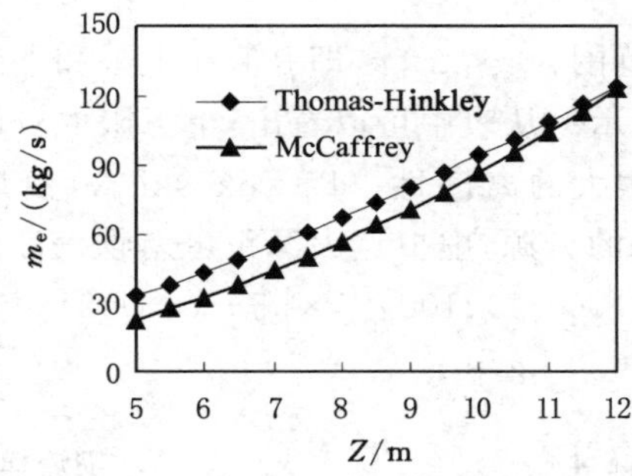

图 8-21　羽流质量流量对比(算例 2)

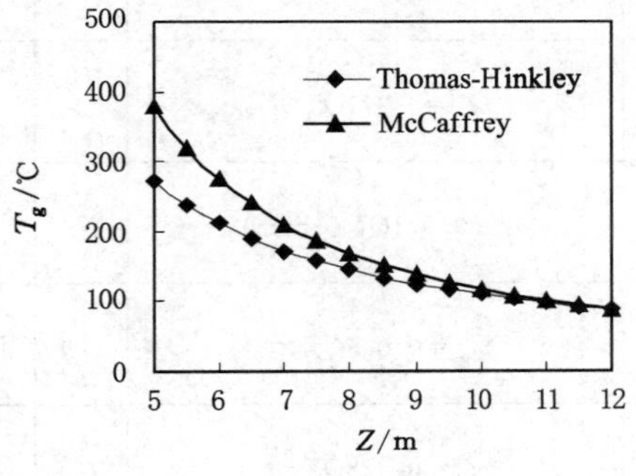

图 8-22　热烟气层温度对比(算例 2)

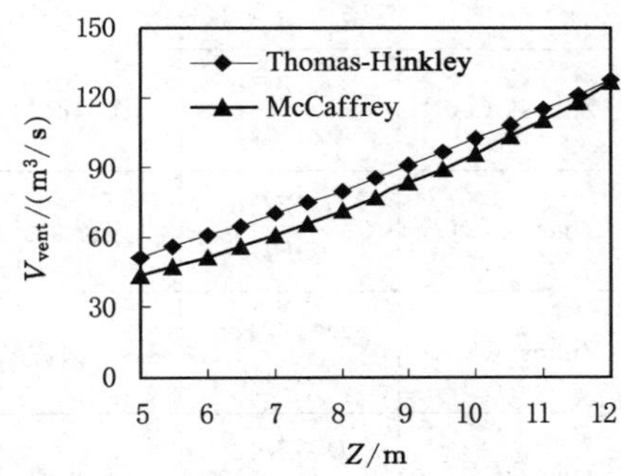

图 8-23　排烟体积流量对比(算例 2)

从上述计算结果我们可以得出以下认识：

(1) 在算例 1 的小面积火源条件下，Zukoski(1)、Zukoski(2)、NFPA 三个模型的计算结果较为接近，只是由于 NFPA 和 Zukoski 模型相比增加了项，导致冷空气层高度为 2～4 m时，用 NFPA 模型计算的热烟气层温度低于 Zukoski 模型。用 McCaffre 模型计算的羽流质量流量最大，因此在相同火源热释放速率的条件下该模型计算的热烟气层温度最低、排烟体积流量最大。例如，为了保持冷空气层高度为 4 m，则由 Zukoski(1)、Zukoski(2)、NFPA 三个模型得到的羽流质量流量为 4.68～8.26 kg/s、热烟气层温度为 73.3～79.8 ℃、排烟体积流量为 4.54～8.8.18 m^3/s，而由 McCaffrey 模型得到的对应参数值为 6.71 kg/s、61.7 ℃和 6.39 m^3/s。

(2) 在算例 2 的大面积火源条件下，用 Thomas-Hinkley 模型计算的羽流质量流量大于 McCaffrey 模型的计算结果，因此在相同火源热释放速率的条件下 Thomas-Hinkley 模型计算的热烟气层温度低于 McCaffrey 模型的计算结果，Thomas-Hinkley 模型计算的排烟体积流量大于 McCaffrey 模型的计算结果。但随着高度的增加，两个模型的计算结果逐渐接近。例如，为了保持冷空气层高度为 8 m，则由 McCaffrey 模型得到的羽流质量流量为 56.8 kg/s、热烟气层温度为 167.8 ℃、排烟体积流量为 71.2 m^3/s，而由 Thomas-Hinkley 模型得到的对应参数值为 67.4 kg/s、144.7 ℃和 80.0 m^3/s。

BSI DD 240 中用羽流质量流量实际值 $\dot{m}'_p$ 占计算值 $\dot{m}_p$ 百分比的方法对部分羽流模型进行了评价，评价公式为：

$$\beta=\frac{\dot{m}'_p}{\dot{m}_p} \tag{8-73}$$

应用范围为 $a<\beta<b$，即 β 值在上限和下限之间的概率为 80%，各羽流模型上下限范围如表 8-4 所示。从表中可以看出，上下限的分散度是很大的，其结果说明羽流质量流量的实际值具有很大的离散性。以 Zukoski(2) 模型为例，对于热释放速率为 100 kW，火源直径为 0.7 m的火源，虚拟点火源距可燃物表面高度为 −0.2 m，在高度为 5 m 的质量流量为 $\dot{m}_p=0.071\times(0.7\times100)^{1/3}\times[5-(-0.2)]^{5/3}\approx4.0$ kg/s，由表 8-4 可知，$0.7<\beta<1.5$，即 $2.8<\dot{m}'_p<6.0$ kg/s。

表 8-4　　羽流模型及其评价汇总表

序号	模型名称	几何描述	适用范围	羽流模型	β值上下限	
					下限 a	上限 b
1	Zukoski(1)	$D\leqslant Z/10$ $Z\gg L$	小火源面积的轴对称羽流	$\dot{m}_p=0.071\dot{Q}_c^{\frac{1}{3}}z^{\frac{5}{3}}$		
2	Zukoski(2)	$D\leqslant Z/10$ $Z\gg L$	小火源面积的轴对称羽流	$\dot{m}_p=0.071\dot{Q}_c^{\frac{1}{3}}(z-z_0)^{\frac{5}{3}}$	0.7	1.5
3	Zukoski(2)	$D\leqslant Z/10$ $Z\gg L$	火源紧靠墙壁	$\dot{m}_p=0.045\dot{Q}_c^{\frac{1}{3}}z^{\frac{5}{3}}$	0.6	1.6
4	Zukoski(2)	$D\leqslant Z/10$ $Z\gg L$	火源靠内墙角	$\dot{m}_p=0.028\dot{Q}_c^{\frac{1}{3}}z^{\frac{5}{3}}$	0.5	2.0
5	Thomas-Hinkley	$Z<10D$ $200<\dot{Q}<750$	大火源面积的圆形或正方形轴对称羽流	$\dot{m}_p=0.188z^{\frac{3}{2}}U$	0.75	1.15
6	NFPA	$Z>L$	轴对称羽流	$\dot{m}_p=0.071\dot{Q}_c^{\frac{1}{3}}z^{\frac{5}{3}}+0.0018\dot{Q}$		
7	线形火源	$L<Z<5D$	$D>3\times$短边宽度	$\dot{m}_p=0.21\dot{Q}_c^{\frac{1}{3}}D^{\frac{2}{3}}z$	0.86	1.36
8	线形火源	$Z>5D$	$D>3\times$短边宽度	$\dot{m}_p=0.071\dot{Q}_c^{\frac{1}{3}}z^{\frac{5}{3}}$		
9	阳台烟气溢流			$\dot{m}_p=0.36(\dot{Q}W^2)^{\frac{1}{3}}(z_B+0.25H)$	0.7	1.4
10	门窗羽流			$\dot{m}_p=0.071\dot{Q}_c^{\frac{1}{3}}(z_w+a)^{\frac{5}{3}}+0.0018\dot{Q}_c$		

8.5 顶棚射流

在商业、生产车间、仓库和现代居住等建筑的顶棚附近都安装了火灾探测器和自动喷水灭火系统的喷头。一旦发生火灾，可燃物上方火羽流中垂直上升碰到顶棚，热烟气由垂直流动改变水平流动，并沿顶棚下部向四周蔓延，这个过程我们称之为顶棚射流。此时，安装在顶棚下的感烟、感热探测仪和喷淋设备将(它们淹没在燃烧产物的热气流中)做出反应，为建筑物提供最基本的防火保护。

自 20 世纪 50 年代以来，为了研究顶棚射流及其发展过程，研究者进行了大量的研究。在英国火灾研究站、美国工厂组织联合实验室、美国标准技术研究院(NIST)都对无限大顶棚下的稳态火焰产生的最热部分的气体温度和速度进行了实验和理论研究。顶棚射流是在火羽流热浮力的驱动下，顶棚表面下部薄层中流动相对较快的气流。图 8-24 为一无限大顶棚下轴对称顶棚射流的理想状态，图中 r 是以羽流中心线为中心点的径向距离。在实际建筑火灾中，顶棚表面和周围环境空气之间形成一较热、快速流动的烟气薄层。这一状况出现在火灾初期，因为此时产生的热烟气还不足以在室内上方积聚形成静止的烟气层。通过顶棚表面和边缘上的开口能使顶棚射流的热烟气直接排出，可以延缓热烟气在顶棚下的积聚。如图 8-24 所示，热烟气撞击顶棚后形成顶棚射流流出火区。由于在热烟气薄层的下边界上发生空气卷吸，因此热烟气在流动过程中逐渐加厚。空气的卷吸降低了顶棚射流的温度和速度，同时当热烟气沿顶棚流动时与顶棚表面发生的传热会使靠近顶棚处的烟气温度有所降低。

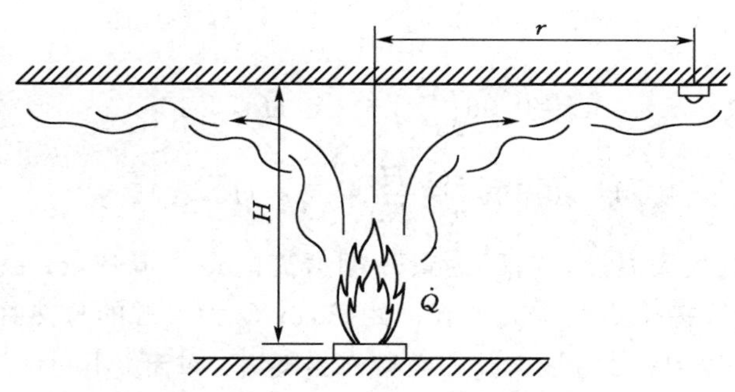

图 8-24 无限大顶棚下轴对称顶棚射流图示

8.5.1 稳态燃烧

8.5.1.1 火焰高度小于顶棚高度(弱羽流)

当火焰高度 L 小于可燃物表面至顶棚间的高度 H 时，Alpert 发现了一个普遍适用的理论，该理论能够预测稳态火焰驱动顶棚射流的气流速度、温度和厚度。虽然这项工作在理论模型构建中假设了几种理想状态，但以羽流在顶棚处的撞击点为圆点(羽流中心线与顶棚的交点)，在顶棚高度的 1～2 倍为半径的区域内，这个估算还是合理的。

顶棚射流厚度：Alpert 定义顶棚射流厚度为热烟气温度与环境温度间的差值 ΔT 降到最大温差的 1/e 即 1/2.718 的地方与顶棚表面的距离。基于这种定义，对顶棚下 8 m 处的液体池火进行测量，发现当 r/H 为 0.6 时，l_T/H 约为 0.075，随着 r/H 从 1 增加到 2，l_T/H

的值也增至0.11。这些结果与Motevalli和Marks在他们的小规模实验(顶棚高度为0.5～1.0 m)中在$r/H<2$区域内获得的实验分析结果完全符合。下面关于l_T/H的公式,是由Motevalli和Marks基于他们的实际实验得出的,证实了Alpert的理论在$r/H>1$时的顶棚射流厚度约为H的10%～12%是正确的。式(8-74)的适用范围为$0.26\leqslant r/H\leqslant 2.0$。

$$\frac{l_T}{H}=0.112\left[1-\exp\left(-2.24\frac{r}{H}\right)\right] \tag{8-74}$$

研究表明,如果定义顶棚高度(H)为顶棚距可燃物表面的距离,则在多数情况下顶棚射流的厚度为顶棚高度的5%～12%,而在顶棚射流内最大温度和速度出现在顶棚以下顶棚高度的1%处。这对于火灾探测器和灭火喷头的安装具有特殊意义,如果它们被安装在上述区域以外,则其实际感受到的烟气温度和速度就会低于预测值。

顶棚射流的温度和速度:烟气顶棚射流中的最大温度和速度是估算火灾探测器和灭火喷头热响应的重要基础。Alpert发展了一种易于使用的关系式来确定由稳态火焰产生的顶棚射流内给定位置的最大气体温度和速度。这些关系式被广泛应用于火灾危险性的分析和计算,Evans和Stroup使用这些关系式编制了一个通用的程序来预测完全淹没于顶棚射流中的火灾探测器和灭火喷头的热响应。对于稳态火,为了确定不同位置上顶棚射流的最大温度和速度,用不同的可燃物(木垛、塑料、纸板箱等),在不同大小火源(668 kW～98 MW)和不同顶棚高度(4.6～18.5 m)条件下进行实验。由一系列实验测量数据的拟合得到了以下关系式:

$$T-T_\infty=16.9\frac{\dot{Q}^{2/3}}{H^{5/3}} \quad r/H\leqslant 0.18 \tag{8-75}$$

$$T-T_\infty=5.38\frac{(\dot{Q}/r)^{2/3}}{H} \quad r/H>0.18 \tag{8-76}$$

$$U=0.96\left(\frac{\dot{Q}}{H}\right)^{1/3} \quad r/H\leqslant 0.15 \tag{8-77}$$

$$U=0.195\frac{(\dot{Q}/H)^{1/3}}{(r/H)^{5/6}} \quad r/H>0.15 \tag{8-78}$$

式中,T为顶棚射流的最大温度,℃;U为最顶棚射流的最大流速,m/s;H和r分别代表顶棚高度和以羽流中心线撞击点为中心的径向距离,m;$\dot{Q}$为火源的总热释放速率,kW。

式(8-75)～式(8-78)应用的是火源的总热释放速率,对于Alpert实验时使用的酒精液池火来说,总热释放速率$\dot{Q}$近似等于对流热流量$\dot{Q}_c$。而对其他大部分可燃物来说,对火羽流和顶棚射流起浮力作用的是对流热流量。实验表明大部分可燃物燃烧后,其羽流所携带的对流热流量$\dot{Q}_c$仅为火源总热释放速率$\dot{Q}$的60%～80%。由此可见,假设对流热流量$\dot{Q}_c$始终等于总释热速率$\dot{Q}$是不准确的。

以上表达式实际上对应着两个流动特点不同的区域。式(8-75)和式(8-77)对应于撞击点附近烟气羽流转向的区域,在这一区域内,最大温度和最大流速与径向距离无关。式(8-76)和式(8-78)对应于烟气转向后水平流动的区域,在这一区域内,最大温度和流速与径向距离有关。应该指出,这些表达式仅适用于刚着火后的一段时间,这段时间内顶棚射流可以被认为是非受限的,因为热烟气层尚未形成。式(8-75)～式(8-78)适用于火源距周围墙壁的距离为顶棚高度1.8倍以上的情况。如果火源靠近墙面,则顶棚射流的温度和速度将受到影响。当火源靠近墙面,见图8-16(b),上述关系式中可用$2\dot{Q}$代替$\dot{Q}$;当火源靠近内墙角，见图8-16(c)，上述关系式中可用 $4\dot{Q}$ 代替 $\dot{Q}$。

图 8-25(a)和图 8-25(b)分别给出了火源热释放速率为 20 MW 条件下，根据上述关系式计算出的最大温度和最大流速与 r 和 H 之间的关系。

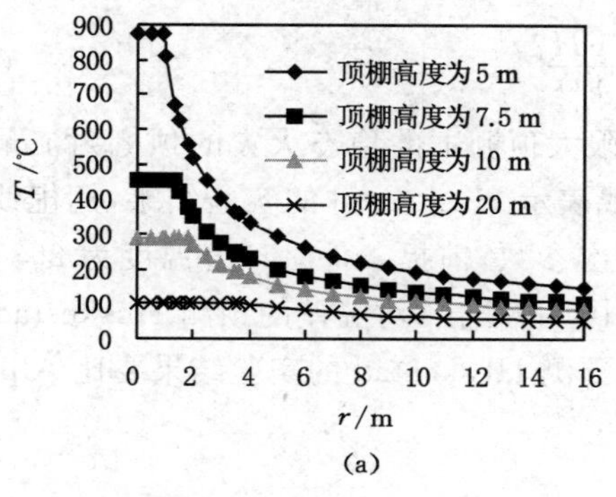

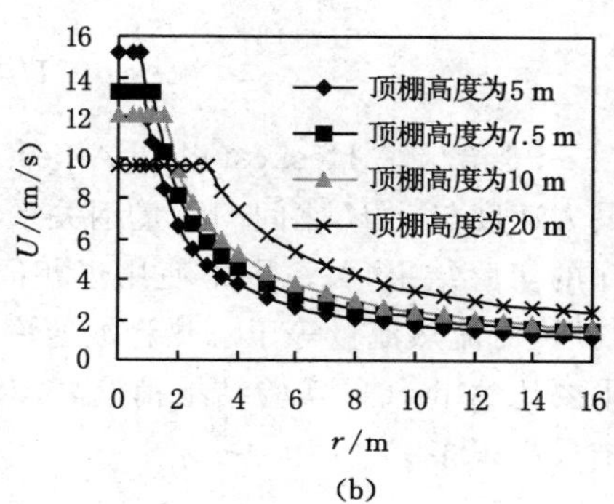

图 8-25

(a) 顶棚射流最大温度与 r 和 H 之间的关系；(b) 顶棚射流最大流速与 r 和 H 之间的关系

【例 8-6】 计算高度为 10 m 的顶棚下 1.0 MW 火源正上方及与羽流中心线撞击点相距 5 m 处顶棚射流的最大温度差。

【解】 对于火源正上方，由式(8-75)得

$$\Delta T=T-T_{\infty}=\frac{16.9\times 1\,000^{2/3}}{10^{5/3}}\approx 36.4\ ℃$$

对于 $r=5$ m 处，$r/H=5/10=0.5>0.18$，由式(8-76)得

$$\Delta T=T-T_{\infty}=\frac{5.38\times\left(\frac{1\,000}{5}\right)^{2/3}}{10}\approx 18.4\ ℃$$

【例 8-7】 对于建筑物内墙角处不燃墙壁的火源，顶棚高度为 10 m，试计算使顶棚下距建筑物墙角 5 m 远处的气体温度升高 50 ℃时所需要的最小热释放速率和此位置处的最大流速。

【解】 对于 $r=5$ m 处，$r/H=5/10=0.5>0.18$，由对称原理将式(8-76)的 $\dot{Q}$ 用 $4\dot{Q}$ 代替，则

$$\Delta T=T-T_{\infty}=\frac{5.38\times\left(\frac{4\dot{Q}}{5}\right)^{2/3}}{10}\approx 50\ ℃$$

由此解得

$$\dot{Q}=1\,120\ \text{kW}=1.12\ \text{MW}$$

对于 $r=5$ m 处，$r/H=5/10=0.5>0.15$，由式(8-78)得

$$U=0.195\,\frac{(4\dot{Q}/H)^{1/3}}{(r/H)^{5/6}}=\frac{0.195\times(4\times 1\,120/10)^{1/3}}{(5/10)^{5/6}}\approx 7.71\ \text{m/s}$$

无量纲顶棚射流关系式：20 世纪 50 年代在联合国火灾研究所，Heskestad 依据酒精液池火灾实验发展了顶棚射流最大温差和最大速度的无量纲关系式，见式(8-79)～式(8-81)。上述关系式中包括无量纲热释放速率 $\dot{Q}_0^*$、无量纲温差 ΔT_0^* 和无量纲速度 U_0^*，下标为 0 表示无限大顶棚下的稳态火灾。

$$\dot{Q}_0^* = \frac{\dot{Q}}{\rho_\infty c_p T_\infty g^{1/2} H^{5/2}} \tag{8-79}$$

$$\Delta T_0^* = \frac{\Delta T / T_\infty}{(\dot{Q}_0^*)^{2/3}} \tag{8-80}$$

$$U_0^* = \frac{U/\sqrt{gH}}{(\dot{Q}_0^*)^{1/3}} \tag{8-81}$$

图 8-26 给出了 Heskestad 和 Alpert 关于无限大顶棚下的稳态火灾的顶棚射流最大温差和最大速度与 r/H 之间的无量纲关系。用实线表示 Heskestad 的实验结果，用虚线表示 Alpert 的实验结果，关系图中使用了相同的无因次参数，前提条件是环境温度为 293 K、标准大气压、对流热流量等于总热释放速率。从图中可以看出，对温差的预测 Heskestad 的实验结果要比 Alpert 的实验结果稍偏高，对速度的预测 Heskestad 的实验结果要比 Alpert 的实验结果高很多。

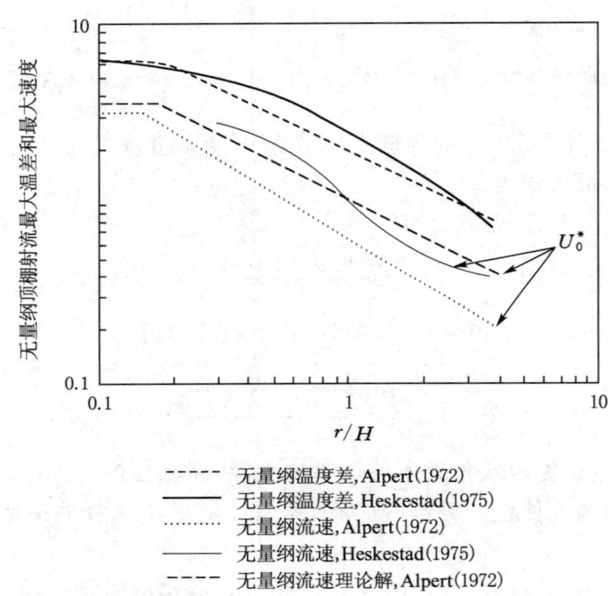

图 8-26　无量纲顶棚射流最大温差和最大速度与 r/H 之间的关系

依据图 8-26 实验结果得出以下表达式，见式(8-82)～式(8-85)，这些关系式可用来预测无限大顶棚下稳态火灾的顶棚射流。上述关系式中，温差预测采用的是 Heskestad 的实验结果，速度预测采用的是 Alpert 的实验结果。

$$\Delta T_0^* = \left(0.225 + 0.27\frac{r}{H}\right)^{-4/3} \quad 0.2 \leqslant r/H < 4.0 \tag{8-82}$$

$$\Delta T_0^* = 6.3 \quad r/H \leqslant 0.2 \tag{8-83}$$

$$U_0^* = 1.06\left(\frac{r}{H}\right)^{-0.69} \quad 0.17 \leqslant r/H < 4.0 \tag{8-84}$$

$$U_0^* = 0.361 \quad r/H \leqslant 0.17 \tag{8-85}$$

实验研究证明，上述关系式比稳态酒精液池火灾(火焰高度小于顶棚高度)有更加广泛的适用范围，例如，上述顶棚射流温差和速度的关系式与非稳态火灾的测量结果完全符合。

8.5.1.2　火焰高度大于顶棚高度(强羽流)

顶棚射流温度：当火羽流的火焰高度与可燃物上方的顶棚高度相当时，顶棚射流就被强火羽流所驱动。对自由火焰高度与顶棚高度之比在 0.3～3 之间变化的情况，Heskestad 和 Hamada 测定了顶棚射流温度，使用羽流半径和无量纲顶棚射流距离 r/b，得到了顶棚射流最大温差关系式。

$$\frac{\Delta T}{\Delta T_p}=1.92\left(\frac{r}{b}\right)^{-1}-\exp\left[1.61\left(1-\frac{r}{b}\right)\right]\quad 1\leqslant r/b\leqslant 40 \tag{8-86}$$

式中，ΔT_p 为顶棚处羽流中心上的温差[可以由式(8-75)和式(8-82)计算获得]，℃；b 为撞击羽流的速度等于中心线上速度一半时的半径，m。这种特点的羽流半径表达式如下式所示。

$$b=0.42[(c_p\rho_\infty)^{4/5}T_\infty^{3/5}g^{2/5}]^{-1/2}\frac{T_p^{1/2}\dot{Q}_c^{2/5}}{\Delta T_p^{3/5}} \tag{8-87}$$

Heskestad 和 Hamada 对热释放速率在 12～764 kW 范围内，放置于顶棚下 2.5 m 处的丙烷燃料进行实验得出了上述羽流半径关系式。现已证明这个关系式对自由火焰高度与顶棚高度之比≤2 的情况是比较精确的。

顶棚射流内的火焰长度：顶棚射流内的火焰长度是一个十分有用的参数，它可以用来计算顶棚射流和屋顶结构之间的换热并用来预测顶棚附近的结构在火灾中的稳定性。Heskestad 和 Hamada 研究发现，当火焰碰到顶棚时(自由火焰高度与可燃物至顶棚高度之比 $l/H>1$)，沿顶棚羽流中心线的平均火焰半径大约等于自由火焰高度与顶棚高度间的差值，即 $h_r\approx l-H=h_c$，各参数之间的关系见图 8-27。

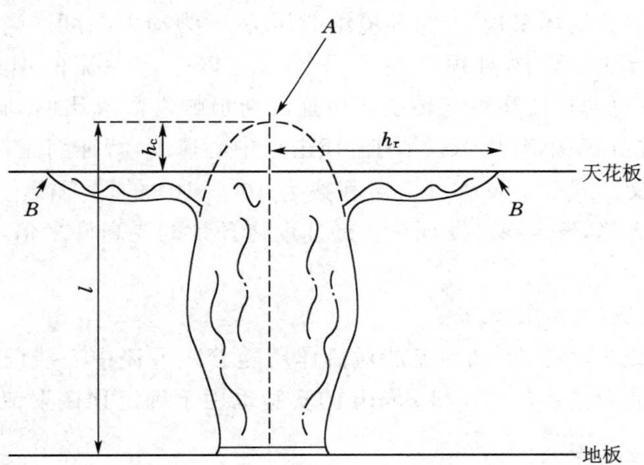

图 8-27　强火羽流截面示意图

Heskestad 和 Hamada 又发现可燃物至顶棚下火焰顶端间的平均长度几乎和自由火焰高度相等。Babrauskas 研究结果表明，沿顶棚羽流中心线的平均火焰半径 h_r 与自由火焰高度与顶棚高度间的差值 h_c 有关，在 $\dot{Q}_c=0.5$ MW、$H=2$ m 条件下对于不受限羽流，见图 8-27。

顶棚射流厚度：对强羽流 Atkinson 和 Drydala 的研究证明，大部分羽流动能在顶棚碰撞过程中损失(大约为羽流动能的 75%)。由于动能损失，原始顶棚射流在改变方向后的区域内厚度为弱火羽流射流厚度的两倍，在 $r/H=0.2$ 时约为顶棚高度的 11%，在 $r/H=0.5$

时顶棚射流厚度达到最小值，约为顶棚高度的 8%。之后随着径向距离的增大，顶棚射流厚度又增大到顶棚高度的 12%，跟弱火羽流相同。

8.5.2 与顶棚之间的对流换热

对碰撞到顶棚的弱火羽流来说，对流是最主要的传热方式。这种传热方式对探测设备的响应时间和悬于顶棚下的电缆及管道等物体的破坏预测是非常重要的。然而对顶棚自身结构的破坏很可能是强火羽流碰撞的结果，因为此时辐射传热与对流传热一样重要或比对流传热更加重要。在顶棚材料受到任何传热之前，当顶棚表面温度跟环境温度相当时，顶棚受到的对流热最大。

8.5.2.1 弱羽流顶棚撞击区(转向)

对碰撞顶棚表面弱火羽流的对流传热量的研究，多年来一直是较活跃的研究领域。在转向区，Yu 和 Faeth 对小液池火灾(羽流的对流传热流量 $\dot{Q}_c=0.05\sim3.46$ kW，顶棚高度 $H<1$ m)进行了实验研究，得到的公式被广泛应用，见式(8-88)。公式给出了到顶棚的对流传热的热流 $\dot{q}''$ 如下：

$$\frac{\dot{q}''H^2}{\dot{Q}_c}=\frac{31.2}{Pr^{3/5}Ra^{1/6}}=\frac{38.6}{Ra^{1/6}} \tag{8-88}$$

式中，$\dot{q}''$为单位面积上顶棚射流与顶棚之间的对流热流量，kW/m^2；Pr 为普朗特常数；Ra 为羽流的瑞利常数，由下式计算。

$$Ra=\frac{g\dot{Q}_cH^2}{3.5pv^3}=\frac{0.027\dot{Q}_cH^2}{v^3} \tag{8-89}$$

对与空气相类似的气体来说，p 为环境绝对压力，v 为动力黏度。当应用这些表达式来解决实际热传递问题时，建议对顶棚高度进行校正以适应羽流的虚点源位置。使用式(8-88)时应注意，左边的热流参数与传统热传递的斯坦顿常数成比例，瑞利常数 Ra 与羽流雷诺常数 Re 的立方成比例，其中 Re 由羽流撞击点中心速度，特征羽流直径 $2b$，羽流中心温度的动力黏度来定义。式(8-88)适用于瑞利数为 $10^9\sim10^{14}$ 的弱羽流。对于火焰高度与顶棚高度之比较大的火焰，Kokkala 发现热传递速度比预计的要高许多倍，其中部分原因是热辐射的作用。

8.5.2.2 顶棚射流区(转向区之外)

在羽流方向改变区之外，顶棚射流的对流作用随着距羽流中心线的径向距离(半径)的增加而急剧降低。前面描述的 Yu 和 Faeth 的实验也用于确定顶棚射流对流换热随半径变化，见式(8-90)。

$$\frac{\dot{q}''H^2}{\dot{Q}_c}=0.04\left(\frac{r}{H}\right)^{-1/3} \quad 0.2\leqslant r/H<2.0 \tag{8-90}$$

依据 Reynolds 等人的类推研究成果，顶棚对流换热系数 h 与顶棚射流平均速率和密度有关，形式如下：

$$h=0.246\left(\frac{\dot{Q}_c}{H}\right)^{1/3}\left(\frac{r}{H}\right)^{-0.69} \quad 0.17\leqslant r/H<4.0 \tag{8-91}$$

8.5.3 非稳态燃烧

8.5.3.1 准稳态假设

对于非稳态燃烧的火灾，前面给出的稳态燃烧条件下获得的研究成果仍然可用，不过恒定的热释放速率 $\dot{Q}$ 要用随时间变化的热释放速率 $\dot{Q}(t)$来替代。在进行替代时，假设了一个准稳态流动，即火源的热释放速率发生变化时，其影响将立即在顶棚射流区域得到响应。在火灾缓慢增长的条件下，这种假设是合理的，即：

$$\frac{\dot{Q}}{\mathrm{d}\dot{Q}/\mathrm{d}t} > t_f - t_i \tag{8-92}$$

式中，t_i 为可燃物点火时间，$t_f - t_i$ 为烟气从燃烧物表面到达安设于顶棚的感温元件所需要的时间。在其他情况下，如果改变热释放速率所需要的时间与 $t_f - t_i$ 相当或者更小时，则准稳态假设将不适用。

8.5.3.2　火灾增长分析

实验证明，许多火灾在增长阶段其热释放速率可以用随时间变化的多项式或指数函数来描述，最广泛的研究和分析已经表明热释放速率随时间的平方变化。

由热释放速率变化的 t^2 模型可知，许多火灾的增长阶段其热释放速率随时间的变化可以用下式描述：

$$\dot{Q} = \alpha(t - t_i)^2 \tag{8-93}$$

图 8-28 为一泡沫沙发点燃后其热释放速率发展过程图示，点火时间约为 80 s，火灾发展系数 α 为 0.173 6，火灾发展速度接近于极快速火灾。其热释放速率随时间的增长过程可用下式描述。

$$\dot{Q} = 0.173\,6(t - 80)^2 \tag{8-94}$$

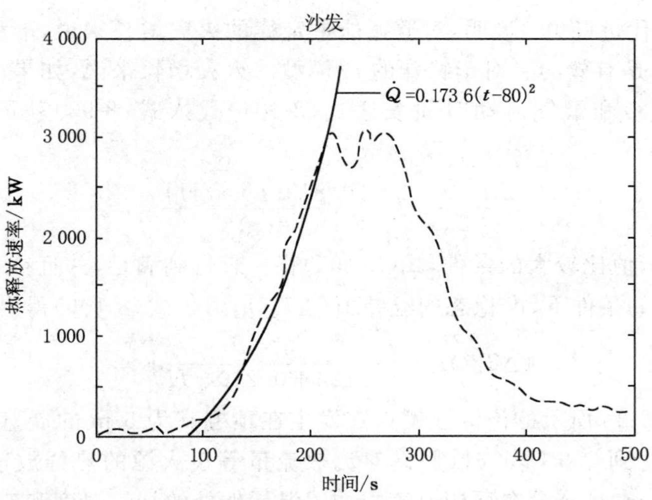

图 8-28　沙发热释放速率随时间的增长

Heskestad 等人在不同尺寸木垛的实验基础上，对木垛实验的热释放速率进行修正，使用了羽流对流热流量，并将研究结果推广到其他类型的可燃物。顶棚射流的最大温差和最大速度可以用下列无量纲关系式描述，无量纲变量由上标星号标出。

$$\Delta T_2^* = 0 \quad t_2^* \leqslant (t_2^*)_f \tag{8-95}$$

$$\Delta T_2^* = \left(\frac{t_2^* - (t_2^*)_f}{0.126 + 0.210r/H}\right)^{4/3} \quad t_2^* > (t_2^*)_f \tag{8-96}$$

$$\frac{U_2^*}{\sqrt{\Delta T_2^*}} = 0.59(r/H)^{-0.63} \tag{8-97}$$

其中：

$$t_2^* = \frac{t - t_i}{(Aa_c H^{-4})^{-1/5}} \tag{8-98}$$

$$U_2^* = \frac{U}{(Aa_c H)^{1/5}} \tag{8-99}$$

$$\Delta T_2^* = \frac{(T - T_\infty)/T_\infty}{(Aa_c)^{2/5} g^{-1} H^{-3/5}} \tag{8-100}$$

$$A = \frac{g}{\rho_\infty c_p T_\infty} \tag{8-101}$$

$$a_c = \frac{\dot{Q}_c}{(t - t_i)^2} \tag{8-102}$$

$$(t_2^*)_f = 0.813\left(1 + \frac{r}{H}\right) \tag{8-103}$$

注意到式(8-96)中，无量纲的时间 t_2^* 减去了时间$(t_2^*)_f$，这个减少量说明了热烟气从燃烧物表面沿着顶棚到达 r/H 处的流动时间为 $t_f - t_i$。对于点火后小于$(t_2^*)_f$ 的无量纲时间，高温热烟气的前锋仍未达到 r/H 处，因此气体温度仍然是环境的温度值，见式(8-95)。在无量纲项中，通过使用式(8-103)中的 t_2^* 的定义，烟气的流动时间由下式确定。

$$t_f - t_i = H^{4/5} \frac{0.813(1 + r/H)}{(Aa_c)^{1/5}} \tag{8-104}$$

把方程(8-93)代进(8-92)说明：对遵循能量定律的火灾增长来说，准稳态假设在点燃后的足够长时间内总是有效的。对于特殊的 t^2 模型的火灾增长来说，如果准稳态分析是适用的，那么把式(8-102)和烟气流动时间表达式(8-104)代入式(8-93)就可以导出下面的不等式。

$$\frac{t - t_i}{2} > H^{4/5} \frac{0.813(1 + r/H)}{(Aa_c)^{1/5}} \tag{8-105}$$

如果满足 $t - t_i$ 值比较大的条件，式(8-105)将一直得到满足，并且符合准稳态的限制条件。在 $t_2^* \gg (t_2^*)_f$ 的条件下，准稳态的温差值$(\Delta T_2^*)_{qs}$可由式(8-106)得出。

$$(\Delta T_2^*)_{qs} = \left(\frac{t_2^*}{0.126 + 0.210 r/H}\right)^{4/3} \tag{8-106}$$

【例 8-8】 图 8-28 所示的泡沫沙发火灾发生在顶棚高为 5 m 的展览厅，随着火势的增长，当对流热流量达到 2.5 MW 时（假设对流热流量等于火源的热释放速率），试确定安装在距羽流中心线 4 m，且淹没在顶棚射流中的感温元件处的烟气温度和速度。

【解】 由式(8-94)计算可以得出，从沙发实际点燃时间 80 s 到热释放速率达到 2.5 MW(2 500 kW)的时间为：

$$2\,500 = 0.173\,6(t - 80)^2$$

$$(t - 80) \approx 20 \text{ s}$$

在这个问题中，在沙发点燃后 80 s 期间，由于热释放速率较低可忽略。这样沙发燃烧就可以从 80 s 开始，并且在随后的 120 s 时达到 2.5 MW。运用顶棚射流温度和速度的无量纲对应关系式(8-98)～(8-103)可计算出相关参数。

在展览厅沙发火灾的例子中，$T_\infty = 293$ K，$\rho = 1.20$ kg/m^3，$c_p = 1.0$ kJ/kg，$g = 9.8$ m/s^2，$\alpha_c = 0.173\,6$ kW/s^2，$A = 0.027\,8$ m^4/(kJ·s^2)，$H = 5$ m，$(t_2^*)_f = 1.46$，$t - t_i =$

120 s，$t_2^*=11.40$。对于 $t_2^*>(t_2^*)_f$ 的情况，用式(8-96)可计算无量纲顶棚射流温度：

$$\Delta T_2^*=\left[\frac{11.40-1.46}{0.126+0.210(4/5)}\right]^{4/3}\approx 109.3$$

用式(8-97)可计算无量纲顶棚射流速度：

$$U_2^*=0.59(4/5)^{-0.63}\sqrt{109.3}\approx 7.10$$

用式(8-100)和式(8-99)计算可得到设定位置处的顶棚射流温度和速度：

$$\Delta T=147\ ℃$$

$$T=147+20=167\ ℃$$

$$U=3.37\ \mathrm{m/s}$$

用式(8-106)的准稳态分析代替火灾分析计算得出相对应的烟气温度为 197 ℃。

8.5.4　感温元件的响应时间

本节的感温元件主要指安装在顶棚的定温火灾探测器和自动喷水灭火系统的闭式喷头，包括玻璃球和易溶合金喷头。

8.5.4.1　稳态火灾分析

由前文的稳态燃烧分析可知，顶棚射流温度主要取决于火源的热释放速率 $\dot{Q}$、顶棚高度 H 和距羽流中心线的距离 r。式(8-75)和式(8-76)可以用来预测安装在顶棚下的感温元件的响应时间，前提条件是能够计算出传递给感温元件的热量。当然，在已知感温元件的额定动作温度 T_D，利用 $T\geqslant T_D$ 的条件很容易确定火源的最小热释放速率，这个最小热释放速率将会激发固定温度的感温元件。这样由式(8-75)和式(8-76)对 $r>0.18H$ 的情况得出：

$$\dot{Q}_{min}=r(H(T_L-T_\infty)/5.38)^{3/2} \tag{8-107}$$

对于 $r\leqslant 0.18H$ 的情况得出：

$$\dot{Q}_{min}=((T_L-T_\infty)/16.9)^{3/2}H^{5/2} \tag{8-108}$$

【例 8-9】 一工业建筑的顶棚高度为 10 m，感温探测器在顶棚下的安装间距为 6 m，环境温度 $T_\infty=20$ ℃，感温探测器额定动作温度 $T_D=60$ ℃，试计算感温探测器安装位置处烟气温度达到感温探测器额定动作温度时的最小火源热释放速率。

【解】 由于探测器的安装间距为 6 m，则从羽流中心线到任一探测器探器的最大距离为：

$$r=(2\times 6^2)^{1/2}/2\approx 4.24\ \mathrm{m}$$

这样，在最不利的情况下火源的最小热释放速率为：

$$Q_{min}=4.24(10\times(60-20)/5.38)^{3/2}\approx 2\,700\ \mathrm{kW}$$

但需要注意的是，上例中计算结果只是使感温探测器安装位置处的烟气温度上升到感温探测器额定动作温度所需的最小火源热释放速率。要使面积 A 为的感温元件达到额定动作温度，则要求感温元件必须暴露于温度超过 T_D 的热烟气中。根据对流换热的牛顿公式，面积为 A 的感温元件在热烟气中对流换热流量为，

$$\dot{q}=h\cdot A\cdot\Delta T \tag{8-109}$$

式中，h 为强迫对流热换热系数，kW/(m^2·K)，它是雷诺数和普朗特常数的函数；ΔT 为热烟气和感温元件之间的温差，K。

由对流传热理论可导出感温元件的在稳态火灾的响应时间，其计算公式为，

$$t=-\frac{Mc_p}{Ah}\ln(1-\Delta T_D/\Delta T) \tag{8-110}$$

式中，M 为感温元件的质量，kg；c_p 为感温元件的比定压热容，kJ/(kg·K)；$\Delta T_D = T_D - T_\infty$；$\Delta T = T - T_\infty$。

感温探测器的时间常数 τ 为

$$\tau = \frac{Mc_p}{Ah} = -\frac{t}{\ln(1-\Delta T_D/\Delta T)} \tag{8-111}$$

上式中的$\frac{Mc_p}{A}$比较容易计算，但要计算 h 值是非常困难的。但在强迫对流条件下，内部导热热阻较小的薄板，$h \propto Re^{1/2}$，由此可得出 $H \propto U^{1/2}$，即 $\tau \propto U^{-1/2}$。Heskestad 等人为描述喷头的热响应而引进了响应时间指数 RTI 的概念，其定义如下：

$$RTI = \tau U^{1/2} \tag{8-112}$$

上式中的响应时间指数 RTI 可由标准实验得出，如 ISO 6182、UL 199 等。实验时将感温元件置于（如闭式喷头）温度恒定、流速稳定的热气环境中，测定静态动作温度为 T_D 的感温元件的动作时间，先由式(8-111)计算出感温元件的时间常数，再由式(8-110)计算出响应时间指数。

对于稳态火灾条件下标准感温元件动作时间的预测，需首先由式(8-77)或式(8-78)计算出感温元件处的烟气流速，接着用式(8-75)或式(8-76)计算出感温元件处的烟气温度，再用式(8-111)计算出感温元件的时间常数，最后用式(8-110)计算出感温元件的动作时间。

【例 8-10】 一商业建筑的顶棚高度为 5 m，自动喷水灭火系统喷头在顶棚下的安装间距为长 4 m、宽 3 m，环境温度 $T_\infty = 20$ ℃，喷头额定动作温度 $T_D = 68$ ℃，响应时间指数 $RTI = 150\ \mathrm{m^{1/2}s^{1/2}}$，试计算稳态火灾热释放速率为 3 MW 时喷头的动作时间。

【解】 由于喷头在顶棚下的安装间距为长 4 m、宽 3 m，则从羽流中心线到任一喷头的最大距离为

$$r = (3^2 + 4^2)^{1/2}/2 \approx 2.5\ \mathrm{m}$$

又由于 $r/H = 0.5 > 0.18$，则用式(8-78)计算喷头处的温差为

$$\Delta T = T - T_\infty = 5.38 \times \frac{3\,000^{2/3}/5^{5/3}}{0.2^{2/3}} \approx 121.5\ ℃$$

用式(8-78)计算喷头处的速度为

$$U = 0.195 \times \frac{(3\,000/5)^{1/3}}{0.2^{5/6}} \approx 2.93\ \mathrm{m/s}$$

用式(8-111)计算喷头的时间常数 τ 为

$$\tau = 150/2.93^{1/2} \approx 87.6\ \mathrm{s}$$

最后由式(8-110)计算喷头的动作时间为

$$t = -\tau\ln(1-\Delta T_D/\Delta T) = -87.6 \times \ln[1-(68-20)/121.5] \approx 35\ \mathrm{s}$$

应注意，在上述喷头动作时间预测中隐含了如下假设，即顶棚射流的厚度为顶棚高度的 6%～12%。而喷头安装在顶棚射流的最高温度和最大流速区。

8.5.4.2 非稳态火灾分析

由前面的非稳态火灾分析可知，实际火灾都要经历一个由小到大的发展过程，而用稳态火灾预测感温元件的动作时间将与实际情况有很大的差异。在基于非稳态火灾的准稳态假设基础上，Evans 和 Stroup 发展一个预测感温元件非稳态温升的数学模型，见式(8-113)。当计算感温元件的在火灾中的实际温度 $T_{D,t+\Delta t}$ 大于其额定动作温度 T_D 时，所对应的时间

即为感温元件在非稳态火灾中的动作时间。数学模型中参数 RTI 考虑了感温元件的吸热和环境供热的能力，外部环境的热量被模拟成强制对流，所涉及的顶棚射流温度和速度关系由式(8-75)～式(8-78)给出。该方法被写成计算程序 DETACT-QS，放在火灾区域模拟软件 CFAST 3.7 版的工具栏内，用于预测感温探测元件在非稳态火灾中的动作时间。在预测中火灾的热释放速率可以根据实验曲线给出，也可以根据实际情况由模型 t^2 给出。

$$T_{\mathrm{D},t+\Delta t}=T_{\mathrm{D},t}+1/\{T_{t+\Delta t}-T_{\mathrm{D},t}[1-\exp(-1/\tau)]\}+(T_{t+\Delta t}-T_t)[\exp(-1/\tau)+(1/\tau)-1]\tau \tag{8-113}$$

式中，T_t 为感温元件 t 处时刻的顶棚射流温度，℃；$T_{t+\Delta t}$ 为感温元件处时刻的顶棚射流温度，℃；$T_{\mathrm{D},t}$ 为感温元件在时刻的温度，℃；$T_{\mathrm{D},t+\Delta t}$ 为感温元件在 $t+\Delta t$ 时刻的温度，℃；τ 为感温元件的时间常数，s，由式(8-111)给出。

由于上述模型是在准稳态假设下得出，当热释放速率变化较快时这种假设将影响精确性。模型还假定顶棚射流和羽流是不受限制的，顶棚射流的厚度为卷吸距离的 6%～12%，感温元件安设在顶棚射流的最高温度和最大流速区。设置于墙壁上或靠近墙壁的感温元件，其实际动作时间将较预测值的滞后，这是因为顶棚射流速度在墙壁或墙壁与顶棚交汇处能量发生损失，这种损失在房间拐角处尤为明显。此外还应注意的是，该模型只能预测定温感温元件的动作时间。

【例 8-11】　一商业建筑的顶棚高度为 5 m，自动喷水灭火系统喷头在顶棚下的安装间距为长 4 m、宽 3 m，环境温度 $T_\infty=20$ ℃，喷头额定动作温度 $T_D=68$ ℃，响应时间指数 $RTI=150\ \mathrm{m}^{1/2}\mathrm{s}^{1/2}$，火灾按快速火发展，试计算喷头的动作时间及该时刻所对应的火源热释放速率。

【解】　由于喷头在顶棚下的安装间距为长 4 m、宽 3 m，则从羽流中心线到任一喷头的最大距离为

$$r=(3^2+4^2)^{1/2}/2\approx 2.5\ \mathrm{m}$$

又由于 $r/H=0.5>0.8$，则可用式(8-76)和式(8-78)计算随火灾发展每一时刻喷头处的顶棚射流温度和速度，由式(8-111)计算对应时刻的时间常数。最后由式(8-113)迭代计算出对应时刻的喷头温度，迭代终止的条件是 $T_{\mathrm{D},t+\Delta t}\geqslant T_{\mathrm{D}}$。

由本题的条件计算得：喷头达到额定动作温度 68 ℃的时间，即喷头的动作时间为 206 s，该时刻对应的火源热释放速率 $\dot{Q}=2$ MW，顶棚射流温度 $T_{\mathrm{t}}=121.4$ ℃，顶棚射流速度 $U_{\mathrm{t}}=2.62$ m/s。

8.6　开口流动

火灾释放出的大量热会引起热气体的扩散。房间里火引起的热膨胀会把室内的气体驱出房间，气体流出房间所通过的开口又称为通风口。

着火房间最常见的通风口就是被打开的门和开着的或被破坏了的窗，同时通风管道也是排出气体的重要途径。通常建筑物中房间的门和窗都是关着的，如果碰巧通风管道也被关闭了，那么气体只能通过门、窗周围的缝隙和管道或电线孔流出，这些孔洞就成了通风口。如果房间是密闭的，相对较小的火也会使室内的气压增大，最终使窗户或门破坏，甚至会使墙破坏。

气体只有在推动力的作用下才能流动。作用于气体的推动力只有气压和重力。重力的作用可使气体产生垂直方向和水平方向的流动。垂直方向的流动是指气体通过地板或顶篷的孔、洞等水平通风口的流动;水平方向的流动是指气体通过门、窗等竖直通风口的流动。直接或间接由重力引起的气体流动称为浮力流。

当通风口两端的压力不同的时候,压力差会推动流体(液体或气体)从其中通过。目前,只能通过大型计算机才能实现对严格遵守基本自然法则的流动进行精确计算。而如果运用流体动力学方法进行计算,其精度完全可以达到目前对火灾研究和其他工程应用的需要。虽然这些公式是近似公式,但公式中的通过大量实验得到的流动系数使它们达到了足够的精度。

通风口流动是火灾发展和火灾模拟的基础,在火灾区域模拟方法中无论是质量守恒方程还是能量守恒方程都和通风口的流动密不可分。例如,流入着火房间的空气是可燃物燃烧发展的必要条件,热烟气通过通风口流向室外或相邻房间,不仅将烟气带走,而且还将带走大量的对流热。

8.6.1 着火房间内外气体流动分析的简化

着火房间内外气体的实际流动过程十分复杂,运用流体动力学方法对其进行求解时需要对实际问题进行一定简化,从而能够推导出满足工程实际需要的数学表达式。对着火房间内的烟气状态,目前有两种假设模型,一种是单区域模型,另一种是两区域模型。

单区域模型:假设着火房间内气体(烟气)的状态是均质的,即房间内任一点的气体温度、压力、密度均相同。单区域模型虽然和实际火灾情况有所差异,但如果着火房间发生轰燃后其烟气状态基本趋于一致,符合单区域模型的假设条件。

两区域模型:将着火房间分为上下两个区域,上部为热烟气层,下部为冷空气层,热烟气层和冷空气层之间通过羽流联系在一起。在热烟气层和冷空气层中气体的状态是均质的。在火灾发展阶段大部分着火房间的烟气分布情况可简化为两区域模型。目前较为成熟火灾区域模拟软件均采用两区域模型。

着火房间内的气体压力变化相对于大气压来说是一无穷小量,例如一高度 5 m 的着火房间,烟气温度为 600 ℃,烟气密度为 $\rho_g = 0.404\ \text{kg/m}^3$,房间地板与顶棚之间的压力差为 $\Delta p = \rho_g gh = 0.404 \times 9.81 \times 5 \approx 19.8\ \text{Pa}$,相当于标准大气压的$(19.8/101\,325) \times 100\% \approx 0.02\%$。因此在实际应用时可将火灾气体(包括热烟气和冷空气)视为不可压缩流体是可行的。通常为了分析问题方便,首先将火灾气体视为不可压缩理想流体,利用伯努利方程导出气体通过房间开口流动的速度表达式,然后在求解气体质量流量时引进流动系数来修正实际气体在流动过程的阻力损失。在如图 8-29 所示的不可压缩理想流体流管中,1、2 两截面间气体流动能量变化用贝努利方程可表示为:

$$p_1 + \frac{1}{2}v_1^2\rho_1 + h_1\rho_1 g = p_2 + \frac{1}{2}v_2^2\rho_2 + h_2\rho_2 g \tag{8-114}$$

式中,p_1、p_2 分别为 1、2 两截面处大气压力,Pa;v_1、v_2 分别为 1、2 两截面处气体的速度,m/s;h_1、h_2 别为 1、2 两截面中心点相对于某一基准面的高差,m。

方程(8-114)中如果气体是静止的,则 1、2 两截面间的压差可表示为:

$$\Delta p = p_1 - p_2 = h_2\rho_2 g - h_1\rho_1 g \tag{8-115}$$

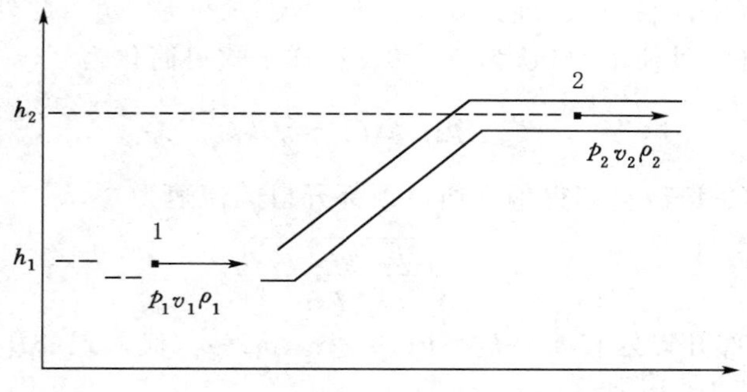

图 8-29　流体流管示意图

8.6.2　单区域竖直上下开口的气流流动

8.6.2.1　质量流量的确定

图 8-30 为单区域上下开口气体流动图示，着火房间内气体（烟气）的状态是均质的，在房间一侧墙面的上部和下部分别开有高度较小的口。由于着火房间内烟气的温度 T_g 大于室外空气的温度 T_a，致使着火房间内烟气的密度 ρ_g 小于室外空气的密度 ρ_a，致使着火房间内气体压力 p_1 随房间高度的变化相对于室外气体压力随房间高度变化要小，其结果是着火房间内的烟气通过顶部开口排向室外，而室外的冷空气由底部开口流向室内。

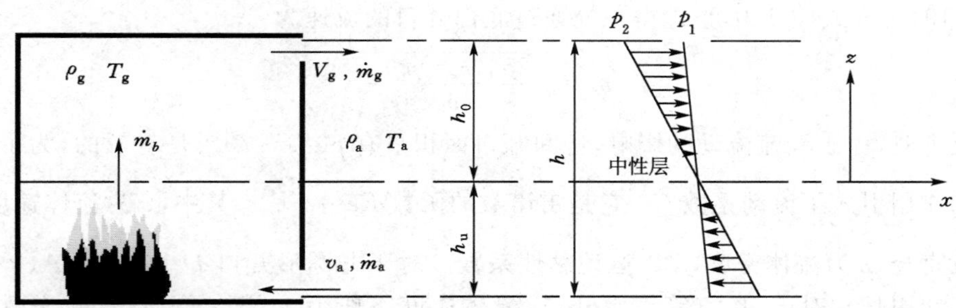

图 8-30　单区域竖直上下开口气体流动图示

实验证明，在着火房间内外垂直地面的某一高度上，必将出现室内外压力差为零，即室内外压力相等的情况，通过该高度的水平面成为该着火房间的中性层。在中性层以下，室外空气的压力总高于着火房间内气体的压力；而在中性层以上，着火房间内气体的压力总高于室外空气的压力。

在房间顶部和底部开口处，由于开口高度较小，可近似认为开口处房间内外的压差不随高度变化，且分别等于距中性层高度为 h_0 和 h_u 处房间内外的压差。这样在房间顶部开口处有 $h_1 = h_2 = h_0$、$\rho_1 = \rho_g$、$\rho_2 = \rho_a$，代入式(8-115)得房间顶部开口处房间内外气体压差为

$$\Delta p_0 = h_0(\rho_a - \rho_g)g \tag{8-116}$$

式中，h_0 为房间顶棚距中性层的高度，m。

在房间顶部开口水平截面处沿流线列出烟气由房间内向室外流动的伯努利方程如下：

$$p_1 + \frac{1}{2}v_1^2\rho_1 + h_1\rho_1 g = p_2 + \frac{1}{2}v_2^2\rho_2 + h_2\rho_2 g$$

上式中由于在同一水平面沿流线方向，故 $h_1=h_2=h_0$、$\rho_1=\rho_2=\rho_g$。此外着火房间内的烟气是由一较大空间向开口处流动，可认为 $v_1=0$。这样上式可简化为

$$p_1-p_2=\Delta p_0=\frac{1}{2}v_g^2\rho_g \tag{8-117}$$

将式(8-116)代入式(8-117)整理得烟气通过顶部开口的流速为

$$v_g=\sqrt{\frac{2h_0(\rho_a-\rho_g)g}{\rho_g}} \tag{8-118}$$

同理，在房间底部开口处有 $h_1=h_2=h_u$、$\rho_1=\rho_a$、$\rho_2=\rho_g$，代入式(8-115)得房间底部开口处房间内外气体压差为

$$\Delta p_u=h_u(\rho_a-\rho_g)g \tag{8-119}$$

式中，h_u 为房间地板距中性层的高度，m。

在房间底部开口水平截面处沿流线列出室外空气向房间内流动的伯努利方程如下：

$$p_1+\frac{1}{2}v_1^2\rho_1+h_1\rho_1 g=p_2+\frac{1}{2}v_2^2\rho_2+h_2\rho_2 g$$

上式中由于在同一水平面沿流线方向，故 $h_1=h_2=h_u$、$\rho_1=\rho_2=\rho_a$。此外室外空气是由一较大空间向开口处流动，可认为 $v_1=0$。这样上式可简化为

$$p_1-p_2=\Delta p_u=\frac{1}{2}v_a^2\rho_a \tag{8-120}$$

将式(8-119)代入式(8-120)整理得空气通过底部开口的流速为

$$v_a=\sqrt{\frac{2h_u(\rho_a-\rho_g)g}{\rho_a}} \tag{8-121}$$

在火灾时，由于湍流流动的影响，房间开口面积只有60%～70%是有效的，为了描述湍流流动的作用引入了流动系数 C_d，它是雷诺数的函数 $Re=\frac{vD\rho}{\mu}$。其中，v 为流体速度，D 为开口等效直径，ρ 为流体密度，μ 为运动黏性系数。对于非圆形开口 $D=4A/U$，A、V 分别为开口面积和周长。对于门、窗等正常开口，流体速度一般为1～5 m/s，计算雷诺数大约为 10^6，$C_d>0.6$。对于缝隙流动(如门窗的缝隙，$h/b=0.01/1$)，流体速度为1～5 m/s时，计算雷诺数大约为 10^3，$C_d<0.7$。实际应用时流动系数 C_d 的取值范围为0.6～0.7。引入流动系数来修正实际气体通过开口流动的阻力损失后，通过开口流动的质量流量可用下式表示。

$$\dot{m}=C_d A v\rho \tag{8-122}$$

将式(8-118)和式(8-121)代入上式可得出烟气通过顶部开口排向室外的质量流量 $\dot{m}_g$ 和空气通过底部开口流向室外的质量流量 $\dot{m}_a$ 为

$$\dot{m}_g=C_d A_0\rho_g\sqrt{\frac{2h_0(\rho_a-\rho_g)g}{\rho_g}} \tag{8-123}$$

$$\dot{m}_a=C_d A_u\rho_a\sqrt{\frac{2h_u(\rho_a-\rho_g)g}{\rho_a}} \tag{8-124}$$

式中，A_0、A_u 分别为顶部和底部通风口的面积，m^2。

8.6.2.2 中性层位置的确定

中性层位置 h_0、h_u 确定后即可用式(8-123)和式(8-124)计算出通过房间开口的质量流量。在忽略可燃物的质量损失速率后，根据质量守恒定律烟气通过顶部开口排向室外的质

量流量 $\dot{m}_g$ 和空气通过底部开口流向室外的质量流量 $\dot{m}_a$ 相等，即

$$\dot{m}_g = \dot{m}_a \tag{8-125}$$

将式(8-123)和式(8-124)代入上式得：

$$A_0 \rho_g \sqrt{\frac{2h_0(\rho_a - \rho_g)g}{\rho_a}} = A_u \rho_a \sqrt{\frac{2h_u(\rho_a - \rho_g)g}{\rho_a}} \tag{8-126}$$

由上式解得

$$\frac{h_u}{h_0} = \left(\frac{A_0}{A_u}\right)^2 \frac{\rho_g}{\rho_a} \tag{8-127}$$

将 $h_0 = h - h_u$ 代入上式解得

$$h_u = \frac{\left(\frac{A_0}{A_u}\right)^2 \frac{\rho_g}{\rho_a}}{1 + \left(\frac{A_0}{A_u}\right)^2 \frac{\rho_g}{\rho_a}} \cdot h \tag{8-128}$$

$$h_0 = \frac{1}{1 + \left(\frac{A_0}{A_u}\right)^2 \frac{\rho_g}{\rho_a}} \cdot h \tag{8-129}$$

8.6.3　单区域竖直连续开口的气流流动

火灾时如果假设着火房间内热烟气和冷空气均匀混合，则着火房间内的热烟气及室外的冷空气通过开启门窗的对流流动过程可简化为如图 8-31 所示的单区域竖直连续开口的气流流动。这种单区域模型与火灾初期的发展过程具有较大的差异，但如果着火房间较小，且在轰燃条件下单区域模型与火灾实际过程较为吻合。

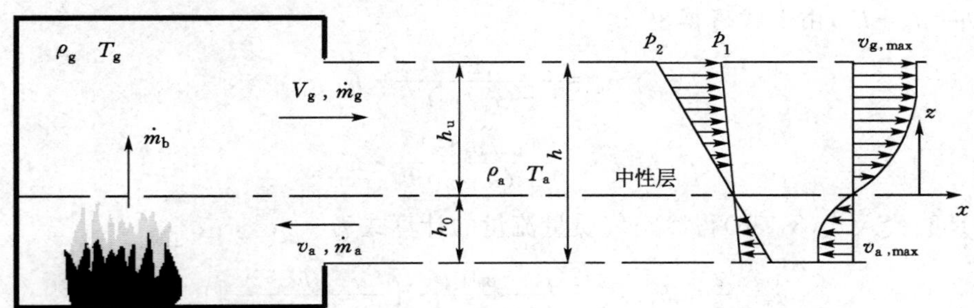

图 8-31　单区域竖直连续开口气体流动图示

8.6.3.1　质量流量的确定

由上节的分析可知，在着火房间垂直地面的某一高度上，将形成一中性层。在中性层以上烟气通过开口向室外流动，在中性层以下冷空气通过开口向室内流动。这样热烟气或冷空气通过开口某一微元流动质量可用下式描述

$$\dot{m} = C_d \int_A \rho v(z) \mathrm{d}A \tag{8-130}$$

式中，$v(z)$为高度 z 处热烟气或冷空气的流动速度，m/s；$\mathrm{d}A$ 为微元的面积，$\mathrm{d}A = b_V \mathrm{d}z$，$\mathrm{m}^2$；$b_V$ 为通风口宽度，m。这样式(8-130)可改写为

$$\dot{m} = C_d \int_0 b_V \rho v(z) \mathrm{d}z \tag{8-131}$$

高度 z 处热烟气或冷空气的流动速度可表示为

$$v_g(z)=\sqrt{\frac{2z(\rho_a-\rho_g)g}{\rho_g}} \tag{8-132}$$

$$v_a(z)=\sqrt{\frac{2z(\rho_a-\rho_g)g}{\rho_a}} \tag{8-133}$$

将式(8-132)代入式(8-131)得热烟气通过中性层上部开口质量流量的积分表达式为

$$\dot{m}_g = C_d b_V \rho_g \sqrt{\frac{2(\rho_a-\rho_g)g}{\rho_g}}\int_0^{h_u}\sqrt{z}\,dz \tag{8-134}$$

上式积分得热烟气通过竖直开口的质量流量计算式为

$$\dot{m}_g=\frac{2}{3}C_d b_V \rho_g \sqrt{\frac{2(\rho_a-\rho_g)g}{\rho_g}}h_u^{\frac{3}{2}} \tag{8-135}$$

同理我们可得到冷空气通过竖直开口的质量流量计算式为

$$\dot{m}_a=\frac{2}{3}C_d b_V \rho_a \sqrt{\frac{2(\rho_a-\rho_g)g}{\rho_a}}h_0^{\frac{3}{2}} \tag{8-136}$$

8.6.3.2　中性层位置的确定

(1) 不考虑可燃物的质量损失速率

在忽略可燃物的质量损失速率后，根据质量守恒定律烟气通过顶部开口排向室外的质量流量 $\dot{m}_g$ 和空气通过底部开口流向室外的质量流量 $\dot{m}_a$ 相等。由式(8-135)和式(8-136)得

$$\left(\frac{h_0}{h_u}\right)^{\frac{3}{2}}=\left(\frac{\rho_a}{\rho_g}\right)^{\frac{1}{2}} \tag{8-137}$$

考虑到 $h=h_u+h_0$，由上式可得出

$$h_u=\frac{1}{1+(\rho_a/\rho_g)^{1/3}}\cdot h \tag{8-138}$$

$$h_0=\frac{(\rho_a/\rho_g)^{1/3}}{1+(\rho_a/\rho_g)^{1/3}}\cdot h \tag{8-139}$$

将式(8-138)代入式(8-136)得冷空气质量流量的计算式为

$$\dot{m}_a=\frac{2}{3}C_d b_V \rho_a \sqrt{\frac{2(\rho_a-\rho_g)g}{\rho_a}}\cdot\left(\frac{h}{1+(\rho_a/\rho_g)^{1/3}}\right)^{3/2} \tag{8-140}$$

将开口面积 $A_V=b_V h$ 代入上式得

$$\dot{m}_a=\frac{2}{3}C_d \rho_a A_V\sqrt{h}\sqrt{2g}\sqrt{\frac{(\rho_a-\rho_g)/\rho_a}{[1+(\rho_a/\rho_g)^{1/3}]^3}} \tag{8-141}$$

上式中 $A_V=bVh$ 为通风口面积，$A_V\sqrt{h}$ 为通风因子，它是一个表征着火房间通风状态和燃烧方式的重要参数。通风因子较小时，着火房间内外通风条件不好，对燃烧来讲表现为供氧不足，因此燃烧方式为通风控制；当通风因子足够大时，着火房间内外通风自由，房间内燃烧与开放空间已无本质差别，此时燃烧方式为燃料表面积控制。

令式(8-141)中的 $\sqrt{\frac{(\rho_a-\rho_g)/\rho_a}{[1+(\rho_a/\rho_g)^{1/3}]^3}}$ 为密度系数，$\frac{T_a}{T_g}$ 为温度比，由于 $\frac{\rho_g}{\rho_a}=\frac{T_a}{T_g}$，则

$$\sqrt{\frac{(\rho_a-\rho_g)/\rho_a}{[1+(\rho_a/\rho_g)^{\frac{1}{3}}]^3}}=\sqrt{\frac{1-T_a/T_g}{[1+(T_g/T_a)^{\frac{1}{3}}]^3}}$$

在环境温度为 293 K，温度比为 1～5 时的密度系数与温度的关系绘于图 8-32。在温度比为 2.72 时(相当于环境温度 293 K，烟气温度 800 K)密度系数达到最大值 0.214。之后，随着温度比的增加，密度系数变化很小。取密度系数为 0.2、$C_d=0.7$、$g=9.81\ \mathrm{m/s^2}$、$\rho=1.2\ \mathrm{kg/m^3}$。式(8-141)可简化为

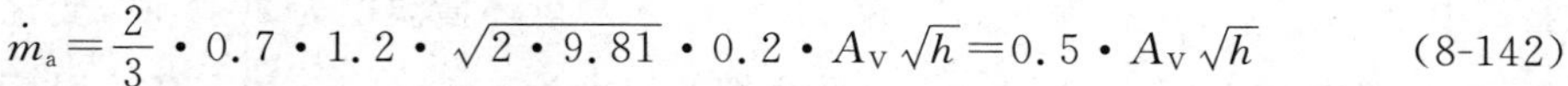

$$\dot{m}_a=\frac{2}{3}\cdot 0.7\cdot 1.2\cdot\sqrt{2\cdot 9.81}\cdot 0.2\cdot A_V\sqrt{h}=0.5\cdot A_V\sqrt{h} \tag{8-142}$$

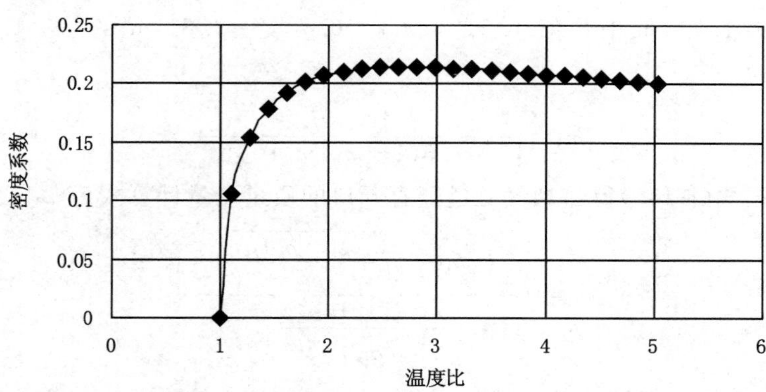

图 8-32　温度系数与温度比的关系

(2) 考虑可燃物的质量损失速率

在考虑可燃物的质量损失速率 $\dot{m}_b$ 后，由质量守恒定律可得：

$$\dot{m}_g=\dot{m}_a+\dot{m}_b \tag{8-143}$$

即

$$\dot{m}_g=\dot{m}_a+\dot{m}_b=\frac{2}{3}C_d b_V\rho_g\sqrt{\frac{2(\rho_a-\rho_g)g}{\rho_g}}h_u^{\frac{3}{2}} \tag{8-144}$$

式(8-144)与式(8-136)两端相除得

$$\frac{\dot{m}_a+\dot{m}_b}{\dot{m}_a}=\left(\frac{h_u}{h_0}\right)^{\frac{3}{2}}\sqrt{\frac{\rho_g}{\rho_a}} \tag{8-145}$$

即

$$\frac{h-h_0}{h_0}=\left(\frac{(\dot{m}_a+\dot{m}_b)/\dot{m}_a}{\sqrt{\rho_g/\rho_a}}\right)^{2/3} \tag{8-146}$$

由式(8-146)可解得距中性层上下高度分别为

$$h_u=\frac{h}{1+\left(\frac{\dot{m}_a/(\dot{m}_a+\dot{m}_b)}{\sqrt{\rho_a/\rho_g}}\right)^{2/3}} \tag{8-147}$$

$$h_0=\frac{h}{1+\left(\frac{(\dot{m}_a+\dot{m}_b)/\dot{m}_a}{\sqrt{\rho_g/\rho_a}}\right)^{2/3}} \tag{8-148}$$

将式(8-148)代入式(8-136)得冷空气通过竖直开口的质量流量计算式为

$$\dot{m}_a=\frac{\frac{2}{3}C_d b_V \rho_a \sqrt{\frac{2(\rho_a-\rho_g)g}{\rho_a}}h^{3/2}}{\left[1+\left(\frac{(\dot{m}_a+\dot{m}_b)/\dot{m}_a}{\sqrt{\rho_g/\rho_a}}\right)^{2/3}\right]^{3/2}} \tag{8-149}$$

上式中$\sqrt{(\rho_a-\rho_g)/\rho_a}$在烟气温度为600～1 200 ℃，环境温度为20 ℃时，变化范围为0.81～0.89，取平均值0.85。$(1/\sqrt{\rho_g/\rho_a})^{2/3}$在烟气温度为600～1 200 ℃，环境温度为20 ℃时，变化范围为1.44～1.71，取平均值1.6。取$C_d=0.7$、$g=9.81\ \mathrm{m/s^2}$、$\rho=1.2\ \mathrm{kg/m^3}$。式(8-149)可简化为

$$\dot{m}_a=\frac{2.1A_V\sqrt{h}}{\left[1+1.6(1+\dot{m}_b/\dot{m}_a)^{2/3}\right]^{3/2}} \tag{8-150}$$

将式(8-147)代入式(8-135)得热烟气通过竖直开口的质量流量计算式为

$$\dot{m}_g=\frac{\frac{2}{3}C_d b_V \rho_g \sqrt{\frac{2(\rho_a-\rho_g)g}{\rho_g}}h^{3/2}}{\left[1+\left(\frac{\dot{m}_a/(\dot{m}_a+\dot{m}_b)}{\sqrt{\rho_a/\rho_g}}\right)^{2/3}\right]^{3/2}} \tag{8-151}$$

上式中$\sqrt{(\rho_a-\rho_g)/\rho_g}$在烟气温度为600～1 200 ℃，环境温度为20 ℃时，变化范围为1.43～1.75，取平均值1.61。$(1/\sqrt{\rho_a/\rho_g})^{2/3}$在烟气温度为600～1 200 ℃，环境温度为20 ℃时，变化范围为0.70～0.62，取平均值0.65。ρ_g在烟气温度为600～1 200 ℃，环境温度为20 ℃时，变化范围为0.40～0.30，取平均值0.35。取$C_d=0.7$、$g=9.81\ \mathrm{m/s^2}$。式(8-151)可简化为

$$\dot{m}_g=\frac{1.1A_V\sqrt{h}}{\left[1+0.65\left(\frac{\dot{m}_a}{\dot{m}_a+\dot{m}_b}\right)^{2/3}\right]^{3/2}} \tag{8-152}$$

式(8-149)和式(8-151)中，方程两端都含有所求变量，无法求解。按照化学反应的当量比，燃烧R kg的燃料需要$\tilde{r}$ kg的空气，产生$(R+\tilde{r})$ kg的产物(烟气)。如果燃烧过程不按化学当量比进行，则

$$R(\text{燃料})+\frac{\tilde{r}}{\Phi}(\text{空气})\Rightarrow\left(R+\frac{\tilde{r}}{\Phi}\right)(\text{烟气}) \tag{8-153}$$

式中，Φ为空气改善系数，如果$\Phi<1.0$表现为空气过剩，即出现燃料控制燃烧过程；如果$\Phi>1.0$表现为空气不足，即出现通风控制燃烧过程。由上述关系式得出：

$$\frac{\dot{m}_g}{\dot{m}_a}=1+\frac{\dot{m}_b}{\dot{m}_a}=\frac{R+\frac{\tilde{r}}{\Phi}}{\frac{\tilde{r}}{\Phi}}=1+\frac{\Phi}{\frac{\tilde{r}}{R}}=1+\frac{\Phi}{r} \tag{8-154}$$

式中，$r=\tilde{r}/R$表示在化学当量比燃烧条件下，每消耗1 kg燃料所需要的空气量。燃料的质量损失速率$\dot{R}$是火灾负荷、几何条件、通风条件等参数的函数。表8-5给出了化学当量比燃烧条件下每消耗1 kg燃料所需空气量的实验结果。假设$\frac{\Phi}{r}$是已知的，则式(8-149)和式(8-151)可表示为：

$$\dot{m}_a=\frac{2}{3}C_dA_Vh^{\frac{1}{2}}\cdot\frac{\rho_a\left[2g\left(1-\frac{\rho_g}{\rho_a}\right)\right]^{\frac{1}{2}}}{\left[1+\left(\frac{\rho_a}{\rho_g}\right)^{\frac{1}{3}}\left(\frac{r+\Phi}{r}\right)^{\frac{2}{3}}\right]^{\frac{3}{2}}} \tag{8-155}$$

$$\dot{m}_g=\frac{2}{3}C_dA_Vh^{\frac{1}{2}}\cdot\frac{\rho_g\left[2g\left(\frac{\rho_a}{\rho_g}-1\right)\right]^{\frac{1}{2}}}{\left[1+\left(\frac{\rho_g}{\rho_a}\right)^{\frac{1}{3}}\left(\frac{r}{r+\Phi}\right)^{\frac{2}{3}}\right]^{\frac{3}{2}}} \tag{8-156}$$

表 8-5　化学当量比燃烧条件下每消耗 1 kg 燃料所需要的空气量

材料	热值 /(kW・h/kg)	H_u/r /(kW・h/kg 空气)	r /(kg 空气/kg)
木材	4.8	0.93	8.16
石煤	9.3	0.814	11.43
PVC—软	8.0	0.828	6.04
聚乙烯	12.2	0.814	14.99
聚苯乙烯	11.1	0.836	13.28
聚亚氨脂	6.7	0.894	7.49
汽油	11.9	0.884	13.46
燃料油(重油)	11.7	0.890	13.15
甲烷	13.9	0.808	17.20
氢气	33.6	0.977	34.39

【例 8-12】　在一个平均温度为 T_g＝1 000 K 的着火房间，可燃物木材按化学当量比燃烧，试计算火灾过程中木材的质量损失速率。已知木材的 r＝5.16 kg 空气/kg，Φ＝1.0，环境温度 T_0＝293 K，C_d＝0.7。

【解】　由表 8-5 可以查得，木材在化学当量比燃烧条件下 r＝5.16 kg 空气/kg，取 Φ＝1.0，环境温度 T_0＝293 K，ρ_a＝1.2 kg/m³，C_d＝0.7，代入式(8-152)计算可得

$$\dot{m}_a=0.472\cdot A_V\sqrt{h}$$

由此可得木材的质量损失率为

$$\dot{m}_b=\dot{m}_a/r=0.472/5.16\cdot A_V\sqrt{h}=0.091A_V\sqrt{h}\ \text{kg/s}=5.5A_V\sqrt{h}\ \text{kg/min}$$

【例 8-13】　一个房间通过一扇高 2 m、宽 0.9 m 的门和外界环境连通，可燃物为木材，环境温度为 20 ℃。试计算着火房间温度由 20 ℃上升到 1 000 ℃时，通风条件改善系数 Φ＝1.0、0.6、1.4 条件下房间中性层位置的变化，流进着火房间空气质量流量和流出着火房间烟气质量流量随温度的变化。将上述计算结果用图表的形式表示出来，并分析上述参数的变化规律。

【解】　由表 8-5 可以查得，木材在化学当量比燃烧条件下 r＝5.16 kg 空气/kg，取 Φ＝1.0、0.6、1.4，环境温度 T_0＝293 K，ρ_a＝1.2 kg/m³，C_d＝0.7，代入式(8-152)和式(8-153)计算可得出流进着火房间空气质量流量和流出着火房间烟气质量流量随温度的变化。计算结果可绘制成如图 8-33 所示的曲线族，从图中可以看出，空气质量流量和烟气质量流量随着

着火房间温度的升高而急剧增大，大约在 500 ℃时达到最大值，之后随着温度的升高略有下降，但变化较小。在相同着火温度条件下，空气质量流量随着 Φ 值的增大而减小，烟气的质量流量随着 Φ 值的增大而增大。在相同条件下烟气的质量流量大于空气的质量流量。

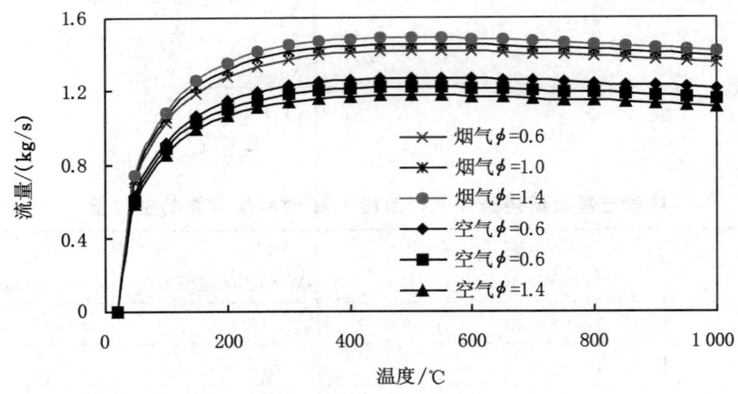

图 8-33 冷空气和热烟气通过着火房间竖直开口的质量流量随温度的变化

8.6.4 两区域竖直连续开口的气流流动

大量的火灾实验证明，在火灾发生初期至轰燃前这段时间内，热烟气积聚在房间顶部形成热烟气层，而冷空气在房间的底部形成冷空气层。假设在热烟气层和冷空气层内气体流动参数是均匀的，则着火房间内的热烟气及室外的冷空气通过开启门窗的对流流动过程可简化为如图 8-34 所示的两区域竖直连续开口的气流流动。

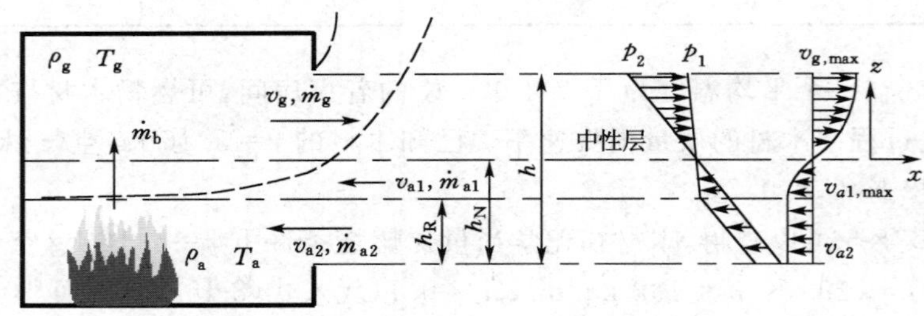

图 8-34 两区域竖直连续开口气体流动图示

8.6.4.1 质量流量的确定

由图 8-34 可以看出，冷空气通过开口向室内流动可分成两个区域。第一个区域为热烟气与冷空气层的交界面至中性层，即 $h_R-h_N \leqslant z \leqslant 0$，其中 h_N 为开口下檐至中性层的高度，h_R 为开口下檐至热烟气与冷空气层的交界面的高度。第二个区域为开口下檐至热烟气与冷空气层的交界面，即 $-h_N \leqslant z < h_R-h_N$。

在 $h_R-h_N \leqslant z \leqslant 0$ 区域，冷空气的流动速度为

$$v_{a1}(z)=\sqrt{\frac{2z(\rho_a-\rho_g)g}{\rho_a}} \tag{8-157}$$

冷空气通过该区域竖直开口流入室内的质量为

$$\dot{m}_{a1} = C_d\int_{h_R-h_N}^{0} b_V\rho_g v(z)\mathrm{d}z \tag{8-158}$$

式(8-154)代入上式积分得

$$\dot{m}_{a1}=\frac{2}{3}C_d b_V \rho_a \sqrt{\frac{2(\rho_a-\rho_g)g}{\rho_a}}(h_N-h_R)^{\frac{3}{2}} \tag{8-159}$$

在 $-h_N \leqslant z < h_R-h_N$ 区域，冷空气的流动速度保持不变，其表达式为

$$v_{a2}(z)=\sqrt{\frac{2z(\rho_a-\rho_g)g}{\rho_a}}=\sqrt{\frac{2(h_N-h_R)(\rho_a-\rho_g)g}{\rho_a}} \tag{8-160}$$

冷空气通过该区域竖直开口流入室内的质量为

$$\dot{m}_{a2}=C_d b_V h_R \rho_a v_{a2}(z)=C_d b_V h_R \rho_a \sqrt{\frac{2(h_N-h_R)(\rho_a-\rho_g)g}{\rho_g}} \tag{8-161}$$

则冷空气通过竖直开口流入室内的质量流量为

$$\dot{m}_a=\dot{m}_{a1}+\dot{m}_{a2}=\frac{2}{3}C_d b_V \rho_a \sqrt{\frac{2(\rho_a-\rho_g)g}{\rho_a}}\left[(h_N-h_R)^{\frac{3}{2}}+\frac{3}{2}h_R\sqrt{(h_N-h_R)}\right] \tag{8-162}$$

上式可简化为

$$\dot{m}_a=\frac{2}{3}C_d b_V \rho_a \sqrt{\frac{2(\rho_a-\rho_g)g}{\rho_a}}\sqrt{h_N-h_R}\left(h_N+\frac{1}{2}h_R\right) \tag{8-163}$$

与单区域模型相比，两区域模型中的质量流量计算公式(8-160)有 h_N 和 h_R 两个未知数，通过质量守恒方程 $\dot{m}_g=\dot{m}_a+\dot{m}_b$ 无法求解。在建筑火灾排烟问题的实际计算中，经常假设冷空气层的高度为已知，即要保证冷空气层的高度大于人的平均身高，从而为人员的安全疏散提供有利条件。例如，在高大空间内可假定冷空气层高度为 2.5 m，在高度较小的房间内可假定冷空气层高度为 2.0 m。在冷空气层高度不变的条件下，热烟气的排放量必须达到该高度处的羽流质量流量，即

$$\dot{m}_p=\dot{m}_g=\dot{m}_a+\dot{m}_b \tag{8-164}$$

羽流质量流量的计算可采用羽流模型，如 Zukoski 模型(1)$\dot{m}_p=0.071\dot{Q}^{1/3}z^{5/3}$。

8.6.4.2　两区域模型的应用特例——屋顶开口

图 8-35 为两区域模型的应用特例——屋顶开口气体流动图示。冷空气从房间底部开口流入室内，而热烟气通过房间屋顶的水平开口自然排出。这样的实例在实际排烟设计中经常遇到，如在工业库房中房间底部的门为进风口，而自然排烟口安全在库房屋顶。

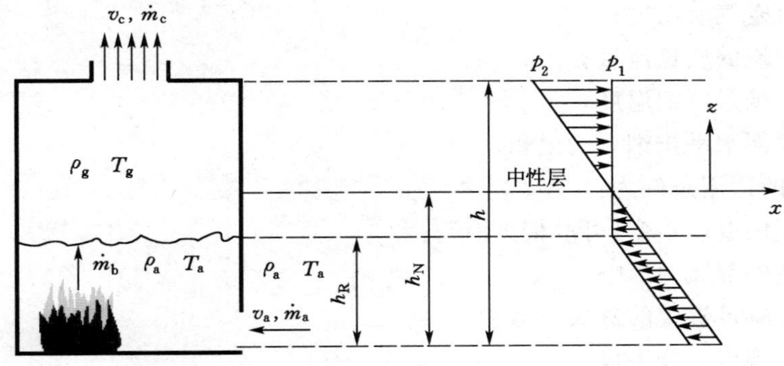

图 8-35　两区域顶部开口气体流动图示

在屋顶水平开口处，着火房间内外的压差为

$$\Delta p_c=(h-h_N)(\rho_a-\rho_g)g \tag{8-165}$$

热烟气通过水平开口垂直向上流动的速度为

$$v_c=\sqrt{\frac{2(h-h_N)(\rho_a-\rho_g)g}{\rho_g}} \tag{8-166}$$

热烟气通过水平开口的质量流量为

$$\dot{m}_c=C_dA_c\rho_g\sqrt{\frac{2(h-h_N)(\rho_a-\rho_g)g}{\rho_g}} \tag{8-167}$$

式中，A_c 为屋顶水平开口的面积，m^2。

在房间底部竖直开口处，着火房间内外的压差为

$$\Delta p_u=(h-h_R)(\rho_a-\rho_g)g \tag{8-168}$$

冷空气通过竖直开口向室内流动的速度为

$$v_a=\sqrt{\frac{2(h_N-h_R)(\rho_a-\rho_g)g}{\rho_a}} \tag{8-169}$$

冷空气通过竖直开口的质量流量为

$$\dot{m}_a=C_dA_u\rho_a\sqrt{\frac{2(h_N-h_R)(\rho_a-\rho_g)g}{\rho_a}} \tag{8-170}$$

在忽略可燃物质量损失速率条件下，由质量守恒定律知，$\dot{m}_a=\dot{m}_c$，即

$$A_c\sqrt{\rho_g}\sqrt{h-h_N}=A_u\sqrt{\rho_a}\sqrt{h_N-h_R} \tag{8-171}$$

由上式可解得中性层高度为

$$h_N=\frac{A_c^2\rho_g h+A_u^2\rho_a h_R}{A_u^2\rho_a+A_c^2\rho_g} \tag{8-172}$$

将式(8-171)代入式(8-167)整理得热烟气质量流量表达式为

$$\dot{m}_c=\frac{\rho_aA_cC_d\sqrt{2g(h-h_R)(T_g-T_a)T_a}}{\sqrt{T_g^2+(A_c/A_u)^2T_aT_g}} \tag{8-173}$$

在保持冷空气层高度不变的条件下，$\dot{m}_p=\dot{m}_c$，由上式可计算屋顶水平排烟口的面积。计算步骤如下：

(1) 确定火源的热释放速率；

(2) 确定冷空气层高度；

(3) 计算羽流的质量流量；

(4) 计算热烟气层的温度；

(5) 计算顶部水平排烟口的面积。

式(8-163)的适用条件为：

(1) 热烟气层温度不变(可取最大值)；

(2) 不考虑外部风的影响；

(3) 底部应有足够大的进风口面积；

(4) 顶部排烟口不能进风。

第 9 章　室内火灾数值模拟

火灾的数值模拟对消防工程和火灾风险评估等具有重要的作用。现在一般采用两类数值模拟方法:区域模拟和场模拟(一种基于计算流体力学技术的方法)。区域模拟属于一种半经验半物理性质的模拟方法,主要基于一系列守恒方程,原理比较简单且较多地依赖于实验经验数据发展时间较长,应用比较早;而场模拟,需要在基本物理、化学定律的基础上对着火、燃烧速率、火焰传播、通风条件等火灾现象和过程进行建模,采用复杂的数值计算方法来进行精确的计算。

9.1　室内火灾的区域模拟方法

根据 Friedman 在 1991 的统计,世界范围内有 36 种计算机火灾模拟程序,其中 12 种是区域模拟。后来,Qlenick 和 Carpenter 在 2003 年有统计了一次,发现 10 多年间,出现了大量的火灾模拟程序,这中间又包括了区域模拟。正因为火灾区域模拟的原理简明易懂,难度较低,所以它一直是室内火灾数值模拟的入门内容。本章的重点就是介绍区域模拟的基本思想、控制方程和重要源项的处理,并介绍 CFAST 软件的应用。

9.1.1　区域模拟的基本方程

在实验中,可以观察到以下现象:点火后燃烧产物和被火焰卷吸的空气聚集在天花板下,形成热烟气层,而下层是仍处于室内环境状态的空气。实验中研究人员还发现,在火灾发展初期这两层有明显的分界面,而且每层的状态可以认为是一致的,如图 9-1 所示。于是在这种现象的基础上,人们发展出各种形式的区域模型,但这些模型的基本思路都是一样的,最具代表性的区域模型是两区域模型。区域模拟实际上就是把所研究的受限空间划分为不同的控制容积(即区域),并且假定各个过控制容积内的参数是均匀的。通常对于室内火灾的划分方式是两区域模型,即上层的热烟气区和下层的冷空气区。区域模拟是一种半经验半物理的模拟。

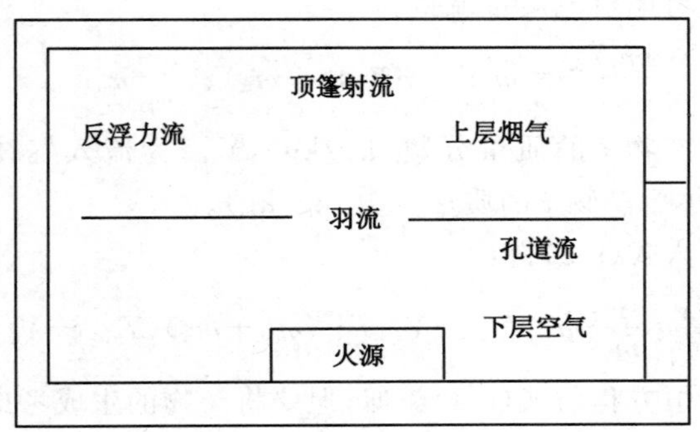

图 9-1　火灾房间中气体分层现象

9.1.1.1　质量守恒

图 9-2 表示轰燃前火灾房间的质量输运情况。图中房间的垂直壁面开有一个通风口，使得房间内外有质量输运和能量输运。任一时刻，某一层气体的质量可以表示为：

{积聚的质量}={流入的质量}-{流出的质量}

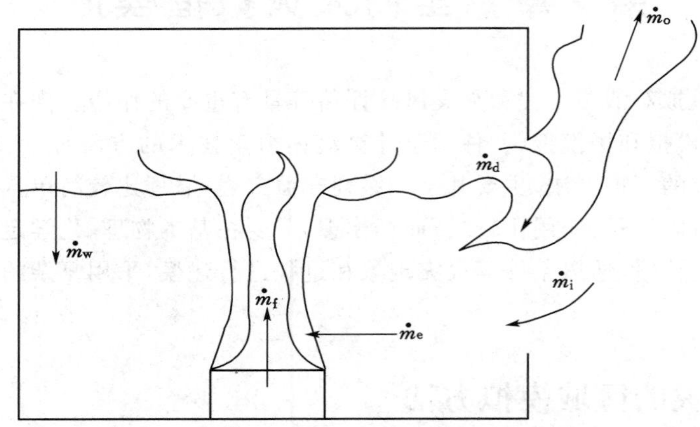

图 9-2　轰燃前火灾房间的质量输运

上层气体和下层气体的质量变化可分别由式(9-1)和式(9-2)表示：

$$\frac{\mathrm{d}m_l}{\mathrm{d}t}=\dot{m}_i+\dot{m}_w+\dot{m}_d-\dot{m}_e \tag{9-1}$$

$$\frac{\mathrm{d}m_u}{\mathrm{d}t}=\dot{m}_e+\dot{m}_f-\dot{m}_d-\dot{m}_w-\dot{m}_o \tag{9-2}$$

式中，m_l 为下层气体质量(kg)，$\dot{m}_i$ 为进入房间气体的质量流量(kg/s)，$\dot{m}_w$ 为墙壁射流的质量流量(kg/s)，$\dot{m}_d$ 为通风口回流质量流量(kg/s)，$\dot{m}_e$ 为火焰卷吸的质量流量(kg/s)，m_u 为上层气体质量(kg)，$\dot{m}_f$ 为燃料蒸汽质量流量(kg/s)，$\dot{m}_o$ 为上层气体流出房间的质量流量(kg/s)。

方程(9-1)、(9-2)的右边有许多源项，这些需要附加更多的关系式来进行求解。

9.1.1.2　组分守恒

将燃烧假设成简单的化学反应系统：1 kg 燃料＋s kg 氧化剂→(1＋s)kg 燃烧产物。燃烧产物中包含了 CO_2、H_2O 和烟尘等。在下层的气体中没有燃烧反应存在。式(9-3)中忽略气体的扩散作用而只考虑对流质量流量：

$$\frac{\mathrm{d}m_l Y_{i,l}}{\mathrm{d}t}=\dot{m}_i Y_{i,\infty}+(\dot{m}_w+\dot{m}_d)Y_{i,u}-\dot{m}_e Y_{i,l} \tag{9-3}$$

式中，$Y_{i,l}$为下层气体中产物 i 的质量分数(kg/kg)，$Y_{i,\infty}$ 为流入气体中产物 i 的质量分数(kg/kg)，$Y_{i,u}$为上层气体中产物 i 的质量分数(kg/kg)。

式(9-1)乘以 $Y_{i,l}$代入式(9-3)得：

$$\frac{\mathrm{d}Y_{i,l}}{\mathrm{d}t}=\frac{1}{m_l}[\dot{m}_i(Y_{i,\infty}-Y_{i,l})+(\dot{m}_w+\dot{m}_d)(Y_{i,\infty}-Y_{i,l})] \tag{9-4}$$

上层气体的组分守恒方程与式(9-4)类似，但要将产物的生成考虑进去：

$$\frac{\mathrm{d}m_u Y_{i,u}}{\mathrm{d}t}=\omega_i\dot{m}_f+\dot{m}_e Y_{i,l}-(\dot{m}_w+\dot{m}_d+\dot{m}_o)Y_{i,u} \tag{9-5}$$

式(9-5)减去式(9-2)乘以 $Y_{i,\mathrm{u}}$ 得：

$$\frac{\mathrm{d}Y_{i,\mathrm{u}}}{\mathrm{d}t}=\frac{1}{m_{\mathrm{u}}}[\dot{m}_{\mathrm{e}}(Y_{i,\mathrm{l}}-Y_{i,\mathrm{u}})+\dot{m}_{\mathrm{f}}(\omega_i-Y_{i,\mathrm{u}})] \tag{9-6}$$

9.1.1.3　能量守恒

图 9-3 表示轰燃前火灾房间的热量输运情况。对上下两层气体分别应用的热力学第一定律，同时假设房间内的压力与环境压力差别不大，温度介于环境温度和 1 500 K 之间，这样所有的气体都可以认为是理想气体。这就意味着热容仅仅是温度的函数，而混合气体中组分 i 的状态方程可写为：

$$p_iV=m_iR_iT \tag{9-7}$$

式中，p_i 为组分 i 的分压(Pa)，V 为组分 i 所占的体积(m^3)，m_i 为体积 V 中包含组分 i 的质量(kg)，R_i 为组分 i 的气体常数[J/(kg・K)]，T 为气体混合物的温度(K)。

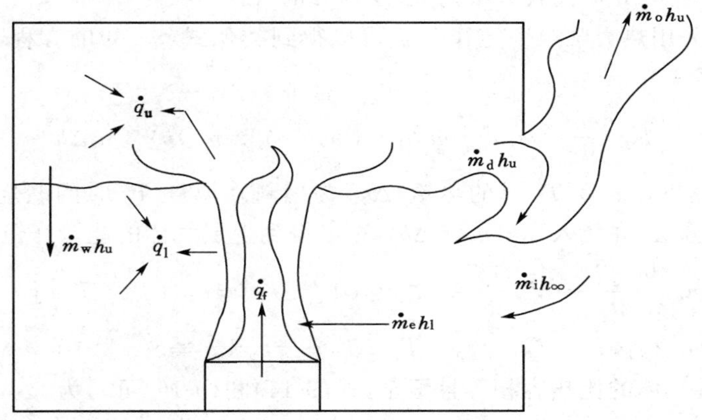

图 9-3　轰燃前火灾房间的能量输运

定压或定容条件下气体的比热容和理想混合气体的气体常数可表示为：

$$c_p(T)=\sum_{\text{所有组分}}Y_ic_{p_i}(T) \tag{9-8}$$

$$c_V(T)=\sum_{\text{所有组分}}Y_ic_{V_i}(T) \tag{9-9}$$

$$R=c_p-c_V(T)=\sum_{\text{所有组分}}Y_iR_i \tag{9-10}$$

以上 3 个方程可以用来计算某一温度下，气体的 c_p、c_V 和 R。

以火灾房间作为控制体，则由热力学第一定律有：

{系统内能的变化}={流入系统的净热焓}+{对系统的传热}-{系统所做的功}

由于下层气体没有化学反应，应用上面的关系得：

$$\frac{\mathrm{d}u_{\mathrm{l}}m_{\mathrm{l}}}{\mathrm{d}t}=(\dot{m}_{\mathrm{w}}+\dot{m}_{\mathrm{d}})h_u+\dot{m}_{\mathrm{i}}h_{\infty}-\dot{m}_{\mathrm{e}}h_{\mathrm{l}}+\dot{q}_{\mathrm{l}}-p_{\mathrm{l}}\frac{\mathrm{d}V_{\mathrm{l}}}{\mathrm{d}t} \tag{9-11}$$

式中，u_{l} 为下层气体的内能(kJ/kg)，h_{u} 为温度为 T_{u} 的上层气体的焓(kJ/kg)，h_{∞} 为温度为 T_{∞} 的流入气体的焓(kJ/kg)，$\dot{q}_{\mathrm{l}}$ 为传递到下层气体的净热量(kW)，p_{l} 为下层气体的压力(Pa)，V_{l} 为下层气体的体积(m^3)。

传递到下层的净热量 $\dot{q}_{\mathrm{l}}$ 主要包括地板由于受上层气体的热辐射作用加热后的对流传

热，以及顶棚和火焰的对流传热等。

理想气体的焓可以写为：

$$h(T)=h^0+c_p(T-T_0) \tag{9-12}$$

式中，h^0 为某一参考温度下的焓值，c_p 为气体在温度 T 和 T_0 之间的平均比定压热容。

由于下层气体无化学反应，故参考热焓遵循下列的关系：

$$h_1^0\frac{\mathrm{d}m_1}{\mathrm{d}t}=(\dot{m}_w+\dot{m}_d)h_u^0+\dot{m}_i h_\infty^0-\dot{m}_e h_1^0 \tag{9-13}$$

将式(9-12)代入式(9-11)减去式(9-13)及乘以式(9-2)得，

$$\left.\begin{aligned}&m_1\frac{\mathrm{d}c_{p,1}T_1}{\mathrm{d}t}-V_1\frac{\mathrm{d}p}{\mathrm{d}t}=(\dot{m}_w+\dot{m}_d)[c_{p,u}(T_u-T_0)-c_{p,1}(T_1-T_0)]+\\&\dot{m}_i[c_{p,\infty}(T_\infty-T_0)-c_{p,1}(T_1-T_0)]+\dot{q}_1\equiv\dot{S}_1\end{aligned}\right\} \tag{9-14}$$

上式中，下边 l、u 及∞分别代表下层、上层及外界的气体。

对上层气体采用热力学第一定律分析可以得到类似式(9-13)的方程，但是由于燃烧存在，实际上的关系式为，

$$h_u^0\frac{\mathrm{d}m_u}{\mathrm{d}t}=\dot{m}_e h_1^0+\dot{m}_f h_f^0-(\dot{m}_w+\dot{m}_d+\dot{m}_0)h^0-\dot{m}_f\Delta h_c \tag{9-15}$$

式中，h_f^0 为燃料蒸气在温度 T_0 时的热焓，Δh_c 为燃料在温度 T_0 时的燃烧热。采用与下层气体类似的推导方法，并代入 $\dot{q}_f\equiv\dot{m}_f\cdot\Delta h_c$，可以得到上层气体的能量守恒方程式，

$$\left.\begin{aligned}&m_u\frac{\mathrm{d}c_{p,u}T_u}{\mathrm{d}t}-V_u\frac{\mathrm{d}p}{\mathrm{d}t}=\dot{m}_e[c_{p,1}(T_1-T_0)-c_{p,u}(T_u-T_0)]+\\&\dot{m}_f[c_{p,f}(T_f-T_0)-c_{p,u}(T_u-T_0)]+\dot{q}_u+\dot{q}_f\equiv\dot{S}_u\end{aligned}\right\} \tag{9-16}$$

如果假设上、下层气体的比热容相等且恒定，式(9-14)和(9-16)可写为：

$$m_1c_p\frac{\mathrm{d}T_1}{\mathrm{d}t}-V_1\frac{\mathrm{d}p}{\mathrm{d}t}=(\dot{m}_w+\dot{m}_d)c_p(T_u-T_1)+\dot{m}_i c_p(T_\infty-T_1)+\dot{q}_1\equiv\dot{S}_1 \tag{9-17}$$

及

$$m_u c_p\frac{\mathrm{d}T_u}{\mathrm{d}t}-V_u\frac{\mathrm{d}p}{\mathrm{d}t}=\dot{m}_e c_p(T_1-T_u)+\dot{m}_f c_p(T_f-T_u)+\dot{q}_u+\dot{q}_f\equiv\dot{S}_u \tag{9-18}$$

引入关系式 $V_1+V_u=V$，并利用状态方程消去 T_1 和 T_u，式(9-17)和式(9-18)相加就得到压力方程

$$\frac{\mathrm{d}p}{\mathrm{d}t}=\frac{\dot{E}_u+\dot{E}_1+c_pT_1\frac{\mathrm{d}m_1}{\mathrm{d}t}+c_pT_u\frac{\mathrm{d}m_u}{\mathrm{d}t}}{\left(\frac{c_p}{R}-1\right)V}\equiv\frac{\dot{S}}{(\beta-1)V} \tag{9-19}$$

将式(9-19)代回到式(9-17)、式(9-18)得到两个温度方程，

$$\frac{\mathrm{d}T_1}{\mathrm{d}t}=\frac{T_1}{\beta pV_1}\left[\dot{E}_1+\frac{V_1\dot{S}}{V(\beta-1)}\right] \tag{9-20}$$

和

$$\frac{\mathrm{d}T_u}{\mathrm{d}t}=\frac{T_u}{\beta pV_u}\left[\dot{E}_u+\frac{V_u\dot{S}}{V(\beta-1)}\right] \tag{9-21}$$

由式(9-18)也可得到体积 V_u 的计算公式，

$$\frac{\mathrm{d}V_u}{\mathrm{d}t}=\frac{1}{\beta p}\left(\dot{E}_u+c_pT_u\frac{\mathrm{d}m_u}{\mathrm{d}t}-\frac{V_u\dot{S}}{V}\right) \tag{9-22}$$

以上式中，T_1 为下层气体的温度(K)，T_u 为上层气体的温度(K)，T_f 为火焰温度(K)，T_∞ 为环境温度(K)，$\dot{E}_1$ 为下层气体能量变化率(kJ/s)，$\dot{E}_u$ 为上层气体能量变化率(kJ/s)，$\dot{q}_u$ 为传给上层气体的净热量(kW)，$\dot{q}_f$ 为火源的释热速率(kW)，$\dot{q}_1$ 为传给下层气体的净热量(kW)，V_1 为下层气体的体积(m^3)，V_u 为上层气体的体积(m^3)。

这样就列出起火房间的质量方程和能量方程，再补充其他一些方程和源项的关系式，如 $V_1=V-V_u$ 等就可以构成封闭方程组，解这个方程组就可以得到火灾发展过程的有关参数 $p,T_1,T_u,m_1,m_u,V_u,V_1$ 等。

9.1.2　质量方程中的源项

以上控制方程中存在大量的源项需要确定，如火源的热释放速率 $\dot{q}_f$、质量损失速率 $\dot{m}_f$、卷吸气体的质量流量 $\dot{m}_e$、传热等。而这些源项在区域模拟中采用何种简化的理论公式、经验公式或实验数据来确定，对火灾过程中一些现象的不同简化处理，如墙壁导热、受限空间内的辐射、对流换热，气体流动等，使得最终的区域模拟程序变化非常多，用途也有所不同。因此，本书并不也无法一一列举各源项的确定方法和对模型的简化处理，仅举几个主要参数的合理化解决方法，至于其他的处理方法，读者可以参考本书的相关章节，也可以参考其他相关文献，并没有唯一的答案。

9.1.2.1　卷吸气体的质量流量

两区域模拟将受限空间分为上下两层，这两层气体的质量输运主要靠羽流的作用，羽流把燃烧产物和卷吸的周围的冷空气一起带到热烟气层，直接影响热烟气层的质量、能量和组分浓度，它是控制热烟气层变化的关键因素，羽流的强弱主要取决于火焰的释热速率和火焰与外界的热交换，同时也受火焰相对于壁面位置的影响。本书前面的章节就羽流的质量流量给出了很多公式，读者可以适当选用。这里给出沈浩和范维澄给出的一种方法，他们对羽流进行如下建模。

连续方程：

$$\frac{\mathrm{d}(AU_z)}{\mathrm{d}z}=\int_{L(z)}U_b\,\mathrm{d}L \tag{9-23}$$

动量方程：

$$\frac{\mathrm{d}(AU_z^2)}{\mathrm{d}z}=\frac{Ag(\rho_a-\rho)}{\rho} \tag{9-24}$$

能量方程：

$$\frac{\mathrm{d}}{\mathrm{d}z}[AU_z(T-T_a)]=0 \tag{9-25}$$

式中，z 表示竖直方向的坐标，$L(z)$表示羽流水平截面的周线，A 表示羽流的水平截面面积，U_b 表示位于羽流水平截面周线上与周线垂直的水平速度分量，向外为正。

如果羽流受壁面的影响，如图 9-4 所示，两个直壁面的夹角为 θ，在坐标原点放置一个释热速率为 $\dot{Q}$ 的点火源。假设壁面引起的黏性力对羽流的影响与浮力的影响相比可以忽略不计，这样壁面的存在使得羽流的水平截面成为一个顶角为 θ 半径为 b 的扇形。

这时，羽流的基本方程简化为：

$$\frac{\mathrm{d}(b^2U_z)}{\mathrm{d}z}=-2bU_b \tag{9-26}$$

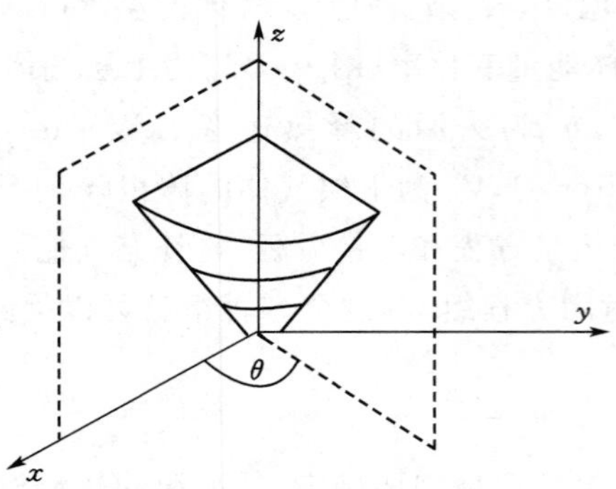

图 9-4　受壁面影响的羽流示意图

$$\frac{\mathrm{d}(b^2U_z^2)}{\mathrm{d}z}=\frac{b^2g(\rho_a-\rho_p)}{\rho_p} \tag{9-27}$$

$$\frac{\mathrm{d}}{\mathrm{d}z}[b^2U_z(T_p-T_a)]=0 \tag{9-28}$$

假设卷吸速度 U_b 与羽流速度 U_a 成正比，即

$$-U_b=\alpha U_z \tag{9-29}$$

式中，α 为比例常数，通常取为 0.1。

通过求解羽流基本方程，可以得到点羽流的卷吸量：

$$m_{\mathrm{ep}}=-\int_0^z\theta\, bU_b\rho_a\,\mathrm{d}z=c_0\left(\frac{\theta}{2\pi}\right)^{\frac{2}{3}}z^{\frac{5}{3}} \tag{9-30}$$

其中，

$$c_0=\frac{6}{5}\alpha\rho_a\pi^{\frac{2}{3}}\left(\frac{g\theta}{c_p\rho_aT_a}\right)^{\frac{1}{3}}\cdot\left(\frac{9}{10}\alpha\right)^{\frac{1}{3}} \tag{9-31}$$

$\theta=2\pi$，表示不存在壁面影响。对于相同释热速率的点火源，有壁面影响的羽流卷吸量与自由羽流卷吸量成正比，其比例系数为 $\left(\frac{\theta}{2\pi}\right)^{\frac{2}{3}}$，如果火源置于墙壁表面，则 $\theta=\pi$；如果火源置于互相垂直的两墙壁的交界处，则 $\theta=\pi/2$。

实际火灾中可燃物燃烧产生的火焰是有大小的，这是可以采用虚点源的方法来计算其卷吸量。由公式(9-32)，可求得有限尺寸火焰羽流的卷吸量。

$$m_{\mathrm{e}}=c_0\left(\frac{\theta}{2\pi}\right)^{2/3}(H_p^{5/3}-x_0^{5/3}) \tag{9-32}$$

式中，H_p 为虚点源到室内热烟气层的距离，x_0 为位于燃面之下的虚点源到燃面的距离。

9.1.2.2　通风口的质量流量

在火灾发展期间，气体在房间内的流动经过几个阶段：

(1) 着火后，烟气聚集在天花板下方。随着烟气层的下降，冷空气被排出通风口，如图 9-5(a)所示。

(2) 在某一个时刻，烟气层下降到通风口的上沿，但是上层气体的体积继续增大，此时上层、下层的气体流出房间，如图 9-5(b)所示。

(3) 接着，存在一个准稳态的过程，此时冷空气从房间的下部流进室内，而热烟气从开口的上部流出室外，如图 9-5(c)所示。

(4) 如果火灾增长到某一阶段(如轰燃)，流入的空气将不再受卷吸速度的控制，而受通风口尺寸大小的限制。

(5) 最后，火熄灭后，气体的发展过程由上述的第 2 步到第 1 步。

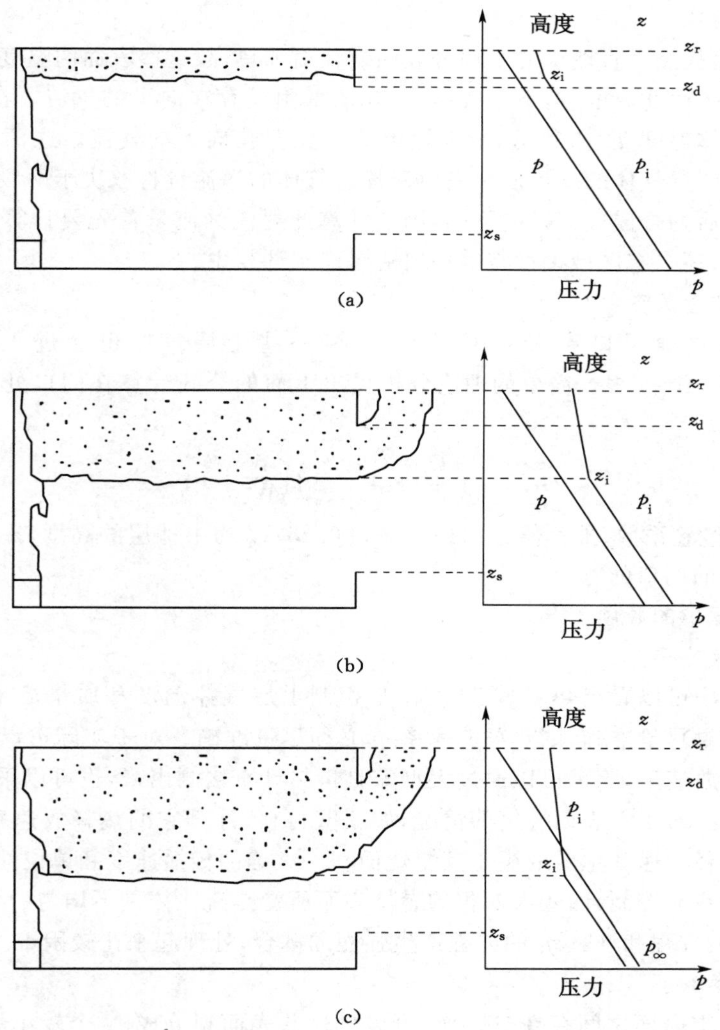

图 9-5　气体的流动状态

在大多数的室内火灾中，1、2 两种状态仅存在很短的时间(一般少于 30 s)，状态 3 占据较长的时间。图 9-5 还给出了各种状态时，室内外压力分布情况，流量可以根据贝努利方程得到。某一高度上的室内外压力差可以简单地表示为，

状态 1：

$$\Delta p(z)=\Delta p(0)+3\ 461z\left(\frac{1}{T_\infty}-\frac{1}{T_1}\right)\quad z_s\leqslant z\leqslant z_d \tag{9-33}$$

状态 2 及状态 3：

$$\Delta p(z)=\Delta p(0)+3\ 461z\left(\frac{1}{T_\infty}-\frac{1}{T_1}\right)\quad z_s\leqslant z\leqslant z_i=\frac{V_1}{A_i}\tag{9-34}$$

$$\Delta p(z)=\Delta p(z_i)+3\ 461z\left(\frac{1}{T_\infty}-\frac{1}{T_1}\right)\quad z_i\leqslant z\leqslant z_d\tag{9-35}$$

式中，A_i 为两层气体分界面面积，一般即为地板面的面积。

9.1.2.3　墙壁射流

在火灾中，地板及垂直墙壁的下部分表面被辐射加热，故这些表面的温度比下层气体的温度 T_l 要高一些，由此温度差，下层气体中，在墙壁附近存在向上的气流。在上层气体中，墙壁的温度比气体温度 T_u 来得低，故在墙壁表面又存在向下的气流。这两股由于自然对流产出的气流在两层气体的交界面出发生碰撞。气体的净流量将取决于两股气流的动量大小，一般来说，最后的合成气流是向下的，因此计算此射流的流量首先要计算两股气流的动量。但迄今为止，还未有区域模型将墙壁射流考虑到计算中。

9.1.2.4　回流质量流量

当冷空气通过通风口流入到下层空气时，一些上层气体也会进入下层气体中。Quintiere 和 McCaffrey 根据简单的理论分析提出下面的公式计算在门口处发生的回流质量流量：

$$\dot{m}_d=k_m\left(\frac{T_\infty}{T_u}\right)\left(1-\frac{z_i}{z_n}\right)\left(\frac{W}{W_0}\right)^n\dot{m}_i\tag{9-36}$$

式中，k_m 和 n 为经验系数，推荐值分别是 0.5 和 0.25；z_n 为中性层的高度，z_i 为回流气体的高度；W_0 是流出的门口的宽度。

9.1.3　能量方程中的源项

9.1.3.1　热释放速率

从控制方程中可以看出热释放速率 $\dot{q}_f$ 是控制上层气体温度和质量流量的关键参数。为了使预测的结果尽量准确，则热释放速率 $\dot{q}_f$ 必须尽量准确。对于实际可燃物(如桌子、椅子、床等)的热释放速率，除了可以通过大型家具量热计直接测出来，也可以采用小尺寸实验的数据加以推算。对于大表面燃烧的情况，如墙壁材料，计算它的热释放速率相当困难，这是由于此时的热释放速率主要取决于其燃烧面积。火焰的传播速度和单位面积上的热释放速率都受接受的热流控制，而较大面积的燃烧表面所受热流往往是不均匀的，必须分块进行计算。这样，守恒方程和计算 $\dot{q}_f$ 的方程产生强烈的耦合，处理起来比较困难。

9.1.3.2　其他参数

房间内的若干表面之间存在热交换，可以把这些表面划分成 N 个较小的表面，每个小表面的温度 $T_j(j=1,\cdots,N)$ 是一致的。在这 N 个表面中，有 M 个直接与上层气体接触，剩下的 $N-M$ 个与下层气体接触。在这 N 个表面外，还有一个与火焰接触的表面，它与其他表面不同，发射出的热辐射要比它从别的表面接收来的热辐射多得多。

火焰的热辐射比较难以用公式来计算，一般假设热释放速率的一定比例部分用于热辐射。故 N 个表面之间的热辐射可以用以下方程组求出来，

$$\sum_{j=1}^{N}\left[\frac{\delta_{kj}}{\varepsilon_j}-F_{kj}\tau_{kj}\ \frac{1-\varepsilon_j}{\varepsilon_j}\right]\dot{q}''_j=\sum_{j=1}^{N}\left[(\delta_{kj}-F_{kj}\tau_{kj})\sigma T_j^4-F_{kj}\alpha_{kj}T_u^4\right]-\frac{F_{fk}\tau_{fk}\chi_R\dot{q}_f}{A_k}-F_{kf}\alpha_{kf}\sigma T_u^4\tag{9-37}$$

式中，δ_{kj} 为张量积，ε_j 为表面的发射率，F_{kj} 为表面 k 和 j 之间的几何形态因子，τ_{kj} 为表面 k 通过气体辐射到表面 j 的分数，$\dot{q}''_j$ 为 j 表面发出的净辐射，α_{kj} 为表面 k 到表面 j 的辐射被上层气体吸收的部分，F_{fk} 为火焰表面和 k 表面之间的几何形态因子，τ_{fk} 为火焰通过上层气体辐射到表面 k 的分数，A_k 为 k 表面的面积，F_{kf} 为 k 表面和火焰表面之间的几何形态因子，α_{kf} 表面 k 到火焰的辐射被上层气体吸收的部分。

大多数的两区域模型一般只考虑两个表面，即广义的地板面和广义的天花板。广义的地板面包括房间的地板和与下层气体接触的墙壁，而广义的天花板包括顶棚和与上层气体接触的墙壁。这两个广义表面的温度分别是均匀一致的。这时，方程(9-37)就简化成 2 个式子，求解时可以参考本书第 4 章中的相关内容。

9.1.4 求解方法

构成区域模拟的方程组包含了常微分方程和一般方程，无法求得理论解，需要采用数值求解的方法，稍微有点麻烦。可以采用迭代 Jacobi 或 Gauss-Seidel 方法，或多维 Regula-Falsi 方法。

9.2 轰燃后的简化火灾模型

此处介绍的简化火灾模型适用于单个的矩形房间，有一个通风口与外界相连，除此之外还有下面的一些简化与假设条件：

(1) 房间内的气体和火焰经过充分混合，温度是均匀一致的，为 T_g；

(2) 气体和火焰的辐射发射率是一致的；

(3) 房间的内壁是灰体，发射率为 ε_w；

(4) 除了内墙壁和气体之间的辐射换热外还存在对流换热；

(5) 房间的外墙壁与外界温度为 T_∞ 的气体之间通过对流换热。

基于以上假设，房间的墙壁、地板和天花板的温度是一致的。房间内气体的温度 T_g 可以根据热平衡关系算出，如图 9-6 所示。

$$\dot{q}_c = \dot{q}_w + \dot{q}_o + \dot{q}_r + \dot{q}_g \tag{9-38}$$

式中，$\dot{q}_c$ 为热释放速率，$\dot{q}_w$ 为墙壁的热传导损失，$\dot{q}_o$ 为通风口的对流热损失，$\dot{q}_r$ 为通风口的辐射热损失，$\dot{q}_g$ 为气体存储能量的变化率。

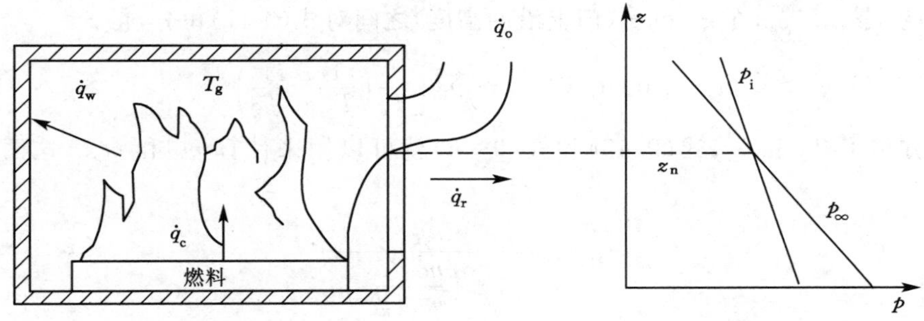

图 9-6 室内火灾完全发展后的热平衡及静压力分布

气体存储能量的变化率与 T_g 有关，且比方程(9-38)里边的其他项来得小，因此可以忽略不计，使问题简化成准稳态的。方程(9-38)右边所有项均为温度 T_g 的函数，所以该方程是关于 T_g 的非线性方程。

9.2.1 辐射热损失

辐射热损失 $\dot{q}_r$ 用下式计算，

$$\dot{q}_r = A\sigma(T_g^4 - T_\infty^4) \tag{9-39}$$

式中，A 为通风口的面积，σ 为波尔兹曼常数。

9.2.2 对流热损失

对流热损失等于通过通风口流出的气体所具有的焓，以 T_∞ 为参考温度，有，

$$\dot{q}_o = \dot{m}_o c_p (T_g - T_\infty) \tag{9-40}$$

式中，$\dot{m}_o$ 为流出热气体的质量流量，c_p 为气体的平均比热容。

此时，首先需要计算气体的质量流量。在房间内，气体的平均速度为 0。但在通风口处，气体的流进与流出受通风口两侧的静压差控制，如图 9-6 所示。有贝努利方程，有，

$$v(z) = \pm C\sqrt{2\frac{|p_i(z) - p_\infty(z)|}{\rho_d(z)}} \tag{9-41}$$

式中，C 为孔口流量系数，一般可取 0.68；$\rho_d(z)$ 为高度 z 处的气体密度。

引入中性层的概念，则室外气体压力可写为，

$$p_\infty(z) = p(z_n) + (z_n - z)\rho_\infty g \tag{9-42}$$

式中，ρ_∞ 为环境空气的密度，近似为 $\frac{352.8}{T_\infty}$，g 为重力加速度。代入具体的数值，上式化为，

$$p_\infty(z) = p(z_n) + (z_n - z)\frac{3\,461}{T_\infty} \tag{9-43}$$

同样的，室内气体的压力可写为，

$$p_i(z) = p(z_n) + (z_n - z)\frac{3\,461}{T_g} \tag{9-44}$$

假设速度在开口的宽度方向上是一致的，令 $\rho_d = \rho_\infty$，在 z_s(门槛高度)和 z_n 之间对式(9-41)积分，得，

$$\dot{M}_i = 1\,024CW(z_n - z_s)^{\frac{3}{2}}\left[\frac{1}{T_\infty}\left(\frac{1}{T_\infty} - \frac{1}{T_g}\right)\right]^{\frac{1}{2}} \tag{9-45}$$

同样的，令 $\rho_d = \rho_g$，在 z_n 和 z_d(门上沿的高度)之间对式(9-41)积分，得，

$$\dot{m}_0 = 1\,024CW(z_d - z_n)^{\frac{3}{2}}\left[\frac{1}{T_g}\left(\frac{1}{T_\infty} - \frac{1}{T_g}\right)\right]^{\frac{1}{2}} \tag{9-46}$$

只要知道了 T_g 和 z_n，式(9-45)和式(9-46)就可以用来计算 $\dot{m}_i$ 和 $\dot{m}_o$。这两式相除，可得，

$$z_d - z_n = \frac{H}{1 + \left(\frac{\dot{m}_i T_\infty^{1/2}}{\dot{m}_o T_g^{1/2}}\right)^{2/3}} \tag{9-47}$$

当气体温度在 600～1 000 ℃之间，$\dot{m}_i$ 是燃烧化学当量比的 1～2 倍时，上式近似为，

$$z_d - z_n \approx \frac{2}{3}H \tag{9-48}$$

将式(9-46)代入式(9-40)，$\dot{q}_o$ 变成 T_g 的非线性方程。

9.2.3　传导热损失

通过墙壁得到或损失的热量包含辐射和对流项，

$$\dot{q}_w = A_w[h_i(T_g - T_w) + \varepsilon_w \sigma (T_g^4 - T_\infty^4)] \tag{9-49}$$

式中，A_w 为内墙壁的面积；h_i 为对流换热系数，一般可取为 23 W/(m^2 · K)；T_w 为墙壁温度。对于混凝土建筑，ε_w 可取为 0.7。为了用上式计算 $\dot{q}_w$，还需要知道墙壁温度 T_w。此时，可以将该导热问题简化为一个一维热传导问题，即，

$$0 \leqslant x \leqslant L, t \geqslant 0: \frac{k}{\rho c}\frac{\partial^2 T}{\partial x^2} = \frac{\partial T}{\partial t} \tag{9-50}$$

$$0 \leqslant x \leqslant L, t = 0: T = T_\infty \tag{9-51}$$

$$X = 0, t \geqslant 0: -k\frac{\partial T}{\partial x} = h_i(T_g - T) + \varepsilon_w \sigma (T_g^4 - T^4) \tag{9-52}$$

$$x = L, t \geqslant 0: -k\frac{\partial T}{\partial x} = h_o(T_\infty - T) \tag{9-53}$$

式中，k 为导热系数，ρ 为墙壁材料的密度，c 为墙壁材料的比热容，T 为温度，L 为墙壁的厚度。

以上方程组可以采用有限差分法进行数值求解，请读者参考相应的书籍。

9.2.4　热释放速率

根据本书第 3 章的内容，对于木材，其在房间内燃烧的最大热释放速率为，

$$\dot{m}_{f,max} \approx 0.092A\sqrt{H} \tag{9-54}$$

如果考虑燃烧效率，则木材燃烧时的热释放速率为，

$$\dot{q}_c = \dot{m}_{f,max}\Delta h_{c,eff} \tag{9-55}$$

式中，$\Delta h_{c,eff}$ 为燃料的有效燃烧热。注意，根据式(9-54)和式(9-55)得到的是通风控制燃烧时木材燃烧热释放速率的上限值。

9.2.5　求解步骤

假设 t 时刻的墙壁温度分布和气体温度 T_g 已知，则根据以下两个步骤可以利用以上式子求出 $t+\Delta t$ 的温度值：

(1) 利用差分法求解时刻墙壁的温度；

(2) 代入式(9-39)、式(9-40)、式(9-46)、式(9-48)、式(9-49)和式(9-55)解由式(9-38)和墙壁表面温度差分方程组成的方程组。

9.3　CFAST 应用简介

9.3.1　CFAST 简介

CFAST 是由美国国家标准和技术研究所(NIST)的火灾研究中心开发的火灾模拟软件，是继 HAZARD Ⅰ 和 FASTLite 之后应用在火灾危险计算上的第二代软件。CFAST 是一个多室火灾模拟程序，是根据质量守恒、动量守恒和能量守恒等基本物理定律建立的。CFAST 建立的火灾模型是建立在双区域模型理论基础之上的，着火房间被划分为两个控制体，即上部烟气层和下部的冷空气层。

CFAST 的用户界面如图 9-7 所示，菜单栏中有通常使用的“FILE”(文件)，“RUN”(运行)，“TOOL”(工具)，“VIEW”(查看)和“HELP”(帮助)五个菜单选项。“文件”菜单栏用来新建、打开和保存文件，“运行”菜单中可对火灾进行模拟和打开可视化程序(smokeview)的模拟结果，“工具”菜单中可以打开可燃物和传热的介质的编辑界面，设置各种物理量的单位，“查看”菜单可以查看输入文件和输出文件，“帮助”菜单提供用户使用说明。

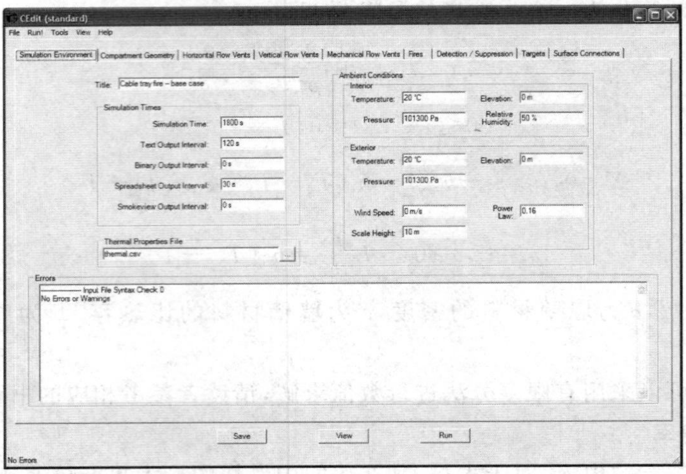

图 9-7　CFAST 用户界面

有关火灾场景的设置是通过 simulation environment(环境参数模块)、compartment geometry(房间参数模块)、horizontal flow vents(水平通风模块)、vertical flow vents(垂直通风模块)、mechanical flow vents(机械排烟模块)、fire(火源设定模块)、detection/suppression(喷头及火灾探测器模块)、targets(目标物模块)、surface connection(房间交界面设定模块)等九个模块完成的。在设置完火灾场景后按“Run”按钮进行模拟计算。

9.3.2　运行实例

本书通过模拟一所普通的小型民用住宅火灾来简要介绍 CFAST 的使用过程，该住宅如图 9-8 所示：

这所民用住宅由一个房间和一个阳台组成，房间长 4 m，宽 6 m，高 3 m；房间有两扇门，一扇通向室外，一扇通向阳台，通向室外的门距左侧墙壁 2 m，通向阳台的门距左侧墙壁 0.5 m，尺寸都是 1.2 m 宽，2 m 高；通向阳台还有一扇窗户，其下沿离地高度为 1 m，上沿高 2 m，窗户宽 2 m，与左边门的右侧相距 0.3 m；阳台长 4 m，宽 2 m，高 3 m，并有对外的窗户，下沿距地高度为 1 m，开口高度为 1.5 m，从墙的左侧贯穿到右侧。该房间中有一张沙发和一台电视，现使用 CFAST 模拟沙发着火后的室

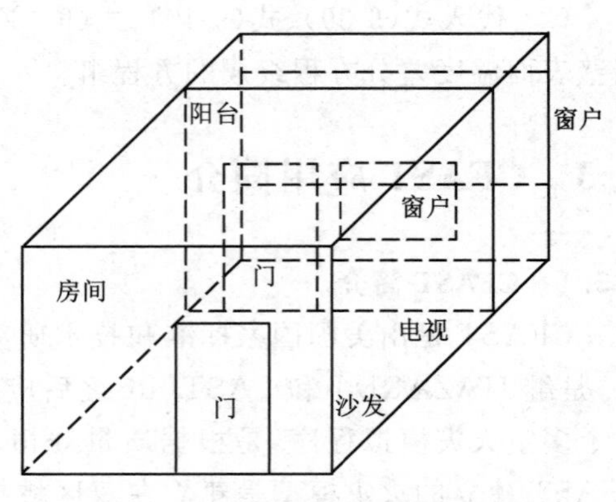

图 9-8　住宅立体简图

内火灾发展过程。

9.3.2.1　火灾模拟场景设置

(1) 首先打开 CFAST，进入到 CFAST 界面的 Simulation Environment（环境参数模块）界面中，如图 9-7 所示：

在界面里，可以在 title 中填写名称对每次模拟进行标注；在 Simulations 对话框中对模拟时间，电子表格输出的时间间隔，SMokeview 输出的时间间隔等进行设置；在 Ambient Conditions 对话框对周围的环境参数进行设置，包括室内室外的温度、压强、湿度和相对位置高度，室外风速等参数。图 9-9 和图 9-10 是本例的相关设置。

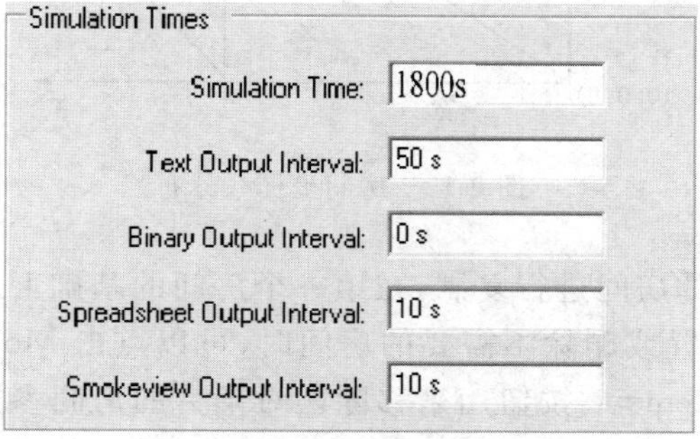

Simulation Times
Simulation Time: 1800s
Text Output Interval: 50 s
Binary Output Interval: 0 s
Spreadsheet Output Interval: 10 s
Smokeview Output Interval: 10 s

图 9-9　有关时间的设置

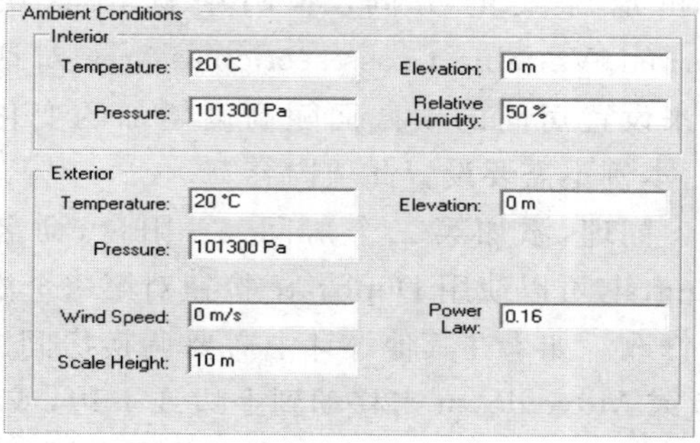

Ambient Conditions
Interior
Temperature: 20 °C　Elevation: 0 m
Pressure: 101300 Pa　Relative Humidity: 50 %
Exterior
Temperature: 20 °C　Elevation: 0 m
Pressure: 101300 Pa
Wind Speed: 0 m/s　Power Law: 0.16
Scale Height: 10 m

图 9-10　室内外环境初始状态参数设置

(2) 点击 Compartment Geometry，进入到房间参数设置模块，如图 9-11 所示：

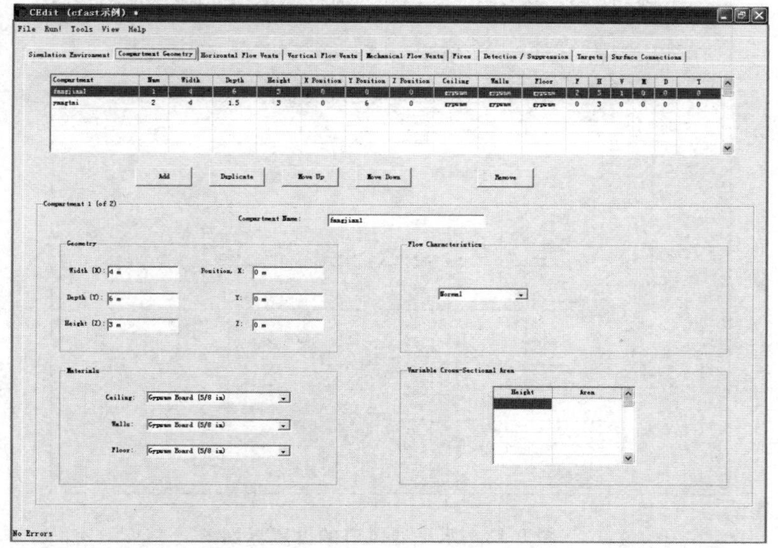

图 9-11　房间参数模块界面

在这个模块中可以添加房间，建立着火空间，并对房间的尺寸、材料、类型和横截面进行设置。本例中，点击 Add，添加第一个房间，在 Compartment Name 窗口中命名该房间为 fangjian1，按照要求在 Geometry 对话框中输入房间的尺寸和坐标。在 CFAST 中，房间的位置坐标设置如图 9-12 所示，以房间的左下方靠前的位置点为坐标原点，第一个房间的坐标位置是(0,0,0),其他房间的位置就应该是左下方靠前墙角在第一个房间的坐标系中坐标值。

在 Materials 对话框中,对房间的屋顶、地板和墙壁的材料进行设置,这里都将它们设置为常用的 Gypsum Board(5/8 in)(石膏板);Flow Characteristic 对话框用来选择房间的类型,Normal 表示正常的房间,即采用双区域理论的房间模型,Shaft 和 Corridor 分别表示竖井和走廊式的房间,本例中选用默认值 normal;Variable Cross-sectional Area 对话框用来设置房间的横截面随高度增加的变化情况,本例不需要设置此项内容。

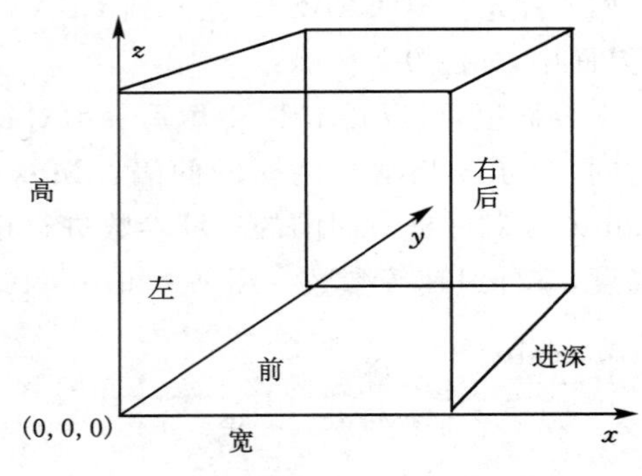

图 9-12　房间坐标系分布

同理,添加第二个房间——阳台,命名为 yangtai,可以使用 Duplicate 按钮对第一个添加的房间进行复制,在第一个房间的基础上进行修改。如果在其他设计中需要调换房间的位置或删除不需要的房间时,可以点击 Move up 或 Move down 来移动到上边或下边,或用 Remove 按钮用来移除。对阳台的房间参数按照要求进行设置,显然阳台的位置坐标应该是(0,6,0)。

(3) 点击 Horizontal Flow Vents,对房间的水平通风口进行设置,包括通风口的位置、尺寸、开口情况等,如图 9-13 所示:

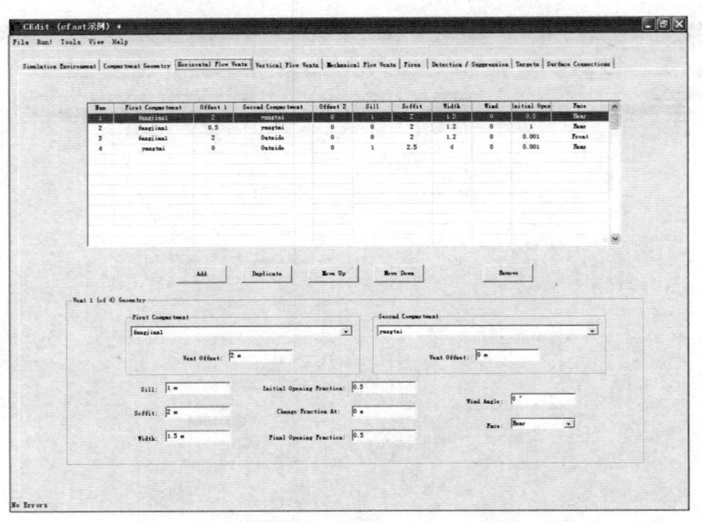

图 9-13　水平通风口的设置界面

通风口的添加与房间参数模块相同,点击 Add,进行添加。

Vent Offset 表示通风口与在右下角 Face 框中选定值对应的墙壁的偏移距离。前后墙上的水平通风口的 Offset 值是通风口的左端与左墙壁的距离,左右墙壁上的水平通风口 Offset 值是通风口与前墙壁的最近距离。Face 值指示通风口在墙壁前、后、左、右的哪侧墙,对应的英文值分别为 Front、Rear、Left、Right。

通风口的尺寸参数由 Sill、Soffit 和 Width 来确定，Sill 表示通风口的下沿与地表面的距离，Soffit 表示通风口的上沿与地表面的距离，Width 表示通风口的宽度。

Initial Opening Fraction、Final Opening Fraction、Change Fraction At 表示在起始和结束时通风口的开口面积占通风口总面积的比例和从模拟开始算起开口面积发生变化的时间点。这个参数的设置在研究通风口的开口尺寸和打开时间对室内火灾的影响和轰燃的发生有很重要的作用。

本例需要设置四个通风口：fangjian1 需要设置一扇通向室外的门，通向阳台的一扇门和一扇窗，yangtai 需要设置一扇通向室外的窗户。具体尺寸按照题目要求输入，室内的门窗的始末开口比例都设置为 0.5，fangjian1 通向室外的门的初始开口比例设置为 0.01，在 500 s 以后，设置为 1，yangtai 通向室外的门的开口比例保持为 0.01。

(4) 点击 Vertical Flow Vents，打开垂直通风口的设置模块，可对垂直方向的通风口的位置、面积、形状和开口情况等进行设置，界面如图 9-14 所示。

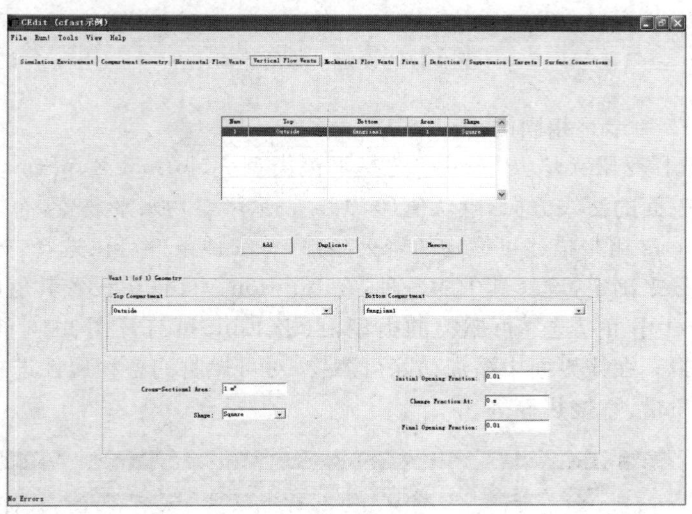

图 9-14　垂直通风口设置界面

与水平通风口的添加相同，点击 Add 来添加垂直通风口，在 Top Compartment 中选择通风口通向的上部空间，一般选择 Outside，Bottom Compartment 中选择通风口属于哪个房间。在 Cross-Sectional Area 中填写通风口的面积，Shape 中选择通风口的形状，其中有两种形状可供选择——圆形和正方形，开口面积比例设置与水平通风口的设置相同。

在本例中，在 fangjian1 中设置一个自然排烟口，平时也可当作天窗来使用。面积为 1 m^2，形状为正方形，始末开口比例都为 0.01，表示关闭。

(5) 点击 Fire，打开火源设定模块，可以在这一个界面中给房间添加可燃物，对可燃物的位置、着火条件以及相关属性进行设置，其界面如图 9-15 所示：

同前面叙述的模块相同，点击 Add、Duplicate 和 Remove 键可以添加、复制和移除可燃物。添加好可燃物后，在 Compartment 中选择可燃物所在的房间，在 Position X、Position Y、Position Z 坐标系中填写可燃物底面中心点的位置坐标，确定可燃物的位置。需要说明的是每个可燃物的位置坐标都是相对以这个房间的左下方靠前的位置为原点的坐标，坐标

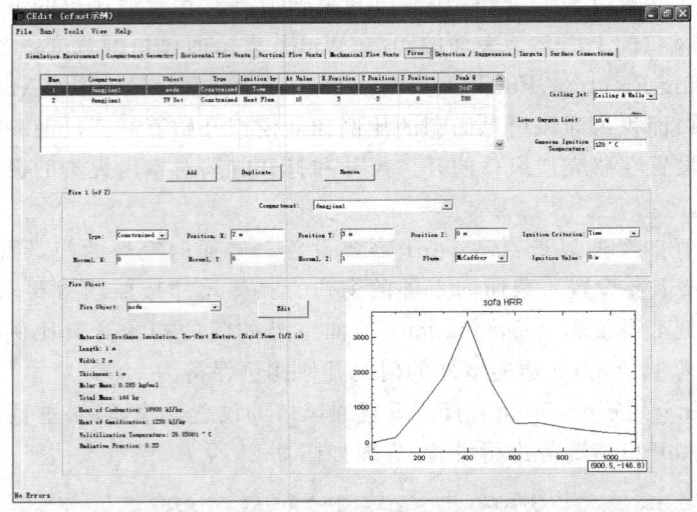

图 9-15　设定火源的界面

系的设置与图 9-12 所示是相同的。

在 Type 中选择受限火焰，Plume 中选择羽流类型。Normal X、normal Y、normal Z 用来描述可燃物外表面的法线方向，默认值(0,0,1)表示可燃物水平放置，面朝正上方。

Ignition Criteria 用来描述可燃物的着火条件，有三种条件可供选择，分别是按照时间、着火温度和热通量来确定，选择其中的一种，在 Ignition Value 中设置其值的大小。

在 Fire Object 中可以选择可燃物的类型，点击 Edit，可打开图 9-16 的界面，可对可燃物的性质进行编辑。在该界面中添加移除可燃物，对可燃物的各种属性进行设置，包括几何尺寸、质量、摩尔质量、燃烧热等等。

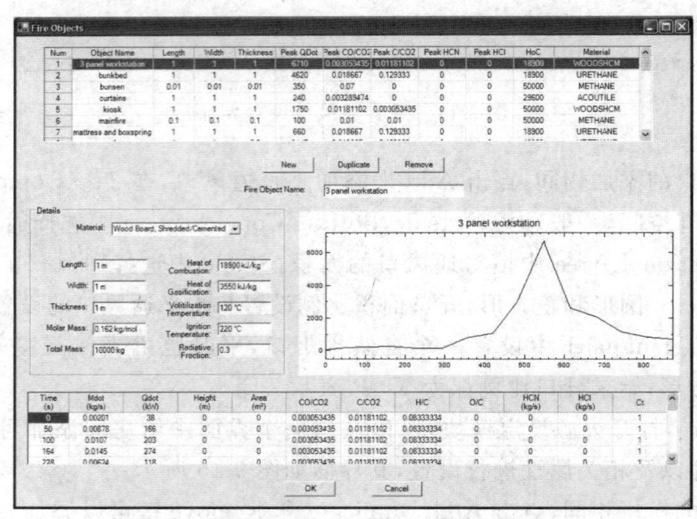

图 9-16　编辑可燃物的界面

在本例中，在 fangjian1 中添加两个常用家具，一张沙发和一台电视，沙发位置坐标为

(2,3,0),电视的位置坐标为(3,5,0),沙发是火源,把电视的着火条件设置为 Heat Flux(热通量),值设置为 10 kW/m²,其他都采用默认值。

本例中只对这几个模块进行设置,其他的几个模块分别用来设置机械排烟、报警和喷水系统、目标空间的监测和房间交界面,本例中暂不考虑。

点击界面下方的 Run 按钮,或者从 Run 菜单栏中点击"Model Simulation,Cfast"就可对房间的火灾场景进行模拟。模拟界面如图 9-17 所示。

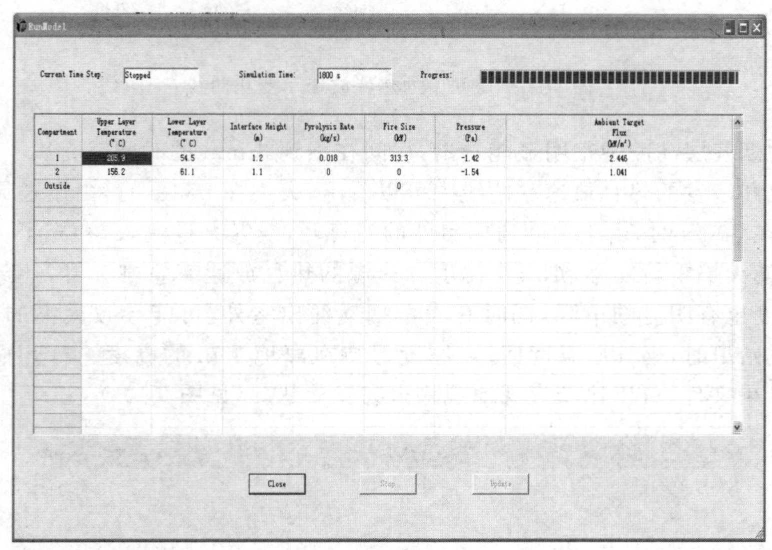

图 9-17　运行界面

9.3.2.2　模拟结果的分析处理

打开模拟结果保存的文件夹,可以从中找到所有的输入文件和输出文件。通过对数据结果进行处理,可以得到房间内烟气层高度及温度的变化、可燃物的燃烧情况等。

图 9-18～图 9-20 是根据模拟数据绘出的房间烟气层高度、温度和火源热释放速率随时间的变化曲线。

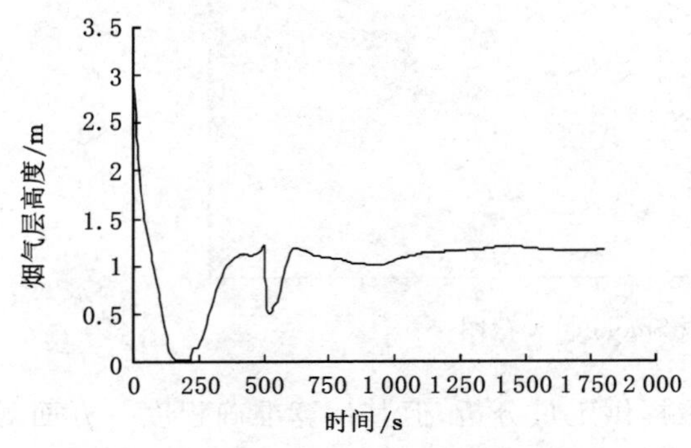

图 9-18　房间烟气层高度变化曲线

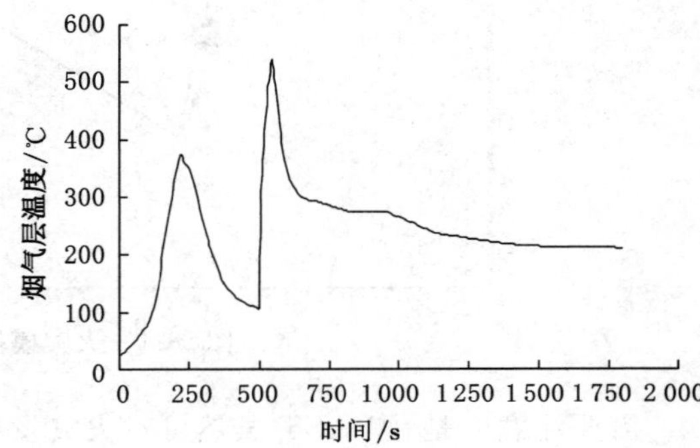

图 9-19　房间烟气层温度变化曲线

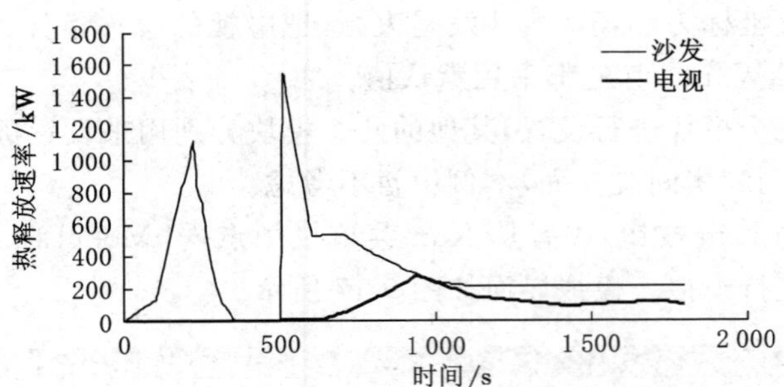

图 9-20　房间中的热释放速率变化曲线

从变化的烟气层高度中很明显能看出，房间在不到 3 min 的时间就充满了浓烟，从烟气层的温度变化和沙发的热释放速率曲线中可以看出，火灾在 250 s 时，由于通风不足出现了第一次衰减，在 500 s 时，由于房间通向室外的门打开，空气大量流入，补充了可燃物燃烧所需要的氧气，使火焰重新复燃，烟气层温度和火源的热释放速率急剧上升，达到了第二次高峰，烟气层高度也有明显的下降，同时有大量烟气涌出室外，可能导致火灾的进一步蔓延。等燃烧物燃烧殆尽时，烟气层温度回落，厚度保持在离地 1 m 的高度。打开输出文件中的 Smokeview 结果文件，可以比较直观地观察火灾发展状况，见图 9-21。

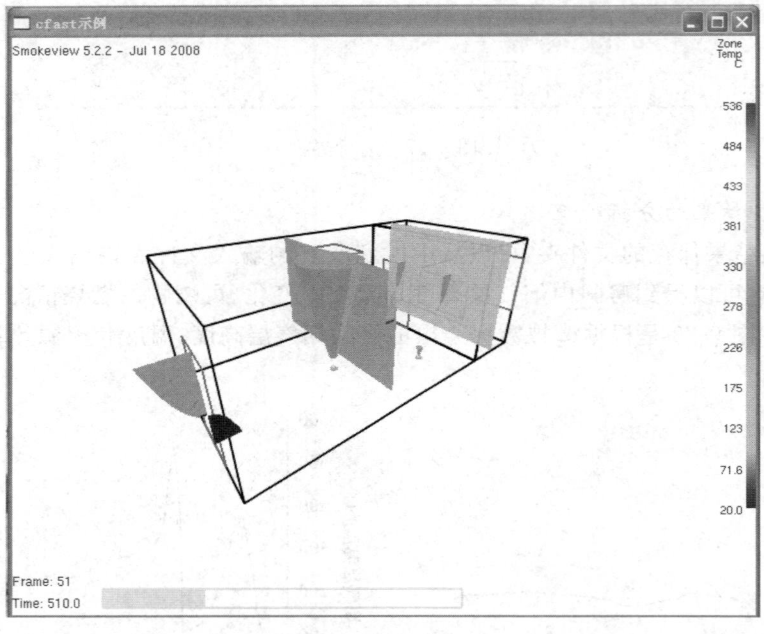

图 9-21　火灾模拟 Smokeview 截图

需要注意的是，CFAST 虽然可对火灾发展提供定量分析，但其计算准确程度一方面受其分区计算原理的限制，一方面也取决于使用者输入数据的准确性，所以无论采用何种区域模拟程序，其所得结果都应该进行细致的审核。

9.4　火灾的场模拟

烟气运动现象的模拟计算是火灾数值模拟非常重要的一个方面。此时,火源既是热和质量的来源,也是烟气运动的驱动力。只有将火灾作为流体动力学的问题处理,才可以计算出火灾的流场。这类问题通常由一系列偏微分方程描述流场的动量和守恒等关系,这些方程一般通过数值计算的方法求解。将求解区域划分成大量的微小控制体,并假设流动参数,如速度、温度等在每个微小的控制体内是一致的。在 40 年前,场模拟对于一般的研究者是难以实现的,一方面是由于计算机的计算能力有限,另一方面是由于有关火灾发展的一些变化过程还未搞清楚,无法建立准确的模拟子模型。20 世纪 70 年代末,80 年代初出现了第一个火灾场模拟程序 UNDSAFE,由美国的诺特丹大学开发,目前常用的火灾场模拟软件可参看本书第一章中的内容。绝大多数的商业软件使用需要取得授权,本书将以美国 NIST 开发的 FDS(Fire Dynamics Simulator)软件为对象,简要介绍 FDS 的基本原理和使用方法,详细技术文档和帮助信息请参考 FDS 的相关文档。该软件可以在 NIST 的网站上免费下载。

FDS 经过了大型及全尺寸火灾实验的验证,因此,在火灾科学领域得到了广泛应用。它是一种以火灾中流体运动为主要模拟对象的计算流体动力学软件,该软件采用数值方法求解受火灾浮力驱动的低马赫数(＜0.3)流动的 N-S 方程,重点计算火灾中的烟气和热传递过程。

FDS 提供了两种数值模拟方法,即直接数值模拟 DNS(Direct Numerical Simulation)和大涡模拟 LES(Large Eddy Simulation)。直接数值模拟是通过直接求解湍流的控制方程,对流场、温度场及浓度场的所有时间尺度和空间尺度进行精确描述。此种方法能得到比较精确的结果,而且不需要引入任何湍流模型,但计算量相当大,在目前的计算条件下,只能用于对层流及较低雷诺数湍流流动的求解。大涡模拟把包括脉动在内的湍流瞬时运动通过某种滤波方法分解成大尺度运动和小尺度运动两部分,大尺度量通过数值求解微分方程直接计算出来,小尺度运动对大尺度运动的影响通过建立亚格子模型来模拟,这样就大大简化了计算工作量和对计算机内存的需求。

FDS 软件包实际上由两个软件组成,第一部分是求解微分方程的主程序 FDS;第二部分是 Smokeview,是其自带的后处理程序,用它可以显示查看 FDS 的计算结果。

9.4.1　FDS 的基本控制方程

与其他场模拟软件一样,FDS 也是以 Navier-Stokes 偏微分方程为基础进行数值求解,进而给出较详细的各种物理量(温度、压力、速度、密度、热释放速率、烟雾组分等)的分布。FDS 软件引用的主要数学模型为:

(1) 质量守恒方程

$$\frac{\partial \rho}{\partial t}+\nabla \cdot \rho \boldsymbol{u}=0 \tag{9-56}$$

式中,ρ 为密度;t 为时间;$\boldsymbol{u}$ 为速度矢量;∇为拉普拉斯算子。

(2) 动量守恒方程

$$\frac{\partial}{\partial t}(\rho \boldsymbol{u})+\nabla \cdot \rho \boldsymbol{u}\boldsymbol{u}+\nabla p=\rho \boldsymbol{f}+\nabla \cdot \tau_{ij} \tag{9-57}$$

式中，p 为压力；$\boldsymbol{f}$ 为外力矢量；$\boldsymbol{\tau}$ 为黏性矢量。

（3）能量守恒方程

$$\frac{\partial}{\partial t}(\rho h)+\nabla \cdot \rho h \boldsymbol{u}+\frac{Dp}{Dt}+\dot{q}'''-\nabla \cdot \boldsymbol{q}+\Phi \tag{9-58}$$

式中，h 为组分的焓值；$\dot{q}'''$为单位体积释热速率；$\boldsymbol{q}$ 为辐射热通量；$\dot{\Phi}$ 为耗散率。

（4）组分输运方程

$$\frac{\partial}{\partial t}(\rho Y_i)+\nabla \cdot \rho Y_i \boldsymbol{u}=\nabla \cdot \rho D_i \nabla Y_i+\dot{m}'''_i \tag{9-59}$$

式中，Y_i 为第 i 组分的质量分数；D_i 为第 i 组分的扩散系数；$\dot{m}'''_i$为第 i 组分的单位体积生成率。

（5）理想气体状态方程

$$p=\frac{\rho RT}{M} \tag{9-60}$$

式中，R 为普适气体常数，T 为温度；M 为某一组分的分子量。

以上方程为流体动力学基本方程，可以准确地描述烟气的流动与传热。在进行数值求解时，FDS 对空间坐标的微分项采用二阶中间差分法离散，对时间坐标的微分项采用二阶 Runge-Kutta 法离散，对 Poisson 方程形式的压力微分方程则采用傅立叶变换法直接求解。因此，可以得到比较准确的求解结果。

9.4.2 FDS 的其他模型

（1）燃烧模型

对于大多数应用，FDS 采用混合物燃烧模型。该模型假设燃烧混合控制，燃料和氧气反应速度无限快。主要反应物和生成物的质量分数通过 Huggett 提出的“状态关系”从混合物分数中得到，通过简单分析和测量的结合得到经验表达式。

（2）辐射模型

辐射热传递通过求解非扩散气体的辐射输运方程得到，在有些特殊情况下采用宽带模型。与对流输运方程一样，此方程求解也采用有限体积法。此方法使用约 100 个离散的角，有限体积解法需要 15％的计算机 CPU 运行时间，对于解决复杂的热辐射传导问题这个代价是适度的。水滴能吸收热辐射，这在有细水雾喷头的场所起很大的作用，在其他设置喷淋喷头的场所也起到一定作用。吸收系数通过 Mie 理论得到。

（3）几何结构

FDS 基于直线性网格求解控制方程。所以在直接建模时，要注意所建实体区域为矩形以适应背景网格。

（4）多重网格

多网格用来描述计算中需使用多个矩形网格的。当计算区域的划分不可能只用一种矩形网格完成时可以设置多个矩形网格。

（5）边界条件

所有的固体表面都需要设定热边界条件及材料的燃烧特性。在 V5 版本以前，材料特性储存于一个数据库文件中并可用名称调用，而在之后的版本中就直接在计算文件中定义了。大涡模拟（LES）中固体表面的热量和质量输运可使用经验公式解决，但当执行直接数值模拟（DNS）时，热质交换量可通过计算直接得到。

(6) 计算域

FDS 中的计算域通常为长方体状几何空间，一般采用等距网格离散计算域，V3.0 以后版本中增加了复合计算域功能，以便模拟烟气在复杂建筑通道内的流动过程，其几何意义见图 9-22。

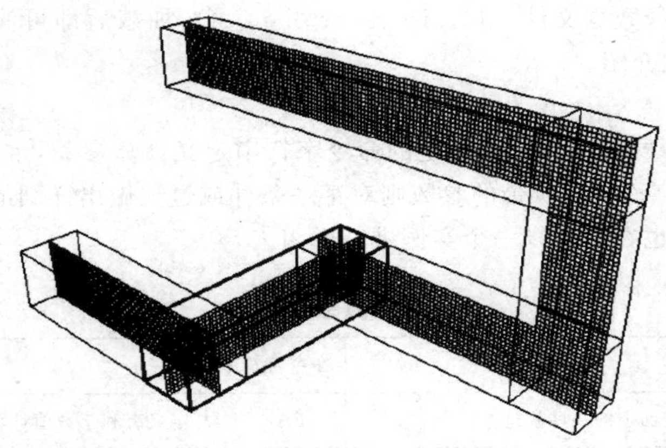

图 9-22　复合计算域

9.4.3　FDS 功能及使用方法介绍

完成一个 FDS 算例一般要经过以下几个步骤：

(1) 建立 FDS 输入文件

建立一个输入文件 *.fds 向程序提供描述计算区域的所需参数，这些参数用一些有关联的变量组来定义。比如 SURF 包括描述固体边界条件的参数。输入文件的每行属于同一组，描述一个物理参数。每行以符号“&”开始，后面是变量组名如 HEAD、GRID、VENT、OBST 等，接着是一列有关此变量组的输入参数，最后以“/”结束此句。

(2) 开始 FDS 计算

运行 FDS 有两种方式，单机计算或联机计算，但其输入文件是一样的。单机运行在命令提示符输入 fds#＜* *.data，其中#代表所使用 FDS 软件的版本号，* *代表输入文件名。联机计算使用命令 fds#mpi＜* *.data。

由于 FDS 计算采用一般大涡模拟，计算时间较长，从几个到几百个小时不等，取决于计算区域的大小、复杂程度和网格划分的个数。因此有时可能需要中途关机或停止运算对 * *.data进行适当的修改，这里 FDS 可采用 STOP 文件。具体做法是在 FDS 输出目录里新建* *.stop 文件，当 FDS 在运算输出路径下检测到该文件存在时即在最后一次迭代完成后停止，修改后在 MISC 语句里加入 RESTART＝.TRUE.，就可以在原来停止的地方继续计算了。

如果计算机硬件允许，可以通过* *.out 文件监控计算的进程，在计算过程中也可能非正常结束，原因可能是数值不稳定、计算机内存不足或者因为计算机操作系统故障或 FDS 程序故障，此时会发送一个错误报告，以有助于修改输入文件或修复其他故障。

运行 FDS 计算并生成数据文件(除.csv 及.out 文件外，其他数据文件：.bf、.iso、.part、.q、.sf 采用特殊的压缩方式封装，Smokeview 可以直接读取这些文件，也可利用安装目录下的程序 FDSASCII.exe 将这些压缩文件转化为 ASCII 文件，任何文本编辑器均可读取这种文件)。

(3) 运行 Smokeview 后处理软件

运行 Smokeview 利用前者的计算结果进行可视化演示、检验前者引用的原始数据的准确性并生成相关的图形文件。在 Smokeview 窗口中点击鼠标右键激活控制菜单,在“Load/Unload”子菜单中选择数据文件(.bf、.iso、.part、.q、.sf),加载后即可演示动画,其他菜单的功能这里不做详细介绍。

9.4.4 FDS 实例

FDS 软件的计算文件采用一些特定的命令字符串定义计算参数,常用的命令字符串列在表 9-1 中,而命令字符串后所带的参数则对某一条件或过程做出详细的定义,请读者查阅 FDS 帮助文件,本书也在后文以一个实例进行说明。

表 9-1　　FDS 常用的命令字符串

命令字符串	含义	命令字符串	含义
BNDF	定义固相表面上的一些物理量	PART	定义有利于数值计算网格外的粒子物质
CLIP	定义输出参数的上下限值	PRES	定义压力求解器的参数
CTRL	定义一些比较复杂的行为	PROF	定义量变数据文件
DEVC	定义设备类型	PROP	定义喷头等设备的特性
DUMP	定义输出参数	RADI	定义有关热辐射的特性
HEAD	定义输出文件名	RAMP	定义只有一个变量的函数
HOLE	定义在已有的物体上开一个洞	REAC	定义燃烧反应
HVAC	定义加热、通风,空气条件等	SLCF	定义数据切片文件
INIT	定义初始条件	SPEC	定义气体种类
ISOF	定义 Isosurface 输出文件	SURF	定义固相或开口表面
MATL	定义材料特性	TABL	定义多个变量的函数
MESH	定义网格划分参数	TIME	定义模拟时间
MISC	定义一些杂项	TRNX	将均匀一致的网格转换成非均匀网格
MULT	定义有变化规律的参数	VENT	定义与障碍物或外墙临近的平面
OBST	定义物体/障碍物	ZONE	在计算空间内定义一个由固体障碍物分隔的独立区域

尽管现在有一些第三方软件可以大大简化创建 FDS 计算文件的工作,但理解 FDS 的原始计算文件对掌握 FDS 来说仍然非常重要,本书以 FDS 自带的一个居室火灾模拟的例子来说明 FDS 的“计算语法”,表 9-2 为计算文件及其注释。

表 9-2　　　　**居室火灾模拟计算文件及注释**

&HEAD CHID='room_fire', TITLE='ATF Room Fire Test' /定义结果输出文件及项目名称

&MESH IJK=52,54,24, XB=0.0,5.2,−0.8,4.6,0.0,2.4 /划分 IJK 方向的网格数量分别为 52、54、24,定义计算空间大小为 5.2 m×5.4 m×2.4 m,每个网格的尺寸是 10 cm

&TIME T_END=900.0 /定义模拟时间为 900 s

&MISC SURF_DEFAULT='WALL' /定义默认的材料表面为墙壁

```
&REAC ID          = 'POLYURETHANE'
    FYI           = 'C_6.3 H_7.1 N O_2.1'
    SOOT_YIELD    = 0.10
    N             = 1.0
    C             = 6.3
    H             = 7.1
    O             = 2.1 /
```
定义反应物为聚氨酯及其燃耗特性参数

&SURF ID='BURNER', HRRPUA=1000., COLOR='RASPBERRY' /定义燃烧器单位面积上的热释放速率为 1 000 kW,以及在 SmokeView 中显示的颜色

```
&MATL ID                      = 'FABRIC'
    FYI                       = 'Properties completely fabricated'
    SPECIFIC_HEAT             = 1.0
    CONDUCTIVITY              = 0.1
    DENSITY                   = 100.0
    N_REACTIONS               = 1
    NU_FUEL                   = 1.
    REFERENCE_TEMPERATURE     = 350.
    HEAT_OF_REACTION          = 3000.
    HEAT_OF_COMBUSTION        = 15000. /
```
定义织物这种材料

```
&MATL ID                      = 'FOAM'
    FYI                       = 'Properties completely fabricated'
    SPECIFIC_HEAT             = 1.0
    CONDUCTIVITY              = 0.05
    DENSITY                   = 40.0
    N_REACTIONS               = 1
    NU_FUEL                   = 1.
    REFERENCE_TEMPERATURE     = 350.
    HEAT_OF_REACTION          = 1500.
    HEAT_OF_COMBUSTION        = 30000. /
```
定义泡沫这种材料

续表 9-2

```
&MATL ID                      = 'GYPSUM PLASTER'
    FYI                       = 'Quintiere, Fire Behavior'
    CONDUCTIVITY              = 0.48
    SPECIFIC_HEAT             = 0.84
    DENSITY                   = 1440. /
```
定义石膏板这种材料

```
&MATL ID                      = 'CARPET PILE'
    FYI                       = 'Completely made up'
    CONDUCTIVITY              = 0.16
    SPECIFIC_HEAT             = 2.0
    DENSITY                   = 750.
    N_REACTIONS               = 1
    NU_FUEL                   = 1.
    REFERENCE_TEMPERATURE     = 290.
    HEAT_OF_COMBUSTION        = 22300.
    HEAT_OF_REACTION          = 2000. /
```
定义地毯这种材料

```
&SURF ID                      = 'UPHOLSTERY'
    COLOR                     = 'PURPLE'
    BURN_AWAY                 = .TRUE.
    MATL_ID(1:2,1)            = 'FABRIC','FOAM'
    THICKNESS(1:2)            = 0.002,0.1 /
```
定义室内装潢材料

```
&SURF ID                      = 'WALL'
    RGB                       = 200,200,200
    MATL_ID                   = 'GYPSUM PLASTER'
    THICKNESS                 = 0.012 /
```
定义表面 ID 为"墙壁"的有关参数

```
&SURF ID                      = 'CARPET'
    MATL_ID                   = 'CARPET PILE'
    COLOR                     = 'KHAKI'
    BACKING                   = 'INSULATED'
    THICKNESS                 = 0.006 /
```
定义表面 ID 为"地毯"的有关参数

```
&OBST XB= 1.50, 3.10, 3.80, 4.60, 0.00, 0.40 /
&OBST XB= 1.50, 3.10, 3.80, 4.60, 0.40, 0.60, SURF_ID='UPHOLSTERY' / 长沙发的坐垫
&OBST XB= 1.30, 1.50, 3.80, 4.60, 0.00, 0.90, SURF_ID='UPHOLSTERY' / 长沙发的扶手
&OBST XB= 3.10, 3.30, 3.80, 4.60, 0.00, 0.90, SURF_ID='UPHOLSTERY' / 长沙发的扶手
&OBST XB= 1.50, 3.10, 4.40, 4.60, 0.60, 1.20, SURF_ID='UPHOLSTERY' /长沙发的靠垫

&VENT XB= 2.50, 2.60, 4.30, 4.40, 0.60, 0.60, SURF_ID='BURNER' / 定义长沙发上的这一块面为初始燃烧表面
```

续表 9-2

```
&OBST XB= 4.00, 4.60, 3.80, 4.60, 0.00, 0.40 /
&OBST XB= 4.00, 4.60, 3.80, 4.60, 0.40, 0.60, SURF_ID='UPHOLSTERY' / 后墙角沙发椅的坐垫
&OBST XB= 3.80, 4.00, 3.80, 4.60, 0.00, 0.90, SURF_ID='UPHOLSTERY' /后墙角沙发椅的右扶手
&OBST XB= 4.60, 4.80, 3.80, 4.60, 0.00, 0.90, SURF_ID='UPHOLSTERY' /后墙角沙发椅的左扶手
&OBST XB= 4.00, 4.60, 4.40, 4.60, 0.60, 1.20, SURF_ID='UPHOLSTERY' /后墙角沙发椅的靠垫

&OBST XB= 1.60, 3.00, 2.80, 3.60, 0.40, 0.60, SURF_ID='SPRUCE' / 定义一张桌子
&OBST XB= 0.00, 0.80, 2.00, 2.60, 0.00, 0.40 /
&OBST XB= 0.00, 0.80, 2.00, 2.60, 0.40, 0.60, SURF_ID='UPHOLSTERY' /左墙沙发椅的坐垫
&OBST XB= 0.00, 0.80, 1.80, 2.00, 0.00, 0.90, SURF_ID='UPHOLSTERY' / 左墙沙发椅的右扶手
&OBST XB= 0.00, 0.80, 2.60, 2.80, 0.00, 0.90, SURF_ID='UPHOLSTERY' /左墙沙发椅的左扶手
&OBST XB= 0.00, 0.20, 2.00, 2.60, 0.00, 0.90, SURF_ID='UPHOLSTERY' /左墙沙发椅的靠垫

&OBST XB= 1.80, 3.80, 0.00, 1.00, 0.00, 0.20, SURF_ID='UPHOLSTERY' / 地上的抱枕

&OBST XB= 2.00, 2.40, 1.60, 2.00, 0.00, 0.40 /
&OBST XB= 2.00, 2.40, 1.60, 2.00, 0.40, 0.60, SURF_ID='UPHOLSTERY' /房间中间椅子的坐垫
&OBST XB= 1.80, 2.00, 1.60, 2.00, 0.00, 0.80, SURF_ID='UPHOLSTERY' /房间中间椅子的左扶手
&OBST XB= 2.40, 2.60, 1.60, 2.00, 0.00, 0.80, SURF_ID='UPHOLSTERY' /房间中间椅子的右扶手
&OBST XB= 1.80, 2.60, 1.40, 1.60, 0.00, 0.80, SURF_ID='UPHOLSTERY' /房间中间椅子的靠垫
&OBST XB= 4.40, 5.20, 1.00, 2.00, 0.00, 0.80, SURF_ID='SPRUCE' / 电视

&OBST XB= 0.00, 5.20, -0.20, 0.00, 0.00, 2.40 / 前面的墙
&HOLE XB= 4.00, 4.90, -0.20, 0.00, 0.00, 2.00 / 门

&VENT MB='YMIN',SURF_ID='OPEN' / 定义网格 y 方向的边界为开口
&VENT XB=0.00,5.20,0.00,4.60,0.00,0.00, SURF_ID='CARPET' / 定义该位置的材料是地毯

&BNDF QUANTITY='GAUGE HEAT FLUX' /
&BNDF QUANTITY='WALL TEMPERATURE' /
&BNDF QUANTITY='BURNING RATE' /
定义固相表面需要记录的物理量,热流、墙壁温度和燃烧速度等

&SLCF PBX=2.60, QUANTITY='TEMPERATURE' /
&SLCF PBX=2.60, QUANTITY='HRRPUV' /
&SLCF PBX=2.60, QUANTITY='MIXTURE FRACTION' /
&SLCF PBX=4.45, QUANTITY='TEMPERATURE' /
&SLCF PBX=4.45, QUANTITY='HRRPUV' /
&SLCF PBX=4.45, QUANTITY='MIXTURE FRACTION' /
记录指定界面上的温度、单位体积热释放速率、混合分数等参数

&DEVC XYZ=2.6,2.3,2.1, QUANTITY='TEMPERATURE' /
&DEVC XYZ=2.6,2.3,1.8, QUANTITY='TEMPERATURE' /
&DEVC XYZ=2.6,2.3,1.5, QUANTITY='TEMPERATURE' /
&DEVC XYZ=2.6,2.3,1.2, QUANTITY='TEMPERATURE' /
&DEVC XYZ=2.6,2.3,0.9, QUANTITY='TEMPERATURE' /
```

续表 9-2

```
&DEVC XYZ=2.6,2.3,0.6, QUANTITY='TEMPERATURE' /
&DEVC XYZ=4.5,0.3,2.1, QUANTITY='TEMPERATURE' /
&DEVC XYZ=4.5,0.3,1.8, QUANTITY='TEMPERATURE' /
&DEVC XYZ=4.5,0.3,1.5, QUANTITY='TEMPERATURE' /
&DEVC XYZ=4.5,0.3,1.2, QUANTITY='TEMPERATURE' /
&DEVC XYZ=4.5,0.3,0.9, QUANTITY='TEMPERATURE' /
&DEVC XYZ=4.5,0.3,0.6, QUANTITY='TEMPERATURE' /
&DEVC XYZ=0.3,4.3,2.1, QUANTITY='TEMPERATURE' /
&DEVC XYZ=0.3,4.3,1.8, QUANTITY='TEMPERATURE' /
&DEVC XYZ=0.3,4.3,1.5, QUANTITY='TEMPERATURE' /
&DEVC XYZ=0.3,4.3,1.2, QUANTITY='TEMPERATURE' /
&DEVC XYZ=0.3,4.3,0.9, QUANTITY='TEMPERATURE' /
&DEVC XYZ=0.3,4.3,0.6, QUANTITY='TEMPERATURE' /
```

在 18 个指定位置分别设定测点来记录该位置的温度

```
&DEVC XYZ=2.6,2.3,0.0, QUANTITY='RADIATIVE HEAT FLUX', IOR=3 /
```

在指定位置设定测点来记录该位置的热流密度

```
&TAIL /
```

文件结束

采用 Smokeview 可以在 FDS 计算过程中实时观察计算结果，图 9-23 和图 9-24 是 Smokeview 生成的计算几何空间简图。

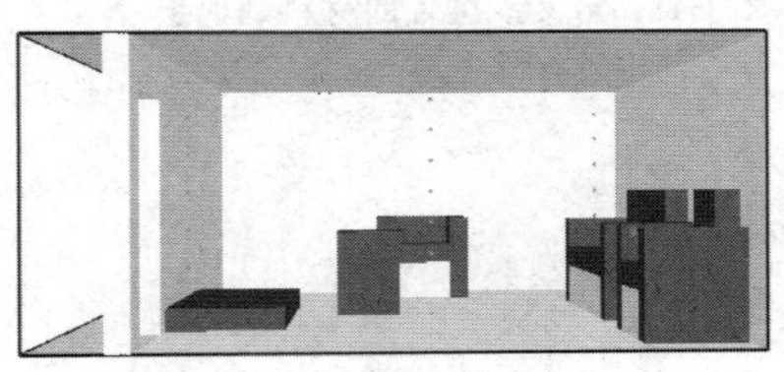

图 9-23　着火房间正视图

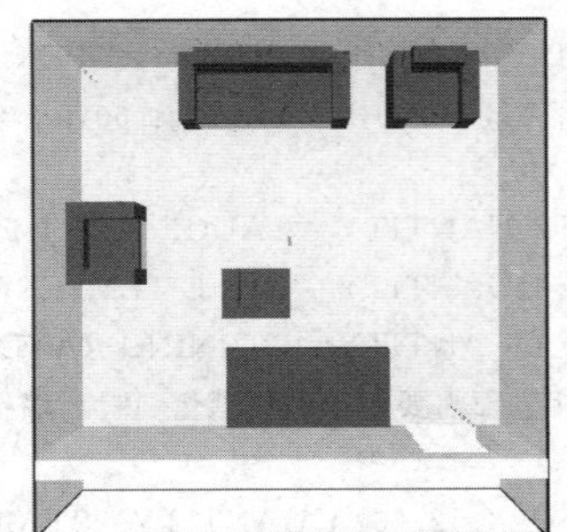

图 9-24　着火房间俯视图

图 9-25 为 FDS 生成的 X=2.6 截面上温度随时间变化的切片图。从这些图中可以比较清楚地观察到房间在火灾过程中温度的变化情况。

图 9-26 为边界面上热流密度随时间变化的切片图。从这些图中可以比较清楚地观察到房间在火灾过程中热流密度的变化情况。

图 9-27 是计算文件中定义的第一个温度测点所记录的火灾过程中的温度变化情况，数据表明此处的温度最高达到了 800 ℃。图 9-28 是 FDS 计算出来的火灾热释放速率变化情况，在例题所给的条件下，在长沙发坐垫中心的小面积火源造成了火灾的增长，最高热释放速率达到 4 000 kW。

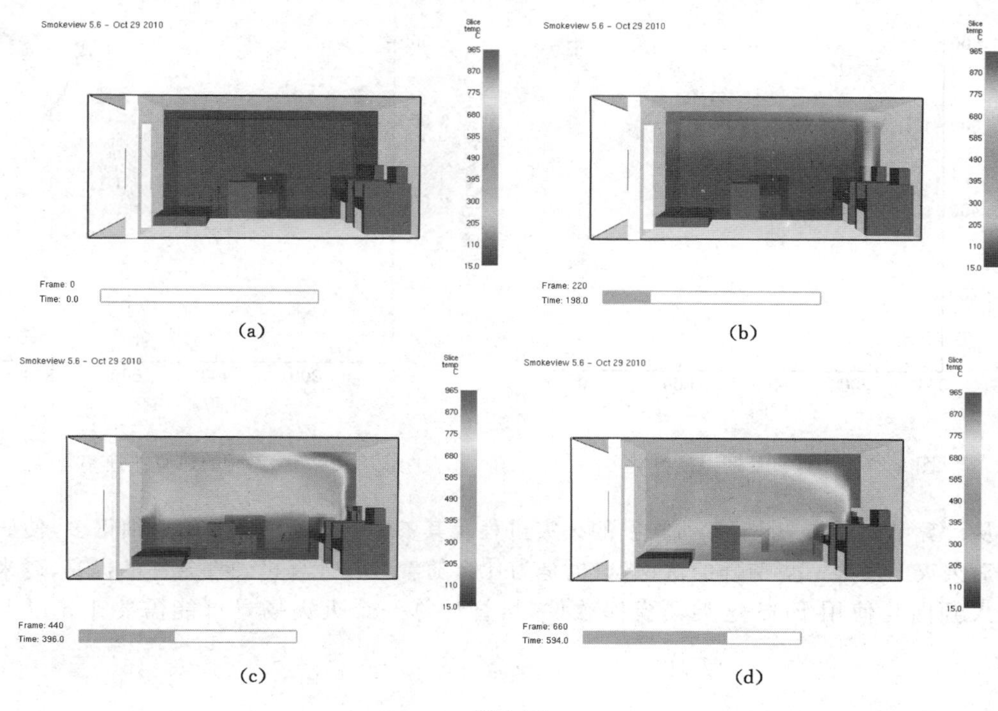

图 9-25

(a) 0 s 时的温度;(b) 198 s 时的温度;(c) 396 s 时的温度;(d) 594 s 时的温度

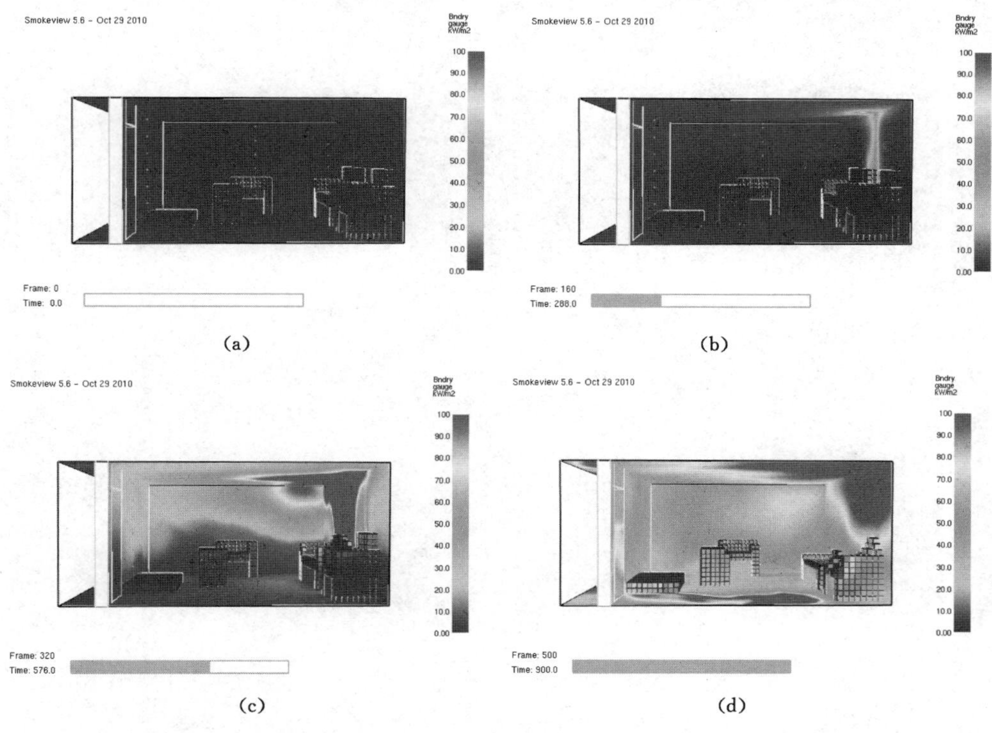

图 9-26

(a) 0 s 时的热流密度;(b) 288 s 时的热流密度;(c) 576 s 时的热流密度;(d) 900 s 时的热流密度

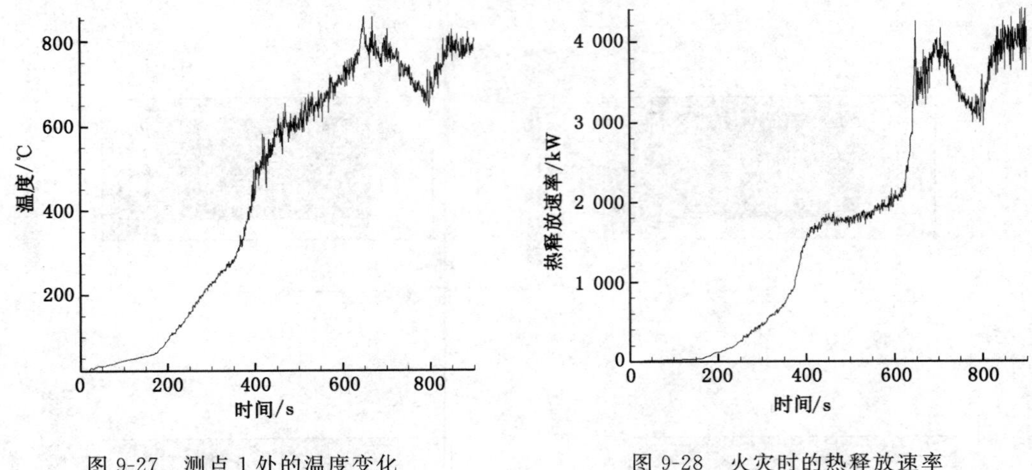

图 9-27　测点 1 处的温度变化　　图 9-28　火灾时的热释放速率

从计算结果看,FDS 模拟所得到的火灾过程及其参数要比 CFAST 的详细得多,使研究人员对火灾的发展有更准确的认识,这也是为什么随着个人计算机硬件条件的提高,越来越多的人倾向与使用 FDS 这类场模拟软件,尽管计算一个火灾场景可能需要 1 d 以上的时间。

参考文献

[1] ALMIRALL J R, FURTON K G. Analysis and interpretation of fire scene evidence [M]. Boca Raton: CRC Press LLC, 2004.

[2] BABRAUSKAS V, GRAYSON S J. Heat release in fires [M]. Barking: Elsevier Applied Science Publishers, 1992.

[3] BABRAUSKAS V, HARRIS R H, BRAUN E, et al. Large-scale validation of bench-scale fire toxicity tests[J]. Journal of fire sciences, 1991, 9: 125-148.

[4] BABRAUSKAS V, PARKER W J. Ignitability measurements with the cone calorimeter[J]. Fire & materials, 1987, 11: 31-43.

[5] BABRAUSKAS V. Effective measurement techniques for heat, smoke, and toxic fire gases[J]. Fire safety journal, 1991, 17: 13-26.

[6] BABRAUSKAS V. Ignition handbook[M]. [S. l]: Fire Science Publishers, 2003.

[7] BROWN J R, FAWELL P D, MATHYS Z. Fire-hazard assessment of extended-chain polyethylene and aramid composites by cone calorimetry[J]. Fire & materials, 1994, 18: 167-172.

[8] DRYSDALE D. An introduction to fire dynamics [M]. [S. l]: John Wiley & Sons Ltd, 1998.

[9] HESKESTAD G. Extinction of gas and liquid pool fires with water sprays[J]. Fire safety journal, 2003, 38: 301-317.

[10] HESKESTAD G. Virtual origins of fire plumes [J]. Fire safety journal, 1983, 5: 109-114.

[11] HOPKINS D, QUINTIERE J G. Material fire properties and predictions for thermoplastics[J]. Fire safety journal, 1996, 26: 241-268.

[12] JANSSENS M L. An introduction to mathematical fire modeling [M]. 2nd ed. Lancaster: Technomic Publishing Company, Inc, 2000.

[13] JI Jingwei, CHENG Yuanping, YANG Lizhong, et al. Numerical simulation of fire development in a single compartment based on cone calorimeter experiments [J]. Progress in natural science, 2002, 12(5): 368-372.

[14] MCCAFFREY B J, QUINTIERE J G, HARKLEROAD M F. Estimating room temperatures and the likelihood of flashover using fire test data correlations[J]. Fire technology, 1981, 17(2): 98-119.

[15] TEWARSON A, MACAIONE D P. Polymers and composites-an examination of fire spread and generation of heat and fire products[J]. Journal of fire sciences, 1993, 11: 421-441.

[16] YANG Lizhong, GUO Zaifu, JI Jingwei. Experimental study on spontaneous ignition of wood exposed to variable heat flux[J]. Journal of fire sciences, 2005, 23(5): 405-416.

[17] 陈义良,张孝春,孙慈,等.燃烧原理[M].北京:航空工业出版社,1992.

[18] 程远平,季经纬,李增华.矿用输送带与木材燃烧性能的对比实验研究[J].煤炭学报,2000,25(6):624-627.

[19] 程远平,季经纬.表面漆对地板材料木材火灾初期热释放特性的影响[J].火灾科学,2000,9(3):47-52.

[20] 范维澄,廖光煊,钟茂华.中国火灾科学的今天和明天[J].中国安全科学学报,2000,10(1):11-16.

[21] 范维澄,孙金华,陆守香.火灾风险评估方法学[M].北京:科学出版社,2004.

[22] 范维澄,王清安,姜冯辉,等.火灾学简明教程[M].合肥:中国科学技术大学出版社,1995.

[23] 范维澄.火灾科学导论[M].武汉:湖北科学技术出版社,1993.

[24] 傅祝满,范维澄.建筑火灾区域模拟辐射换热的计算[J].中国科学技术大学学报,1996(3):375-379.

[25] 傅祝满,范维澄.建筑火灾区域模拟燃烧及组分浓度的计算[J].燃烧科学与技术,1997,3(2):163-168.

[26] 古德斯布洛姆.火与文明[M].广州:花城出版社,2006.

[27] 哈珀 C A.建筑材料防火手册[M].北京:化学工业出版社,2006.

[28] 季经纬,程远平,杨立中,等.变热流条件下木材点燃的实验研究[J].燃烧科学与技术,2005,11(5):448-453.

[29] 季经纬,郝耀华,王玉娥,等.线性热流下可燃物着火时间的积分法预测[J].中国矿业大学学报,2009,38(5):613-617.

[30] 季经纬,李全峰,陈金林,等.火焰与烟气层热辐射的实验与蒙特卡洛法模拟[J].中国矿业大学学报,2008,37(1):53-56.

[31] 季经纬,杨立中,范维澄.外部热辐射对材料燃烧性能影响的实验研究[J].燃烧科学与技术,2003,9(2):139-143.

[32] 季经纬.基于锥形量热计实验的室内火灾发展过程仿真和火灾危险性分析[D].徐州:中国矿业大学,2001.

[33] 孔祥谦.有限单元法在传热学中的应用[M].北京:科学出版社,1986.

[34] 陆大有.工程辐射传热[M].北京:国防工业出版社,1988.

[35] 汪箭.常规和特殊条件下热过程的计算机模拟[D].合肥:中国科学技术大学,1999.

[36] 王应时,范维澄,周力行,等.燃烧过程数值计算[M].北京:科学出版社,1986.

[37] 谢兴华,李寒旭.燃烧理论[M].徐州:中国矿业大学出版社,2002.

[38] 张洪济.热传导[M].北京:高等教育出版社,1992.